园林植物病虫害识别

彩图4—1 黄刺蛾(幼虫)

彩图4—2 丽绿刺蛾(幼虫)

彩图4—3 褐边绿刺蛾(幼虫)

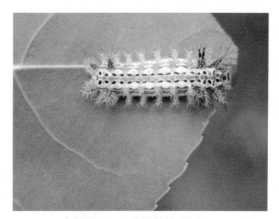

彩图4—4 桑褐刺蛾(幼虫)

彩图4—5 扁刺蛾(幼虫)

彩图4—6 樟巢螟(幼虫)

彩图4—7　黄杨绢野螟(幼虫)

彩图4—8　斜纹夜蛾(幼虫)

彩图4—9　重阳木锦斑蛾(幼虫)

彩图4—10　日本壶蚧

彩图4—11　红蜡蚧

彩图4—12　栾多态毛蚜

彩图4—13　杭州新胸蚜(危害状)

彩图4—14　杜鹃网蝽

彩图4—15　悬铃木方翅网蝽

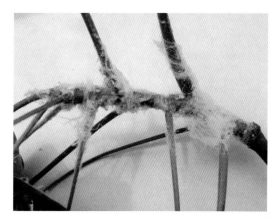

彩图4—16　青桐木虱(蜡丝)

彩图4—17　二斑叶螨(危害状)

彩图4—18　星天牛(成虫)

彩图4—19 云斑天牛(成虫)

彩图4—20 桃红颈天牛(成虫)

彩图4—21 咖啡木蠹蛾(幼虫)

彩图4—22 长足大竹象(成虫)

彩图4—23 蛴螬

彩图4—24 小地老虎(成虫)

彩图4—25　香樟黄化病

彩图4—26　洒金桃叶珊瑚日灼病

彩图4—27　白粉病

彩图4—28　桧柏—梨锈病（锈孢子器）

彩图4—29　月季黑斑病

彩图4—30　（草坪）白绢病

园林植物病虫害识别

彩图4—31 大叶黄杨叶斑病

彩图4—32 草坪锈病

园林树木识别

彩图5—1 水杉（脱落性小枝与叶）

彩图5—2 池杉（脱落性小枝与春叶）

彩图5—3 落羽杉（脱落性小枝与叶）

彩图5—4 雪松（长短枝与叶的着生）

彩图5—5　黑松（叶二针一束）

彩图5—6　白皮松（叶三针一束）

彩图5—7　五针松（叶五针一束）

彩图5—8　湿地松（叶二或二～三针一束）

彩图5—9　日本柳杉（叶）

彩图5—10　侧柏（扁平小枝与叶）

彩图5—11 圆柏（龙柏小枝与鳞形叶）

彩图5—12 罗汉松（叶）

彩图5—13 银杏（短枝叶簇生）

彩图5—14 垂柳

彩图5—15 意杨（菱形皮孔与叶）

彩图5—16 枫杨（叶和叶翼）

彩图5—17　白榆（叶）

彩图5—18　朴树（叶脉）

彩图5—19　榉树（叶与小枝）

彩图5—20　构树（叶）

彩图5—21　白玉兰（叶）

彩图5—22　鹅掌楸（叶）

彩图5—23 枫香（叶）

彩图5—24 二球悬铃木

彩图5—25 刺槐

彩图5—26 臭椿

彩图5—27 苦楝

彩图5—28 三角枫

彩图5—29　无患子

彩图5—30　栾树（花和叶）

彩图5—31　毛泡桐（花和叶）

彩图5—32　合欢（偶数羽状复叶）

彩图5—33　樱花

彩图5—34　红叶李

彩图5—35 乌桕（叶）

彩图5—36 垂丝海棠

彩图5—37 桃（重瓣）

彩图5—38 紫叶小檗

彩图5—39 蜡梅（果实）

彩图5—40 八仙花

彩图5—41　棠棣（重瓣花）

彩图5—42　紫荆

彩图5—43　山麻杆

彩图5—44　木槿（花）

彩图5—45　金丝桃

彩图5—46　结香

彩图5—47 紫薇

彩图5—48 石榴

彩图5—49 锦带花

彩图5—50 紫藤

彩图5—51 爬山虎（秋叶）

彩图5—52 野蔷薇

彩图5—53　月季

彩图5—54　广玉兰

彩图5—55　香樟

彩图5—56　枇杷

彩图5—57　女贞

彩图5—58　棕榈

彩图5—59　杜鹃

彩图5—60　珊瑚树

彩图5—61　十大功劳

彩图5—62　南天竹

彩图5—63　含笑

彩图5—64　海桐

彩图5—65　蚊母树

彩图5—66　红花檵木

彩图5—67　火棘

彩图5—68　石楠

彩图5—69　黄杨（瓜子黄杨）

彩图5—70　枸骨

彩图5—71　大叶黄杨

彩图5—72　茶梅

彩图5—73　八角金盘

彩图5—74　洒金东瀛珊瑚

彩图5—75　桂花

彩图5—76·黄馨

彩图5—77 夹竹桃

彩图5—78 栀子花

彩图5—79 凤尾兰

彩图5—80 孝顺竹（分枝）

彩图5—81 凤尾竹

彩图5—82 紫竹

彩图6—1　鸡冠花

彩图6—2　千日红

彩图6—3　雁来红

彩图6—4　凤仙花

彩图6—5　银边翠

彩图6—6　百日草

彩图6—7　一串红

彩图6—8　半支莲

彩图6—9　槭叶茑萝

彩图6—10　万寿菊

彩图6—11　孔雀草

彩图6—12　地肤

彩图6—13　冬珊瑚

彩图6—14　朝天椒

彩图6—15　四季海棠

彩图6—16　雪叶菊

彩图6—17　长春花

彩图6—18　三色堇

彩图6—19　雏菊

彩图6—20　金盏菊

彩图6—21　矢车菊

彩图6—22　金鱼草

彩图6—23　中国石竹

彩图6—24　美国石竹

彩图6—25　羽衣甘蓝

彩图6—26　矮牵牛

彩图6—27　大花藿香蓟

彩图6—28　红恭菜

彩图6—29　虞美人

彩图6—30　旱金莲

彩图6—31　何氏凤仙

彩图6—32　菊花

彩图6—33　大花美人蕉

彩图6—34　荷兰菊

彩图6—35　玉簪

彩图6—36　蜀葵

彩图6—37　大花萱草

彩图6—38　大丽花

彩图6—39　百合

彩图6—40　唐菖蒲

彩图6—41　水仙

彩图6—42　郁金香

彩图6—43 荷花

彩图6—44 睡莲

彩图6—45 桃叶珊瑚

彩图6—46 阔叶箬竹

彩图6—47 紫茉莉

彩图6—48 诸葛菜

彩图6—49 红花酢浆草

彩图6—50 蝴蝶花

彩图6—51 鸢尾

彩图6—52 石菖蒲

彩图6—53 书带草

彩图6—54 麦冬

彩图6—55　虎耳草

彩图6—56　石蒜

彩图6—57　葱兰

彩图6—58　吉祥草

彩图6—59　络石

彩图6—60　常春藤

彩图6—61 花叶蔓长春

彩图6—62 贯众

彩图6—63 肾蕨

彩图6—64 仙客来

彩图6—65 瓜叶菊

彩图6—66 一品红

彩图6—67　天竺葵

彩图6—68　马蹄莲

彩图6—69　非洲菊

彩图6—70　文竹

彩图6—71　吊兰

彩图6—72　变叶木

彩图6—73　花叶绿萝

彩图6—74　彩叶草

1+X 职业技术·职业资格培训教材

编审委员会

主　任　马云安

副主任　崔丽萍　方　岩

委　员（以姓氏笔画为序）

　　　　许东新　严永康　李　莉　何国庆

　　　　徐文发　龚厚荣　傅徽楠　戴咏梅

编审人员

主　编　傅徽楠

副主编　李胜华

编　者　（以姓氏笔画为序）

　　　　王玮珍　孙明巡　朱苗青　张守锋

　　　　季静波　赵大为　薄芳芳

主　审　戴咏梅

中国劳动社会保障出版社

图书在版编目(CIP)数据

绿化工. 五级/上海市职业培训研究发展中心组织编写. —北京：中国劳动社会保障出版社，2012

1+X职业技术·职业资格培训教材

ISBN 978-7-5045-9648-2

Ⅰ.①绿… Ⅱ.①上… Ⅲ.①园林-绿化-技术培训-教材 Ⅳ.①S73

中国版本图书馆 CIP 数据核字(2012)第 100769 号

中国劳动社会保障出版社出版发行

（北京市惠新东街 1 号 邮政编码：100029）

出 版 人：张梦欣

*

三河市华骏印务包装有限公司印刷装订 新华书店经销

787 毫米×1092 毫米 16 开本 17.5 印张 16 彩插页 377 千字

2012 年 6 月第 1 版 2021 年 4 月第 3 次印刷

定价：42.00 元

读者服务部电话：(010) 64929211/84209101/64921644

营销中心电话：(010) 64962347

出版社网址：http://www.class.com.cn

内 容 简 介

    本教材由人力资源和社会保障部教材办公室、中国就业培训技术指导中心上海分中心、上海市职业培训研究发展中心依据上海市1+X绿化工职业技能鉴定细目组织编写。教材从强化培养操作技能，促进掌握实用技术的角度出发，较好地介绍了当前最新的实用知识与操作技术，对于从业人员提高基本素质，掌握五级绿化工的核心知识与技能有直接的帮助和指导作用。

    本教材在编写中根据本职业的工作特点，以能力培养为根本出发点，采用模块化的编写方式。全书分为6章，内容包括园林概论、植物、园林土壤与肥料、园林植物病虫害、园林树木、园林花卉。

    本教材可作为绿化工（五级）职业技能培训与鉴定考核教材，也可供全国中、高等职业院校相关专业师生参考使用，还可供本职业从业人员培训时使用。

前　言

　　职业培训制度的积极推进，尤其是职业资格证书制度的推行，为广大劳动者系统地学习职业知识和技能，提高就业能力、工作能力和职业转换能力提供了可能，也为企业选择适应生产需要的合格劳动者提供了依据。

　　随着我国科学技术的飞速发展和产业结构的不断调整，各种新兴职业应运而生，传统职业也愈来愈多、愈来愈快地融进了各种新知识、新技术和新工艺。因此，加快培养合格的、适应现代化建设要求的高技能人才就显得尤为迫切。近年来，上海市在加快高技能人才建设方面进行了有益的探索，积累了丰富而宝贵的经验。为优化人力资源结构，加快高技能人才队伍建设，上海市人力资源和社会保障局在提升职业标准、完善技能鉴定方面做了积极的探索和尝试，推出了1＋X培训与鉴定模式。1＋X中的1代表国家职业标准，X是为适应上海市经济发展的需要，对职业的部分知识和技能要求进行的扩充和更新。随着经济发展和技术进步，X将不断被赋予新的内涵，不断得到深化和提升。

　　上海市1＋X培训与鉴定模式，得到了国家人力资源和社会保障部的支持和肯定。为满足上海市开展的1＋X培训与鉴定的需要，人力资源和社会保障部教材办公室、中国就业培训技术指导中心上海分中心、上海市职业培训研究发展中心联合组织有关方面的专家、技术人员共同编写了职业技术·职业资格培训系列教材。

　　职业技术·职业资格培训教材严格按照1＋X鉴定考核细目进行编写，教材内容充分反映了当前从事职业活动所需要的核心知识与技能，较好地体现了适用性、先进性与前瞻性。我们还聘请编写1＋X鉴定考核细目的专家，以及相关行业的专家参与教材的编审工作，保证了教材内容的科学性以及与鉴定考核细目以及题库的紧密衔接。

　　职业技术·职业资格培训教材突出了适应职业技能培训的特色，使读者通过学习与培训，不仅更容易通过鉴定考核，而且能够有针对性地进行系统学习，真正掌握本职业的核心技术与操作技能，从而实现从"懂得了什么"到"会做什么"的飞跃。

职业技术·职业资格培训教材立足于国家职业标准，也可为全国其他省市开展新职业、新技术职业培训和鉴定考核，以及高技能人才培养提供借鉴或参考。

新教材的编写是一项探索性工作，由于时间紧迫，不足之处在所难免，欢迎各使用单位及个人对教材提出宝贵意见和建议，以便教材修订时补充更正。

人力资源和社会保障部教材办公室
中国就业培训技术指导中心上海分中心
上海市职业培训研究发展中心

目　　录

第5章 园林树木

第6章 园林花卉

第1章

园林概论

我国是一个多园林的国家，我国的古典园林在世界园林发展史上占有很重要的地位。新中国成立以后，特别是改革开放以来，在党的各级领导的高度重视下，我国的园林绿化事业取得了前所未有的发展。园林绿化对改善城市环境、提高人民生活质量的重要意义，已经得到了人们越来越深刻的认同。本教材主要介绍园林绿化行业的概况和建设施工、养护管理的基本要求，是园林行业工作人员的入门教材。园林绿化的基础知识有：园林植物学知识、园林土壤肥料学知识、园林植物病虫害知识、园林树木学知识、园林花卉学、地被及草坪植物知识、园林绿化建设和管理以及相关的法规知识。

第1节　园林绿化的基本概念及发展概况

 **学习目标**

➤了解园林绿化的基本概念

➤能够掌握中国园林的发展历史及代表作品

➤能够掌握外国园林的发展历史及代表作品

 **知识要求**

一、园林绿化的基本概念

1. 园林的定义

在一定的地域运用工程技术和艺术手段，通过改造地形（或进一步筑山、叠石、理水）、种植树木花草、营造建筑和布置园路等途径创作而成的美的自然环境和游憩境域，就称为园林。园林包括庭园、宅园、小游园、花园、公园、植物园、动物园等，随着园林学科的发展，还包括森林公园、风景名胜区、自然保护区或国家公园的游览区以及休养胜地。

2. 绿地的定义

绿地是城市中形成一定范围、种植有树木、草坪、花卉的地面或地区。其中，公共绿地是指满足规定的日照要求、适合设置游憩活动设施、供居民共享的游憩绿地，应包括公园、街头绿地和组团绿地，及其他块状、带状绿地等。

3. 绿化的定义

绿化就是栽种植物以改善自然环境和人民生活条件的措施。绿化的类型包括国土绿化、城市绿化、四旁（村旁、路旁、水旁、宅旁）绿化和道路绿化等。绿化改善环境包括改善生态环境和在一定程度上美化环境。

二、园林的发展

1. 中国园林的发展

中国是世界文明古国，有着悠久的历史，璀璨的文化，积淀了深厚的中华民族造园艺术遗产。中国园林至今已经有三千多年的历史，商周时期的"囿"是园林雏形。"囿"就一定的地域加围，让天然的草木和鸟兽繁育，挖池筑台，供帝王贵族们狩猎和游乐；除部分人工建造外，大片的还是朴素的天然景象。到了秦汉时期，由于生产力水平进一步提高，已有的单调游乐内容已不能满足当时统治者的要求，从而出现了以宫室为主体的建筑宫苑，除有动物供狩猎或圈养观赏外，还有植物和山水的内容。隋、唐是我国封建社会中期的全盛时期，宫苑园林在这时有了很大发展。唐宋写意山水园开创了我国园林的一代新风，它效法自然、高于自然、寄情于景、情景交融，富有诗情画意（后为明清园林，特别是江南私家园林所继承发展），成为我国园林的重要转折。明清是我国封建社会的没落时期。明代宫苑园林建造不多，其代表是明西苑，园林风格自然朴素，继承了北宋山水宫苑的传统。清代宫苑园林一般建筑数量多、尺度大、装饰豪华、庄严，布局多为园中有园。清代自康熙南巡、乾隆游江南后，不少园林造景模仿江南山水，吸取江南园林特色，可称为建筑山水宫苑。代表作有北京的颐和园、圆明园和承德的避暑山庄等。明清私家园林在前代的基础上有很大发展，无论南北均很兴盛，如北京的勺园、恭王府；江南、西南、岭南的一些私家园林以江南园林最为著名，苏州园林是其中最突出的代表，有"苏州园林甲江南"之称。

2. 外国园林的发展

外国园林根据其历史的悠久程度、风格特点及对世界园林产生的影响，具有代表性的有东方的日本园林、文艺复兴时期的欧洲园林、近代的前苏联和美国的城市园林。日本园林尺度较小，注意色彩层次，植物配置高低错落、自然种植。石灯笼和洗手钵是日本园林特有的陈设小品。15世纪中叶欧洲园林艺术迅速发展，其中意大利园林的艺术成就较高。其园林一般为台地园林，依山就势，分成数层，庄园别墅主体建筑常在中层或上层，平面布局多为规则对称式，有明显的轴线。轴线由园路、阶梯、水渠等组成，其间布置小水池、喷泉、雕塑、园亭等，两侧对称地布置植坛、整齐排列的树木等。法国、英国、德国等欧洲国家的园林深受意大利园林的影响。俄国在18世纪至19世纪初，古典园林受意大

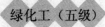

利、法国规则式园林影响颇深，在园林中有明显的中轴线、宽阔的绿化广场和林荫道，主体建筑前均有气魄雄伟的规则式花坛、喷泉群和水池。

第2节 城市园林绿化的形式与功能

 学习目标

➤掌握城市园林绿化的形式
➤掌握城市园林绿化的社会效益、环境效益和经济效益

 知识要求

一、城市园林绿化的形式

城市园林绿化属于自然科学范畴，是国土整治的措施之一，是城市基础设施和环境建设工程的重要组成部分。按照国家规定，城市园林绿化各类专用绿地及树木都统计在城市绿化覆盖率和城市绿化率指标内，具体反映城市面貌和园林绿化建设的成果。城市园林绿化一般指的是城市园林绿地，其范围主要指城市中可用于绿化并符合法律、法规、条例等规定的绿化用地。

1. 公园绿地

公园绿地是城市中向公众开放、以游憩为主要功能，同时具有健全生态、美化景观、防灾减灾等综合作用的绿化用地。公园绿地是城市建设用地、城市绿地系统和城市市政公用设施的重要组成部分，是体现城市整体环境水平和居民生活质量的一项重要指标。

2. 生产绿地

生产绿地指专为城市绿化而设的生产科研基地，具体指为城市绿化提供苗木、花草、种子的苗圃、花圃、草圃等圃地。

3. 防护绿地

防护绿地指城市中具有卫生、隔离和安全防护功能的绿地，主要包括卫生隔离带、道路防护绿地、城市高压走廊绿带、防风林、城市组团隔离带等。

4. 附属绿地

附属绿地指城市建设用地中绿地之外各类用地中的附属绿化用地，主要包括居住用

地、公共设施用地、工业用地、仓储用地、对外交通用地、道路广场用地、市政设施用地和特殊用地中的绿地。

5. 立体绿化

立体绿化是利用建筑物（构筑物）的表面空间为载体开展的绿化形式，包括屋顶绿化、墙面绿化、沿口绿化、窗/阳台绿化、桥柱绿化等形式。

6. 其他绿地

其他绿地指对城市生态环境质量、居民休闲生活、城市景观和生物多样性保护有直接影响的绿地，包括风景名胜区、水源保护区、郊野公园、森林公园、自然保护区、风景林地、城市绿化隔离带、野生动/植物园、湿地、垃圾填埋场恢复绿地等。

二、城市园林绿化的功能

1. 城市园林绿化的社会效益

城市园林绿化可以美化城市，提高市民文化素质，促进社会主义精神文明建设，还能防灾避难，具有明显的社会效益。园林绿化是城市建设不可缺少的组成部分，是美化市容、增强建筑艺术效果、丰富城市景观的主要手段。园林绿地与城市建筑建立有机联系，用绿荫覆盖城市，使市容更加生动、活泼、自然。随着我国人民物质生活水平的提高，城市绿地为居民提供了日常活动、游憩、文化宣传和科普教育的场所。

2. 城市园林绿化的环境效益

城市园林绿地被称为"城市绿肺"，它既能调节温度、湿度，净化空气、水体、土壤，又能促进通风和减少风害、降低噪声，可以对改善环境、维护生态平衡起到巨大作用。

3. 城市园林绿化的经济效益

城市园林绿地在满足使用功能要求、保护环境和美化城市前提下，还可以结合生产功能增加经济效益。

第3节　园林绿化相关指标

 学习目标

➤掌握绿地率、绿地覆盖率、人均绿地面积和人均公园绿地面积的计算公式

 **知识要求**

一、绿地率

绿地率指一定城市用地范围内，各类绿化用地总面积占该城市用地面积的百分比。绿化用地面积指垂直投影面积，即平行光从植物的顶部垂直投影时，物体产生的阴影面积，不管其角度与水平面成多大的夹角，只考虑其垂直投影在水平面上的面积，不应按山坡地的曲面表面积计算。绿地率是描述城市用地构成的一项重要指标。

绿地率的计算公式如下：

绿地率（%）＝［公园绿地面积（m^2）＋生产绿地面积（m^2）＋防护绿地面积（m^2）＋附属绿地面积（m^2）］/城市的用地面积（m^2）×100%

二、绿化覆盖率

绿化覆盖率指绿化植物的垂直投影面积占城市总用地面积的比值。

三、人均绿地面积

人均绿地面积指绿地面积的人均占有量，以 m^2/人表示。

人均绿地面积的计算公式如下：

人均绿地面积（m^2/人）＝［公园绿地面积（m^2）＋生产绿地面积（m^2）＋防护绿地面积（m^2）＋附属绿地面积（m^2）］/城市人口数量（人）

四、人均公园绿地面积

人均公园绿地面积指公园绿地面积的人均占有量，以 m^2/人表示。

人均公园绿地面积计算公式如下：

人均公园绿地面积（m^2/人）＝公园绿地面积（m^2）/城市人口数量（人）

第4节　园林绿化有关法规及标准规范

 **学习目标**

➤了解常用的园林绿化法规和规范

 **知识要求**

一、《城市绿化条例》（国务院令第 100 号，1992 年 6 月 22 日）

制定该条例是为了促进城市绿化事业的发展，改善生态环境，美化生活环境，增进人民身心健康。该条例适用于在城市规划区内种植和养护树木花草等城市绿化的规划、建设、保护和管理。该条例规定，城市人民政府应当组织城市规划行政主管部门和城市绿化行政主管部门等共同编制城市绿化规划并纳入城市总体规划。城市的公共绿地、风景林地、防护绿地、行道树及干道绿化带的绿化，由城市人民政府城市绿化行政主管部门管理；各单位管界内的防护绿地的绿化，由该单位按照国家有关规定管理；单位自建的公园和单位附属绿地的绿化，由该单位管理；居住区绿地的绿化，由城市人民政府城市绿化行政主管部门根据实际情况确定的单位管理；城市苗圃、草圃、花圃等，由其经营单位管理。

二、《国务院关于开展全民义务植树运动的实施办法》（1982 年 2 月 27 日国务院常务会议通过）

该实施办法规定了推进全民义务植树的职能部门为各级绿化委员会，规定了参加义务植树的对象。其中规定，各省、自治区、直辖市人民政府可以结合实际情况，根据《关于开展全民义务植树运动的决议》和该实施办法的规定，制定实施细则。凡是中华人民共和国公民，男 11 岁至 60 岁，女 11 岁至 55 岁，除丧失劳动能力者外，均应承担义务植树任务。

三、《上海市绿化条例》（上海市第十二届人民代表大会常务委员会通过，2007 年 5 月 1 日起实施）

《上海市绿化条例》是为了促进本市绿化事业的发展，改善和保护生态环境，根据国务院《城市绿化条例》和其他有关法律、行政法规，结合本市实际情况制定。该条例适用于该市行政区域内种植和养护树木花草等绿化的规划、建设、保护和管理。整个条例从总则、规划和建设、监督管理、法律责任、附则五个方面进行制定。其中规定，市和区、县人民政府应当将绿化建设纳入国民经济和社会发展计划，保障公共绿地建设和养护经费的投入。市绿化系统规划应当明确本市绿化目标、规划布局、各类绿地的面积和控制原则。区、县绿化规划应当明确各类绿地的功能形态、分期建设计划和建设标准。编制、调整市绿化系统规划和区、县绿化规划，有关部门在报批前应当采取多种形式听取利益相关公众的意见。

四、上海市工程建设规范——《园林绿化养护技术等级标准》（DG/TJ08—702—2005 J10603—2005）

为了促进城市建设可持续发展，加强绿化行业管理，奠定绿化养护技术基础，提高绿化养护质量和等级水平，制定了本等级标准。

本标准的主要技术内容由总则、术语、养护标准三部分组成。养护标准从树林、树丛、孤植树、花坛、花境、绿篱、垂直绿化、盆栽植物、草坪、草地、地被植物、行道树、竹类、水生植物、古树名木及古树后续资源、土壤、水体、园林设施、其他设施等方面养护技术建立了等级标准。

五、《上海市古树名木和古树后续资源保护条例》（2002年7月25日上海市第十一届人民代表大会常务委员会第四十一次会议通过，2002年10月1日起实施，2010年修订）

为了加强古树、名木和古树后续资源的保护，根据有关法律、法规，结合本市实际情况，制定本条例。条例规定了古树、名木和古树后续资源的定义，古树的养护责任人，保护区范围，破坏古树的处罚等。古树是指树龄在100年以上的树木，而那些树种稀有、名贵或具有历史价值、纪念意义的树木则可称为名木，古树后续资源是指树龄在80年以上100年以下的树木。列为古树、名木的，其保护区为不小于树冠垂直投影外5米；列为古树后续资源的，其保护区为不小于树冠垂直投影外2米。古树名木及后续资源应定期进行巡督查。

思 考 题

1. 简述中国园林的发展历史及各阶段的特点。
2. 城市园林绿化的形式有哪些？
3. 如何区别绿地率、绿地覆盖率？
4. 列举3个园林绿化中常用的法规标准。

第 2 章

植　物

第1节　植物的作用

 **学习目标**

➤了解植物的多样性和植物的作用

 **知识要求**

一、植物的多样性

植物的起源和发展经历了漫长的历史时期。随着地球历史的发展，由原始生物形成的植物不断演化，其间大约经历了30亿年，一些种类由兴盛到衰亡，新的种类又在进化中产生，最终形成了地球上现存的50多万种已知植物。植物种类繁多，数量浩瀚，是生物圈的重要组成部分。

植物的分布极为广泛。从平原到终年积雪的高山，从严寒的两极地带到炎热的赤道区域，从江河湖海的水面和深处到干旱的沙漠和荒原，都有植物生存。一颗水珠、一撮尘土、岩石的裂缝、树叶的表面、悬崖峭壁的裸露石面、生物体甚至人体的内外，都可成为某些植物的生活场所。

同样，在冷达冰点的积雪下面和水温极高的温泉中间，也常有特殊的植物种类在生存。某些地衣在冰点以下的温度中仍能生存，某些蓝藻在水温达40～85℃的温泉中仍能旺盛地生长。在高空的大气中，常有漂浮着的细菌和孢子；土壤的表层和深层，也大多生活着藻类和菌类。

所以，自然界几乎处处有植物，它们在形态结构上也多种多样：有肉眼看不见的单细胞的原始低等植物，也有分化程度很高、由多细胞组成的结构复杂的树木花草。

根据植物的特征以及它们的进化关系，学者们一般将植物界分为藻类植物、菌类植物、地衣类植物、苔藓植物、蕨类植物和种子植物六个大的类群。其中，藻类、菌类和地衣统称低等植物，苔藓、蕨类和种子植物统称高等植物。

此外，根据植物体内是否含有叶绿素，人们还把植物界分为绿色植物和非绿色植物两大类：细菌和真菌植物体内不具有叶绿素，属于非绿色植物；藻类、苔藓、蕨类和种子植物体内具有叶绿素，属于绿色植物。

种子植物是现今地球上种类最多、形态构造最复杂、和人类经济生活关系最密切的一类植物。全部树木、农作物和绝大多数的经济作物都是种子植物。种子植物从形态构造到生活习性等各个方面同样表现出极大的多样性。例如：高大挺拔的乔木，低矮丛生的灌木，缠绕他物的藤本植物，一、二年生以及多年生草本植物等。

我国仅见于记载的高等植物就有约 3 万种，占全世界高等植物的 1/8，是植物种类最丰富的国家之一。由于我国有寒温带、温带、暖温带、亚热带和热带等不同的气候带，植物也随之呈现出特色鲜明的分布特点：我国东北部为寒温带针叶林地带，西北部为干旱、半干旱地区的草原、灌丛和沙漠植物地带，中部温带及暖温带为针阔叶混交林及落叶阔叶林地带，南部亚热带、热带为常绿阔叶林及热带季雨林地带。此外，从世界屋脊喜马拉雅山到东部海滨，随着海拔的变化又有丰富的垂直带植物分布差异。

就植物种类资源的多样性而言，我国在世界上是名列前茅的。

二、植物的作用

1. 美化环境

人本能地追求和谐、秩序与美。理想的环境应该是一个有秩序而且美的世界。与自然共生是人的基本需要。植物能有效地遮挡线条生硬的建筑物，使景观效果柔和，改善人的精神感受，满足人的精神需要。

植物的美学功能指植物营造良好视觉景观、增加环境观赏性的功能。它包括园林植物的个体美化功能、群体美化功能、衬托美化功能等。个体美化功能指由园林植物个体孤植于一定时空背景下（构成孤植景观）所形成的美化功能，如形体、枝、叶、花、果等所表现出的观赏价值；群体美化功能指由单种或多种植物经自然或人工造景在一定时空背景下配植而成的植物景观所产生的美化功能，如片林、树丛、树篱、草坪、稀树草坪、藤架等所表现出的观赏价值；衬托美化功能指植物与建筑、水域、假山、道路等自然或人工地貌在一定时空背景下自然或人工配置形成的园林景观所产生的观赏价值，如利用植物联系景物、组织空间、遮挡视线等参与形成的优良整体视觉效果。这里强调一定时空背景是因为，在不同的时间（如不同季节）、不同的环境背景下，植物观赏价值的有无、高低是有显著差异的。

2. 吸收空气中的有害气体

由于工业的发展和防护措施尚不完善，城市空气中常含有许多有毒物质，植物可以通过叶片将其吸附固定下来，甚至吸收或富集于植物体内，从而降低空气中的有毒物含量。

目前受到关注的大气有毒污染物已达 400 余种，危害较大的有 20 余种，其中氧化性类型的有臭氧（O_3）、二氧化氮（NO_2）、氯气（Cl_2）等，还原性类型的有二氧化硫

（SO_2）、硫化氢（H_2S）、一氧化碳（CO）、甲醛（$HCHO$）等，酸性类型的有氟化氢（HF）、氰化氢（HCN）、三氧化硫（SO_3）、四氟化硅（SiF_4）、硫酸烟雾等，碱性类型的有氨等，有机毒害性类型有乙烯（C_2H_4）等。

3. 吸收二氧化碳（CO_2）放出氧气（O_2）

植物在进行光合作用的同时也在不断地呼吸，但光合作用产生的氧气（O_2）要比呼吸作用消耗的氧气（O_2）量大 20 倍，所以人们称植物为天然的"氧气工厂"。一个体重 75 kg 的成年人，每天吸入的氧气（O_2）量为 0.75 kg，排出的二氧化碳量为 0.9 kg。而每 1 hm^2 森林每天可消耗 1 000 kg 二氧化碳，放出 730 kg 氧气（O_2）；每 1 hm^2 绿地每天吸收 900 kg 二氧化碳，产生 600 kg 氧气（O_2）。生长良好的草坪，每 1 m^2 每小时可吸收二氧化碳 1.5 g，约合 1 hm^2 吸收 15 kg，而每人每小时呼出二氧化碳 37.5 g，所以每人有 50 m^2 草坪可以满足平衡。

4. 净化空气、阻滞尘埃

尘埃中不仅含有土壤微粒，而且含有细菌和金属性粉尘、矿物粉尘、植物性粉尘等，它们会直接或间接影响人体健康。尘埃会使多雾地区的雾情加重，降低空气的透明度，减少紫外线含量。

树木的枝叶可以阻滞空气中的尘埃，但不同树种的滞尘力差别很大。一般树冠大而浓密、叶面多毛或粗糙、分泌有油脂或黏液的树木有较强的滞尘力。据测定，每 1 hm^2 杉林每年可吸附尘埃 36 t 左右。因此，长期在森林中生活的人很少患支气管炎、哮喘、肺结核等疾病。

5. 杀灭病菌，有利防病

空气中通常有近百种细菌，大多是病原菌。有些植物能分泌芳香物质，具有杀灭病菌和致病微生物的作用。植物杀菌素是植物保护自身的天然免疫性因素之一。如悬铃木的叶子揉碎后，能在 3 min 内杀死单细胞的原生动物。据测定，在百货大楼，每立方米空气中含有细菌 400 万个，而公园内同样情形只有 1 000 个，百货大楼比公园空气中的细菌多 4 000 倍。在一般情况下，每 1 m^3 空气中的含菌量，城市要比绿化区多 7 倍多。1 hm^2 森林每天能分泌出 30 kg 的杀菌素。松科、柏科、槭树科、木兰科、忍冬科、桑科、桃金娘科的许多植物对结核杆菌有抑制作用。据测定，松树能分泌出一种萜类物质，对结核病人有良好的治疗作用。很多树木的叶和花能分泌出杀菌物质，如桦、柞、栎、稠李、椴、松、冷杉等树木所产生的杀菌素能杀死白喉、结核、霍乱和痢疾的病原菌。黑胡桃、柠檬、橙、白皮松、柳杉、雪松、楝树、紫杉、马尾松、杉木、侧柏、枫香、臭椿、樟、黑松、日本花柏和黄连木等也都是杀菌力较强的树种。

6. 减弱噪声

如今的城市环境中充满各种噪声。当噪声强度超过 70 dB 时，对人体就会产生不利影响。乔木、灌木、草坪合理搭配的绿地降低噪声的效果很好。因为茂密的枝叶像一堵"绿墙"，阻碍了噪声声波的前进；树叶的摆动，叶表面的气孔和绒毛大大削弱了声波的强度；乔木、灌木和草坪的表面都能吸收声波，使噪声变小。例如，宅前种植两排乔木对阻隔灰尘和噪声的效果就很好。

实践证明，隔音较好的树种有雪松、龙柏、水杉、悬铃木、梧桐、垂柳、鹅掌楸、柏木、臭椿、樟树、榕树、柳杉、栎树、珊瑚、椤木石楠、海桐、桂花、女贞等。

7. 调节小气候

绿色植物可以调节局部地区的小气候。尤其是在夏季，清晨时分，茂盛的树叶吐出滴滴清水，使空气变得湿润、清新；炎热的中午，树叶能吸收一定的热量，遮挡阳光，使人感到凉爽、舒适。森林和绿化覆盖率较高的地区上空，夏季经常可以见到有大片的降雨云穿过，这就是绿色植物吞吐水分而形成的一种小气候效应。据测定，一亩树林一个夏季可蒸发 42 t 水，一年可达 300～500 t。在骄阳似火的夏季，城区内的大片草坪和垂直绿化带能够降温 2～3℃，增加空气湿度 15％～20％。

8. 绿色植物是人类的"保健医生"

绿色能给人的大脑以良好的刺激，从而使人的疲劳感得以降低，使紧张的情绪得到缓解。植物的花、果、枝、叶有很高的观赏价值，对人类的疾病也有一定的医疗作用。近年来，国内外专家对绿化计量指标提出"绿视率"指标（"绿视率"是指绿色植物在人的视野中所占的比例），认为绿色在人的视野中占 25％则能消除眼睛和心理疲劳，对人的精神和心理最适宜，应是城市绿化追求的目标。据前苏联报道，绿化好的城市眼病的发病率约为 1.08％，而绿化差的城市眼病发病率达 21.9％。前苏联刺绣工人体会，当眼睛感到疲劳时，多看看窗外的绿树或草坪，可以消除疲劳，恢复精神。

美国一位教授研究发现，绿色植物与病人的健康恢复快慢有直接关系。如果病人俯瞰绿色植物群落，身体就恢复得快。医院、疗养院应该有各类保健型植物生态群落作辅助康复措施。不同色彩的植物群落有不同的治疗作用：浅蓝色的花朵对发高烧的病人有镇静作用；红色鲜花能增进病人食欲；白色花朵能使病人神清气爽；长时间注视绿色植物能使人心旷神怡，有利于健康。

第2节 种子和幼苗

 **学习目标**

➤掌握植物种子的构造和相关概念

➤掌握种子萌发的条件和形成幼苗的特点

 知识要求

绿色开花植物的一生大多从种子萌发形成幼苗开始。所谓植物的生活史，指植物体离开母体生长发育，一直到完成生殖作用，形成第二代植物体，最终自身死亡的生命过程。

一、种子的构造

植物的种类很多，所产生的种子大小、形状、色泽也各不相同，但其基本构造是一样的，都由种皮、胚和胚乳组成。种皮具有保护作用。胚是新生植物的雏体，由胚芽、胚轴、胚根和子叶四部分组成。萌发的时候，胚芽长成幼苗的茎和叶，胚根长成幼苗的根，子叶着生于胚芽和胚根之间的胚轴上，有储藏养分或将养分输送给胚的功能。

胚乳是种子集中储藏养料的地方，一般为肉质，占有种子一定的体积。也有的成熟种子不具有胚乳，这类种子在生长发育时，胚乳的养料被胚吸收，转入子叶中储存，所以成熟的种子里胚乳不再存在，或仅残存一层干燥的薄层，不起储藏营养的作用。有胚乳种子的胚乳含量，不同植物种类并不相同，例如蓖麻、水稻等种子的胚乳肥厚，占有种子的大部分体积。

松柏类植物的种子没有果实包裹，因而被称为"裸子植物"。它们的种子中的子叶数目不等，一般在1～12片之间。但大多数种子植物的种子形成时外面有果实包裹，因而人们称之为"被子植物"。被子植物种子的子叶数比较稳定：种子中有两枚子叶的植物称为双子叶植物，如香樟；种子中只有一枚子叶的植物为"单子叶植物"，如竹子、棕榈等。

大多数双子叶植物的种子中供胚萌发的营养物质储藏在子叶里；大多数单子叶植物的种子里供胚萌发的营养物质储藏在胚乳里，如图2—1所示。

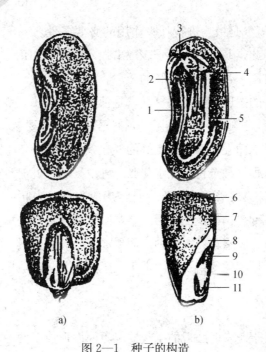

图 2—1　种子的构造

a) 外形　b) 内部构造

1、6—种皮　2、11—胚根　3、10—胚轴　4、9—胚芽　5、8—子叶　7—胚乳

二、种子的萌发和幼苗的形成

1. 种子萌发及其过程

成熟种子的生命活动很微弱，在外表上看不出有明显的变化，我们称种子的这种状态为"休眠状态"。但在适宜的条件下，种子的胚会从休眠状态转变为活动状态，胚根开始生长，突破种皮形成幼根，这个过程就是"种子的萌发"。

（1）种子萌发的条件

1）适当的水分。成熟的种子一般只含少量水分，约为种子重量的 10％～14％。各种植物的种子在萌发时需要的水量不同。例如，小麦种子吸收超过自身干重 50％的水时才能萌发，棉花则需吸收超过自身干重 100％以上的水分，大豆甚至需吸收超过自身干重120％以上的水分。

2）适宜的温度。多数种子只有当温度高于 0～5℃才能萌发，这一温度就是种子萌发的最低温度；而当温度超过 35～40℃时，大多数植物的种子都停止萌发甚至死亡，这一温度就是种子萌发的最高温度。一般来说，25℃左右时各种植物种子都能很好地萌发，这一温度称为种子萌发的最适温度。

3）充足的氧气。氧气是植物进行呼吸作用的必要条件。种子萌发需要的能量由种子的呼吸作用来供应，因此，萌发时的种子表现出强烈的呼吸作用。如果这时缺乏氧气，不仅会阻碍胚的生长，时间一长还会导致胚的死亡。

适当的水分、适宜的温度、充足的氧气，是种子萌发必不可少的外在条件。但种子萌发还必须要有内在因素，即必须是成熟了的活种子（即种子要有完整的胚）。没有成熟或者已死亡的种子都不可能萌发，即使有良好的外在条件也无济于事。

（2）种子萌发的过程。种子首先吸水膨胀，种皮变软（此时种子的呼吸作用表现得特别旺盛），接着胚根伸长，突破种皮向下生长，形成主根。当胚根长到一定长度后，胚轴和胚芽开始生长，突破种皮钻出土面，形成茎和叶，逐渐形成一株完整的幼苗。

在种子萌发过程中，胚根首先突破种皮而形成主根，这是具有重要生物学意义的。因为，根较早发育有利于早期的幼苗及时固定于土壤中，并从土壤中吸收水分和养料，使幼苗能尽快地独立生活。

2. 幼苗的类型

各种植物的种子由于萌发时胚根的生长情况不同而形成了两种不同类型的幼苗。

（1）子叶出土幼苗。种子萌发时，子叶以下的胚轴（下胚轴）迅速生长，将子叶与胚芽一起送出土面。子叶出土以后，在阳光下变成绿色，开始进行光合作用。由胚芽的生长所形成的叶称为"真叶"。大多数植物的幼苗在出现真叶后，子叶逐渐枯萎、脱落，如图2—2所示。

（2）子叶留土幼苗。种子萌发时，下胚轴几乎不生长或生长不多，子叶留在土中，上胚轴生长强烈，将胚芽送出土面，如图2—3所示。

图2—2　子叶出土幼苗　　　　　　　图2—3　子叶留土幼苗

子叶是否出土是播种深浅的依据之一。一般情况下，子叶出土的幼苗，播种时不宜播得过深。

第 3 节　植物的根

 **学习目标**

➢了解根的生理功能
➢掌握根的形态和根系的类型
➢掌握根的变态类型和代表植物
➢能够正确识别根系的类型

 知识要求

一、根的生理功能

根具有固着、吸收、输导、储藏、繁殖、合成和分泌等生理功能。根是种子植物地下部分的营养器官，它的主要功能是把植物体固定在土壤里，并且从土壤中吸收水和无机盐，同时将水和无机盐输送给地上部分。有些植物的根能储藏有机养料。此外，一些植物的根还具有繁殖的功能。

二、根的形态

1. 根的发生与种类

植物最初生长出来的根是种子萌发时由胚根发展而成的，称做主根。主根上发出的分枝称做侧根，侧根还能形成更小的分枝。主根和主根所形成的侧根都是直接或间接地由胚根生长出来的，因此都是定根；还有些根不是直接或间接由胚根生长出来的，而是从茎、叶或其他部分生长出来的，它们的产生没有一定的位置，所以叫不定根。园林栽培上常利用植物能产生不定根的特性进行扦插繁殖。

2. 根系

每株植物根的总和叫根系。根系按其形态分为直根系和须根系两大类。

（1）直根系。直根系指由主根和侧根共同构成，主根和侧根有明显区别的根系。它的主根通常较粗大，一般垂直向下生长，主根上着生的侧根则较小。大部分双子叶植物和裸子植物的根系都是直根系。

（2）须根系。须根系指主根不发达或早期死亡，由根颈处发出许多大小长短相仿的不定根，主根与侧根无明显区别的根系。单子叶植物多为须根系，如图2—4所示。

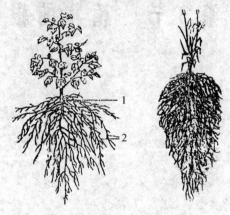

图2—4　须根系
1—主根　2—侧根

3. 根的变态

为了适应环境和物种繁衍，植物的根所发生的变异称为根的变态。根的变态是一种可以稳定遗传的变异。由于功能改变引起的形态和结构都发生变化的根称为变态根。主根、侧根和不定根都可以发生变态。常见的变态根有以下几种类型：

（1）储藏根。常见于二年生或多年生的草本植物，根肥大成肉质，储藏大量养料供第二年生长使用。由主根和下胚轴变态形成的根称肥大直根，如萝卜、牡丹花、兰花；由侧根或不定根变肥大形成的呈块状的根称块根，如大丽花。

（2）支持根。在一些根系生长较浅的植物中，由茎基部或侧枝上产生不定根，伸入土壤，帮助主根支持地上部分的根称为支持根，如玉米、榕树等。

（3）气生根。茎上产生的不定根，悬垂在空气中称为气生根，如吊兰等。

（4）寄生根。某些寄生植物的根发育成吸器，用以伸入寄主植物体内，吸收寄主的水分和养料，供自身需要，这样的变态根称为寄生根，如桑寄生、槲寄生等。

（5）攀缘根。细软的植物茎上长出不定根，用来将自己的茎固着于其他植物的茎干或岩石、墙壁上向上生长，这类不定根称为攀缘根，如络石、爬山虎等。

第4节 植物的茎

 **学习目标**

➤了解茎的功能
➤掌握茎的形态和组成
➤掌握茎的类型和分枝方式

 知识要求

茎是植物体地上部分的主干，常具有分枝。茎上着生叶，花和果也着生在茎上。茎上着生叶的部位称做节，两节之间称做节间。茎的顶端和节上叶腋处都具有芽。茎与根的主要区别就是根上不着生叶，也无顶芽和腋芽。

一、茎的功能

茎的主要生理功能是输导作用和支持作用，有的植物的茎还具有储藏作用、繁殖作用等。

1. 输导作用

茎能将根所吸收的水分和无机盐及根部储藏的营养物质输送到地上各部分，同时又将叶所制造的有机物输送到根、花、果实、种子等器官去利用或储藏起来，使植物体各个部分的活动连成一个整体。

2. 支持作用

茎内有发达的机械组织，支撑着植物的叶、花、果实等器官。叶依赖茎的支持向各个方向伸展，以获得必要的阳光；花和果依赖茎的支持合理地分布在树冠空间里，有利于花粉和种子的传播。

3. 储藏和繁殖作用

除上述作用以外，茎还具有储藏水分和养分的功能；茎容易发生不定根，因而又能作为繁殖材料，是植物营养繁殖的重要器官。许多园林植物是通过扦插茎的一段来扩大苗源的。嫁接繁殖一般也是利用茎的一段来进行的。

二、茎的形态

植物的茎是由芽发育来的，可以说，芽是茎的原始体。

1. 芽的类型

芽有各种不同的形状，如圆球形、圆锥形、三角形等，都是识别植物的依据之一。除形状外，还可按照芽的结构、发生部位、活动时间等将芽分为多种类型：

（1）按芽发生的位置分

1）定芽。着生在固定位置的芽叫定芽。着生于茎顶端的芽叫顶芽，着生于叶腋的芽叫腋芽，又叫侧芽。

2）不定芽。着生位置不固定的芽叫不定芽。凡不是在节上固定位置着生的芽都叫不定芽。不定芽在植物受伤的时候最容易发生，这在园林实践中具有重要意义。如更新回头，就是刺激它发生大量不定根，并利用不定芽重新生长成很好的树木，以及使树冠开阔。利用根、叶繁殖也是因为它们能长出不定芽。

顶芽和侧芽在茎上的位置如图2—5所示。

（2）按芽的性质分

1）叶芽：展开后只抽枝生叶的芽，一般比较瘦小。

2）花芽：展开后只开花或形成花序的芽。

3）混合芽：展开后既能抽生枝叶，又可以开花或形成花序的芽。

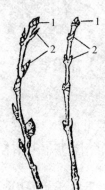

图2—5 芽的位置
1—顶芽 2—侧芽

花芽及混合芽一般比较肥大，尤其在开花前，更易和叶芽区分。

（3）按芽外保护物分

1）鳞芽：又叫被芽，芽外有变态叶所形成的鳞片保护，如丁香、杨树的芽。

2）裸芽：外面没有鳞片包被，呈裸露状态的芽，如枫杨的芽。

3）柄下芽：被扩展的叶柄包藏起来，有叶时见不到，叶脱落后芽才露出来的芽，如悬铃木的腋芽。

（4）按活动时间分

1）活动芽：当年形成当年萌发，或当年形成次年萌发的芽。活动芽一般都着生在茎枝的上端。

2）潜伏芽：又称休眠芽，即形成后多不萌发，但在适宜的环境条件下也能萌发形成新枝的芽。

（5）按着生于节上的芽的数目分

1）单芽：一个叶腋只生一个腋芽，如七叶树。

2）并列芽：一个叶腋中数芽并列着生，如桃树。

3）重叠芽：一个叶腋中数芽重叠着生，如桂花。

一株植物上，各种芽的活动之间有着密切的关系。顶芽一般发育较快，侧芽发育得较慢，上面的侧芽又比下面的侧芽发育得快，而且顶芽的发育往往抑制它下面的侧芽的发育，甚至使侧芽处于休眠状态。植物的顶芽优先生长而侧芽受抑制的现象就是顶端优势。园林生产上的修剪就是根据植物的顶端优势原理调整顶芽和侧芽的发育关系，促使其多分枝、多开花、多结果的技术措施。

2. 茎的分枝方式和类型

茎是枝条上除去叶和芽所留下的轴状部分。茎一般呈圆柱形，也有三角形（莎草科）、方形（蚕豆、薄荷）和扁平柱形（仙人掌）的。着生叶和芽的茎叫枝条。

茎的节间长短是不一致的。如竹的节间较长，而黄杨的节间较短，雏菊的节间更短。但有些植物，如苹果、梨、银杏等，同一株植物体上有两种不同长短节间的枝条，一种节间较长，叫长枝；另一种节间较短，称为短枝。长枝常为营养枝；短枝常为结果枝，形成花芽，开花结果。

落叶植物的枝条上在冬季常可见到叶痕（叶脱落后在茎上留下的痕迹）、托叶痕（托叶脱落后在茎上留下的痕迹）、维管束痕（叶脱落后在叶痕中留下的维管束断裂的痕迹）、芽鳞痕（芽萌发、芽鳞脱落后在茎上留下的痕迹，常用来鉴定枝条的年龄）、皮孔等，植物的冬态识别常借助这些特征。

（1）茎的分枝方式。分枝是植物的基本特征之一，是植物生长的普遍现象，也是造成树木形态各不相同的原因。茎的分枝有其自身的规律性，各种植物都有自己的分枝方式。常见的分枝方式有以下几种类型：

1）总状分枝。总状分枝又叫单轴分枝，分枝方式为由主干发出侧枝，侧枝又分出侧枝，主干的顶芽生长旺盛，因而发达而又通直。总状分枝植物的主干又高又粗，具有明显的顶端优势，如松、杉等。

2）合轴分枝。主干或侧枝的顶芽生长到一定时间后就停止生长或形成花芽，由靠近顶芽的腋芽代替主芽发育成新枝，主干继续生长。经过一段时间，新枝的顶芽又被下部的腋芽替代，继续向上生长。合轴分枝植物的主干很短，主轴和侧枝均由每年生长出来的新枝联合形成，如柳、榆等。

3）二叉分枝。由顶芽生长点一分为二，形成两个新枝条，经过一定时期的生长，每一新枝的生长点又一分为二。这样不断进行，所有的分枝都是二叉形的，所以叫二叉分枝，如蕨类、苔藓等低等植物。

4）假二叉分枝。具有对生叶的植物在顶芽停止生长后，由顶芽下对生的两个腋芽同时伸展而形成的叉状分枝，叫假二叉分枝，如丁香、泡桐等。

总状分枝、合轴分枝、假二叉分枝的分枝方式如图2—6所示。

有些植物在同一株植物上既有总状分枝，又有合轴分枝，如玉兰、木莲等。

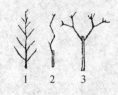

图2—6　分枝方式
1—总状分枝　2—合轴分枝
3—假二叉分枝

（2）茎的种类。植物的茎可以依其生长习性及质地分为以下几种：

1）依茎的生长习性分

①直立茎：多数植物的茎是直立的，叫直立茎，如香樟、女贞等。

②缠绕茎：有些植物的茎幼时较柔软，不能直立，靠缠绕他物而上升，叫缠绕茎，如牵牛花、菜豆、何首乌等。

③攀缘茎：有些植物的茎内部机械组织不发达，因而不能直立，必须依靠其他物体支持才能向上生长，其中以卷须、吸盘或不定根等器官攀缘他物向上生长的茎叫攀缘茎，如葡萄、爬山虎等。具有攀缘茎和缠绕茎的植物是园林中很好的垂直绿化材料。

④匍匐茎：还有些植物的茎匍匐在地面上生长，在节上生根，这种茎叫匍匐茎，如络石等。具有匍匐茎的植物在园林中是很好的地被植物。

具有攀缘茎、缠绕茎和匍匐茎的植物，统称为藤本植物。

2）依茎的质地分

①木质茎：茎的木质化程度高，质地坚硬的称做木质茎，多为多年生植物。其中，主干粗大，与侧枝有明显区别的叫乔木，如松等。没有主干或主干不明显，分枝几乎从地上开始的植物叫灌木，如紫荆等。具有木质茎的植物统称为木本植物。

②草质茎：有的植物的茎木质化程度极低或无木质化，质地柔软，这种茎称做草质茎。具有草质茎的植物叫草本植物。草本植物又分为一年生、二年生、多年生等类型。有些植物介于草本与木本之间，即基部似木质茎，而上部又似草质茎，称为半灌木或亚灌木，如天竺葵、象牙红等。

③肉质茎：还有的植物茎肥厚多汁，质地柔软，呈绿色，成为植物主要的光合作用器官，这种茎称肉质茎。具肉质茎的植物称多肉植物，如仙人掌等。

3. 茎的变态

茎的变态可根据生长在地上或土壤中分为以下两类：

（1）地上茎^①的变态

1）叶状茎：有些旱生植物的叶子退化，而茎变为叶片形状，呈绿色，代替叶子进行光合作用，但仍能开花结果，这种茎称为叶状茎，如竹节蓼等。

2）茎卷须：由茎变成的卷须叫茎卷须，这些卷须生长于叶腋内，用来攀援，如葡萄等。

3）茎刺：有些植物部分茎变态为具有保护作用的刺，有芽着生在这些刺上，天气十分潮湿时，芽能萌发，如皂荚等。

（2）地下茎^②的变态

1）根状茎：生于土壤中、与根相似的茎称为根状茎，如竹类、芦苇等。根状茎与根明显不同：它具有明显的节和节间；节部有退化的叶；有腋芽，可发育成地上枝；有顶芽，可继续向前生长。

2）储藏茎：生长在土壤中、具有储藏养料的作用的茎称为储藏茎。储藏茎又可分为：

①块茎：由地下茎肥大形成的块状茎，如马铃薯。

②鳞茎：地下茎节间缩成盘状，其中的叶变为肥厚的鳞片，这类茎称鳞茎，如水仙、百合。

③球茎：茎变为短而肥大的地下茎，外形呈球状的茎，如唐菖蒲、天南星科植物。

第5节　植物的叶

学习目标

➤了解植物叶的功能

➤掌握叶的组成

➤掌握叶序和叶脉的类型

➤能够区分单叶、复叶

➤能够识别叶序类型

---

① 地上茎是指植物的茎生长在地面以上的部分。
② 地下茎是指植物的茎生长在地面以下的部分。

 **知识要求**

一、叶的功能

叶是植物进行光合作用，制造养料，进行气体交换和水分蒸腾的重要器官。它的生理功能主要有以下几个方面：

1. 光合作用

叶是光合作用的重要器官，植物的光合作用主要在叶片内进行。光合产物的多少，关系到植物体生长发育的质量。

2. 蒸腾作用

叶是完成蒸腾作用的主要器官，植物根吸收的大量水分主要以气态通过叶片的气孔蒸散到体外，这有利于根部对水和无机盐的吸收和运输。同时，在蒸腾过程中，水由液体状态变为气态，要消耗很多热量，从而降低叶内温度，使叶免受强光的灼伤。

3. 气体交换

植物的光合作用（吸入二氧化碳放出氧气）和呼吸作用（吸收氧气放出二氧化碳）都是通过叶片上的气孔进行的，因此，叶片是植物体进行气体交换的主要器官。有些植物的叶片还能吸收一氧化碳、氟化氢和氯气等有毒气体，并将它们积存在叶片组织内，故对大气的净化具有一定的作用。选用吸收能力较强的树种，如女贞、夹竹桃、桉树、刺槐、臭椿等，用于工矿区的绿化，可以改善环境。

4. 其他功能

叶还有吸收营养物质的功能，因此，可将肥料喷洒在叶表面（即进行根外追肥）来弥补土壤施肥的不足。有的植物的叶在一定条件下能够形成不定根和不定芽，可进行营养繁殖，如落地生根、秋海棠等。

二、叶的形态

1. 叶的组成

一片完整的叶由叶片、叶柄和托叶三部分组成。这三部分都具备的叶子称为完全叶，如月季、梨等植物。但有些植物缺少托叶，如樟树；有些植物缺少叶柄，如金丝桃等；有的叶柄和托叶都缺，如郁金香等；有的缺少叶片，如台湾相思树等。总之，缺少其中的一部分或两部分的叶子均称不完全叶。

2. 叶序

叶序即叶在茎或枝上着生、排列的方式及规律。常见的叶序有以下几种类型，如图

2—7 所示。

(1) 互生：节间部分较长而明显，茎的每个节上只有一片叶子，依次交互着生，如桃、柳等。

(2) 对生：节间部分较长而明显，茎的每个节上生有两片叶子，一般是相对而生，其相邻的上下两对叶常为交互对生，如白蜡树、桂花等。

(3) 轮生：节间部分较长而明显，茎的每个节上生有三片或三片以上的叶子，而且有规律地排列在节上，如夹竹桃、杜松等。

(4) 簇生：节间部分较短而不明显，多数叶子着生在一个节间缩短的茎上密集成簇状，如银杏、金钱松、雪松等。

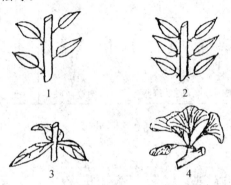

图 2—7　叶序类型

1—互生　2—对生　3—轮生　4—簇生

以上这些排列方式可以使叶片之间不相互重叠和掩盖，以便叶子充分接受阳光。此外，即使是着生在同一株植物上或同一枝条上的叶子，其叶柄的长短也不一样，有的基部叶柄长，有的基部叶柄短，上部叶柄长（如紫荆等）。总之，相邻的两片叶子不在同一平面上，互不遮光而互相镶嵌地生长，这种现象称为叶镶嵌，是植物对环境适应的生态现象。

3. 叶片的外部形态

叶是植物体上较幼嫩的器官，长期受到环境条件变化的影响，因此在形态上要比根和茎的变化大，其中以叶片的变化最多。熟悉对叶片形态的描述，对于识别植物是很有帮助的。叶片形态的描述，一般从叶形、叶缘、叶尖、叶基、叶脉、叶色、叶质、叶面附属物等方面着手。

(1) 叶形。叶片由于生长的不均等性而形成各种特有的形状，一般按其长宽比例和最宽处的部位来命名，也可按与其形状相似的人们很熟悉的物体来称呼它们。有卵形的，如女贞；有披针形的，如桃树；有圆形的，如山麻杆；有近似菱形的，如乌桕；有倒卵形的，如大叶黄杨；有条形的，如罗汉松；有鳞形的，如柏树；有针形的，如松；有心形的，如紫荆；有扇形的，如银杏；有三角形的，如白杨。除此以外，还有管形（葱）、倒心形（酢浆草）、马褂形（马褂木）等。如图2—8、图2—9所示。

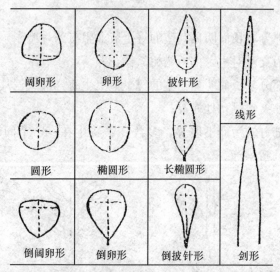

图2—8 叶形

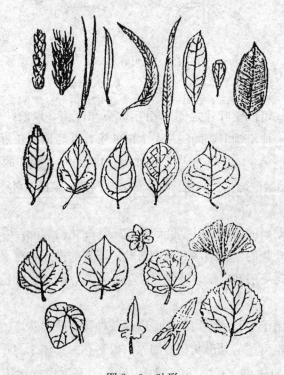

图2—9 叶形

（2）叶缘。叶缘指叶片的两条边缘。叶片的边缘有全缘、锯齿和缺裂三种基本类型。叶缘光滑整齐，无明显凹缺和锯齿的叶称全缘叶，如女贞、海桐等。有些叶片叶缘呈锯齿状，锯齿细而密的称细锯齿叶，如卫矛；叶缘锯齿粗大而明显的叶片称粗锯齿叶，如泡花树；锯齿前端尖锐的叶片称尖锯齿叶，如枸骨；锯齿前端钝圆的叶片称钝锯齿叶，如大叶黄杨；在锯齿边缘上还有小锯齿的叶片称重锯齿叶，如榆叶梅等。有些叶片在进化过程中会发生凹缺的现象，这种凹缺称为缺裂。缺裂依其缺裂的深浅分为浅裂、深裂和全裂三种类型；依裂片的排列方式分为羽状缺裂、掌状缺裂和三出缺裂三种类型。一般总是将深度和排列方式两种分类方法结合起来描述，如羽状浅裂叶、掌状深裂叶、三出全裂叶等，如图 2—10 所示。

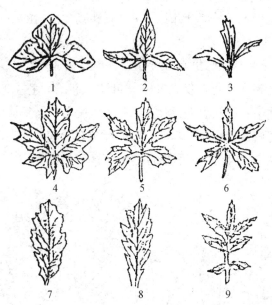

图 2—10　缺裂

1—三出浅裂　2—三出深裂　3—三出全裂　4—掌状浅裂　5—掌状深裂

6—掌状全裂　7—羽状浅裂　8—羽状深裂　9—羽状全裂

（3）叶尖。叶尖形状差异很大，常见类型有：

1）渐尖：叶尖较长，或逐渐尖锐，如菩提树的叶。

2）急尖：叶尖较短而尖锐，如荞麦的叶。

3）钝形：叶尖钝而不尖，或近圆形，如厚朴的叶。

4）截形：叶尖如横切成平边状，如鹅掌楸、蚕豆的叶。

5）倒心形：叶尖具较深的尖形凹缺，而叶两侧稍内缩，如酢浆草的叶。

（4）叶基。叶基即叶片的基部，按其外形可分为楔形、圆形、心形、耳形、盾形等多种类型。例如：心形基，如紫荆；箭形基，如马蹄莲；盾形基，如荷花。

（5）叶脉和脉序。叶片中间的输导组织和机械组织在叶片表面形成的网络叫叶脉。中央较粗的称主脉，主脉的分支称侧脉，侧脉的分支称细脉。叶脉的分支方式叫脉序。常见脉序有以下两类：

1）网状脉。叶脉的分支交叉连成网状，最后细脉前端互不相连。大多数双子叶植物都属此类脉序。网状脉又可分为羽状网脉、掌状网脉、三出脉三种类型。羽状网脉有一条主脉（直伸），主要侧脉平行斜展，支脉互相交叉成网状；掌状网脉由叶片基部抽出几条主脉呈放射状排列，各主脉再反复分支而形成网脉；三出脉是羽状网脉的特例，其近基部有一侧脉较其他侧脉明显地发达。其中，从叶片基部生出的一对侧脉发达的为基生三出脉；不是从叶片基部生出，而是离开叶片基部一段距离才生出的一对侧脉发达的为离基三出脉。

2）平行脉。叶片主脉与侧脉虽有细脉相连，但不构成网状。大多数单子叶植物是平行脉。其中主脉与侧脉相互平行，仅在叶基与叶尖处汇合，称为直出平行脉；有明显主脉，侧脉从主脉平行横出，称横出平行脉；叶脉由叶基向叶缘呈放射状平行分布称射出平行脉；叶片中部较宽，两端较窄，从基部分出的叶脉在叶基与叶尖汇合，而在叶片中部呈弧状平行分布，称弧状脉。叶脉的各种脉序之间的区别如图2—11所示。

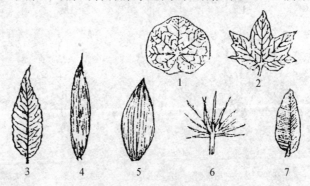

图 2—11　叶脉的种类

1、2—掌状网脉　3—羽状网脉　4—直出平行脉　5—弧状脉

6—射出平行脉　7—横出平行脉

（6）叶色。植物的叶通常为绿色，这是叶肉细胞内含大量叶绿体的缘故。但是，不同叶片含叶绿体的量有多有少，造成叶色有深浅等差异。同一叶片的上下两面由于感受光线的不同，叶色也有深浅之分。有些植物由于某些特殊原因，叶片呈现出红色、紫色、黄色、黄绿相间等色彩。叶片的色彩变化常被用来丰富园林景色和季相变化。有些植物的叶片上下两面叶色明显不同（如青紫木，叶片上面为深绿色，下面为紫红色），这样的叶片

称异色叶。

(7) 叶质。由于构成叶片的细胞层次多少、表层细胞角质化的程度不同，不同叶片的质地也各不相同，大致可分为：

1) 草质叶：叶质地柔软，含水多，叶片较薄。大多数草本植物具有草质叶。

2) 纸质叶：叶质较草质叶坚实，叶的柔软性及含水量均不及草质叶，大多数落叶树木的叶为纸质叶。

3) 革质叶：叶片较厚，表皮细胞的细胞壁明显角质化，叶面常光亮。大多数常绿树木的叶为革质叶。

4) 肉质叶：叶片厚实，含水极多，如松叶菊等植物的叶。

(8) 叶面附属物。叶面常有各种不同类型的附属物，如毛白杨叶背面的灰白色绒毛，梧桐、栓皮栎叶背面的星状毛，榛子叶柄上的毛，胡颓子叶背面的腺鳞，臭椿叶柄上的腺体，紫穗槐、橘类、香樟等叶部的腺点等。

4. 复叶

(1) 单叶和复叶的概念。植物的叶片有单叶和复叶两类。一根叶柄上只生一片叶子的称单叶；一根叶柄上生有两片或两片以上叶子的称复叶。复叶的总叶柄称叶轴，每个叶片的叶柄称小叶柄。

(2) 复叶类型。复叶可按其叶轴是否分枝和小叶片的排列方式分为以下多种类型：

1) 羽状复叶：小叶在叶轴上呈羽状排列。若叶轴顶端有一片小叶，称为奇数羽状复叶，如月季；若叶轴顶端有两片小叶，称为偶数羽状复叶，如香椿；羽状复叶的叶轴发生一级分支，而小叶着生在一级分支上，则构成二回羽状复叶，如合欢；如果叶轴发生二级分支，小叶着生在二级分支上，则构成三回羽状复叶，如苦楝。

2) 掌状复叶：小叶片生长在叶轴的顶端，呈放射状伸出。其中，小叶为五枚者称五出掌状复叶，小叶为七枚者称七出掌状复叶。

3) 三出复叶：一个叶轴上有三枚小叶，并且小叶都着生在叶轴的顶端，称三出复叶。三出复叶有羽状三出复叶和掌状三出复叶两类。

4) 单身复叶：叶轴前端生一大型叶片，叶轴两侧生有叶翼，呈前后两叶叠生状，两叶间有明显关节，如代代花。

复叶的各种类型如图 2—12 所示。

5. 叶的变态

(1) 叶刺：叶全部或部分变为刺（如仙人掌的叶刺及刺槐的托叶刺），它们都有防护和减少水分蒸腾的功能。

(2) 叶卷须：叶全部或部分变成卷须，帮助植物攀援，如豌豆叶的前端变成卷须。

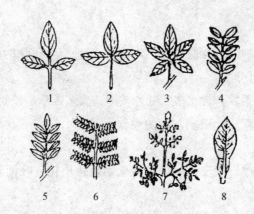

图 2—12 复叶的种类

1—羽状三出复叶 2—掌状三出复叶 3—掌状复叶 4—偶数羽状复叶
5—奇数羽状复叶 6—二回羽状复叶 7—三回羽状复叶 8—单身复叶

（3）叶状柄：叶片逐渐退化脱落，留下的叶柄变成叶片状，代替叶起光合作用，如台湾相思树。

（4）苞片与总苞：位于花或花序下的小型叶称为苞片。苞片数量较多，聚生于花序外的称总苞。苞片与总苞具有保护花和果实的作用。苞片通常较小，呈绿色，与正常叶在形态上显著不同，但也有其他颜色的（如象牙红、千日红等）。彩色的苞片常是观赏的主要部分。马蹄莲等天南星科植物的花序外常有一大型苞片，称为佛焰苞。

（5）鳞叶：大多数地下茎的叶都退化成干膜质或肉质、非绿色的鳞片，起保护腋芽或储藏营养的作用，如百合、水仙、郁金香等。

（6）捕虫叶：有些生于热带的植物，由于土壤中的氮不能满足它们的生活需要，一部分叶发生变态，变为捕虫的构造，通过捕捉小虫使自身得到氮素的补充，如猪笼草。

第 6 节　植　物　的　花

学习目标

➤掌握花的形态和构造，熟悉雄蕊、雌蕊的组成

➤掌握花序的类型及代表植物

➤了解开花、传粉、受精的过程

➤能够区分雄蕊、雌蕊的组成
➤能够识别花序类型

 知识要求

绿色开花植物，不论是一、二年生的还是多年生的，生长发育到一定阶段，都要开花、结果，产生种子。种子在适宜的条件下萌发，又开始新个体的生活史。这种旧个体增生新个体的现象叫生殖。植物是通过生殖实现一代一代延续发展的。

花是绿色开花植物的生殖器官，也是很多园林植物的主要观赏部分。

一、花的形态和构造

一朵完整的花由花梗（柄）、花托、花萼、花冠、雄蕊和雌蕊六部分构成，如图2—13所示。

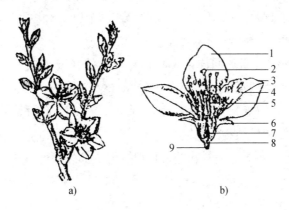

图 2—13　花的构造

a）开花的枝条　b）花的纵切面

1—花瓣（花冠）　2—柱头　3—花药　4—花丝　5—花柱
6—花萼　7—子房　8—花托　9—花柄（梗）

花梗是连接茎与花的部分，起支持和输导作用。其长短随植物种类不同而异，有些植物花梗很短或近于无梗，如油茶、茶花等。花梗顶端的膨大部分称为花托，形状多种多样，花萼、花冠、雄蕊和雌蕊都排列在花托上。

花托的下部常长着一片或数片变态叶，称为苞片。苞片有保护花芽的功能。有些植物的苞片大而色艳，是观赏的主要部分，如象牙红、马蹄莲等。

1. 花萼

花萼位于花的最外轮，由几个萼片组成。有些植物花萼的外面还有更小的花萼，称为副萼，如木槿、木芙蓉、扶桑花等。

花萼一般为绿色，近似叶状，也有其他颜色的（如一串红的花萼为红色，绣球花的花萼为白色等）。萼片的数量、形状、大小等依植物种类而异。萼片有离有合，合生的称为合萼，连接部分称为萼筒。有些植物的部分萼突出呈管状，称为距，如金莲花。多数植物的花萼在花谢后脱落，也有的花谢后并不脱落，一直存在至果实成熟，这种花谢后不脱落的花萼被称为宿存萼，如西红柿。有的植物的花萼还参与形成果实，如桑葚。

2. 花冠

花冠位于花萼之内，是花的第二轮，常呈鲜艳的色彩，是花中最显眼的部分，也是花中最富有变化的部分。有些花冠中含有分泌细胞，能分泌香气或蜜汁。花冠是由若干花瓣组成的，花瓣有分离的，也有合生的。

花冠的形状多种多样，但某一科或某一类植物的花冠常相似，因而是植物分类上的重要依据。常见的花冠可分为两大类，一类是整齐花冠，另一类是不整齐花冠。

（1）整齐花冠：通过花冠的中心能切出两个或两个以上对称面的花冠，又称为对称花冠。常见的有以下种类：

1）十字花冠：花冠由四片同样大小、相互分离的花瓣组成，两两相对组成十字形，如桂竹香等十字花科植物的花冠。

2）漏斗形花冠：花瓣五枚，全部合生，冠筒长圆，上部外翻、平展，整个花冠像一只漏斗，如牵牛花等旋花科植物的花冠。

3）高脚碟形花冠：外形与漏斗状花冠相似，但上部外翻部分裂成3～6裂片，如报春花等。

4）钟形花冠：花瓣五枚，合生，上端浅裂，整齐而常倒悬成钟状，如桔梗等桔梗科植物的花冠。

5）筒形花冠：花冠由五枚几乎全部结合的花瓣构成细长的管状，如矢车菊等。

6）石竹形花冠：花瓣五枚，分离，且同形同大，花瓣基部延伸成长爪，伸入合生的花萼筒中，花瓣上部平展，与爪几乎成直角，如中国石竹等石竹科植物的花冠。

7）蔷薇形花冠：花瓣五枚，形状、大小相同，离生，但无爪部，全貌呈浅圆盘状，如梅、桃等蔷薇科植物的花冠。

（2）不整齐花冠：通过花心至多能切出一个两侧对称的切面的花冠统称不整齐花冠。其中能切出一个对称面的称两侧对称花，切不出对称面的称不对称花（美人蕉的花冠就是不对称花）。两侧对称花冠有以下一些类型：

1）舌状花冠：花瓣五枚，合生，基部结合成极短的筒，上部结合成一长片，形似舌状，如蒲公英等。

2）蝶形花冠：花瓣五枚，分离，上方一片最大并在最外侧，花瓣竖起，称旗瓣；两侧两片花瓣等大，称翼瓣；下、内方两片抱合，呈船龙骨状，常将雄蕊和雌蕊包在其中，称龙骨瓣。如紫藤等豆科蝶形花亚科植物的花冠。

3）假蝶形花冠：花瓣五枚，离生，似蝶形花冠，但相对于旗瓣的花瓣小于翼瓣，且着生于翼瓣内侧，如紫荆等豆科苏木亚科植物的花冠。

4）唇形花冠：花瓣五枚，合生，下部成筒状，上部分裂为二，就像上下两唇，如一串红等唇形科植物的花冠。

5）假面状花冠：与唇形相似，但下唇常中间向上凸起，将花腔封闭，如金鱼草等。

各种花冠的形态及结构特征如图 2—14 所示。

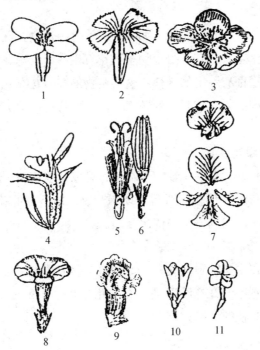

图 2—14　花冠

1—十字花冠　2—石竹形花冠　3—蔷薇形花冠　4—唇形花冠　5—筒形花冠　6—舌形花冠
7—蝶形花冠　8—漏斗状花冠　9—假面状花冠　10—钟形花冠　11—高脚碟形花冠

花冠在花中的排列方式也有多种。一是旋转式排列，即各片花瓣彼此以一边重叠，呈回旋的形式。二是镊合状排列，即各花瓣彼此以一边相接，互不重叠，排成一圈。三为覆瓦状排列，即花冠中有一片或两片花瓣居内，其余各片花瓣各以一边重叠。

3. 雄蕊

雄蕊位于花冠之内，是花的重要部分之一。每一个雄蕊由花丝和花药两部分组成。花丝支持花药，并输送水分和养分给花药。花药着生在花丝的顶端，呈囊状，囊内包有花粉。当花药发育成熟后裂开，花粉就散播出来。

4. 雌蕊

雌蕊位于花的中心，是花中最重要的部分。一个雌蕊由三个部分构成，即柱头、花柱和子房。柱头是接受花粉的地方。花柱连接柱头和子房，使柱头伸出以便接受花粉。子房是雌蕊基部膨大的部分，外为子房壁，子房内的空腔称为子房室。

花萼、花冠、雄蕊和雌蕊都具备的花称做完全花，缺少一部分或几部分的则称为不完全花。

二、花序

不同植物的花的着生方式是不同的。如玉兰、牡丹等植物，花是一朵朵单独地着生在叶腋或枝顶的，称为单生花。也有不少植物多数花着生在一个总花梗（花轴）上，这些花着生的位置、开花的次序都有一定的规律。这类植物的多数花在花轴上的排列方式称为花序。根据花在花轴上排列的方式和开放的顺序不同，可将花序分成总状类花序和聚伞类花序两大类：

1. 总状类花序（无限花序）

总状类花序的特点是开花时期花轴的顶端生长可以持续相当一段时间，类似单轴分枝的情况。总状类花序的花由花轴基部渐渐向顶端开放，即下方的花先开，上方的花后开；或在平顶式的花轴中，花由周围向中心依次开放。

2. 聚伞类花序（有限花序）

聚伞类花序一般会在主花轴顶端先开一朵小花，因此花轴不能继续延长和形成花蕾，故而又称有限花序。此花序的开花顺序是上面的花先开，下面的花后开，或内侧花先开，外侧花后开，类似合轴分枝的情况。

三、开花、传粉、受精

1. 开花

当花的各部分已经形成，雌蕊、雄蕊（或其中之一）也已成熟，花被由闭合状态转入展开状态，将所有雌蕊、雄蕊显露出来的过程称为植物的开花。

各种植物开花的情况是不同的。一般的植物一年开一次花，有些植物一年多次开花，另一些植物多年只开一次花（如竹）。单朵花开放的时间也不同，短的只有几十分钟至几小时，如昙花；最长的可达1～2个月，如拖鞋兰；一般只开几天。一棵植株上或一种植物的群体中，从第一朵花开放至最后一朵花凋谢所经历的时间差异很大，有的植物开花时间集中，如樱花；有的植物则陆续开花，开花时间延续很久，如月季。在一天中植物开花的时间也不同，有的在天亮前开，如牵牛花；有的在傍晚开，如紫茉莉；有的在晚上开，如瓠瓜；有的花第一天白天开后又收起来，第二天再开，如睡莲；还有的花只有在太阳照射下才开花，如松叶菊。

根据园林植物不同的开花习性，巧妙地布置园林植物，能达到繁花不断、春意常在的意境。

2. 传粉

花开后花药裂开，花粉粒以不同的方式传送到雌蕊的柱头上，这个过程称为传粉。传粉的方式主要有自花传粉和异花传粉两种。

（1）自花传粉：在同一朵花中，雄蕊上的花粉传给雌蕊的柱头叫做自花传粉。

（2）异花传粉：一朵花的花粉传播到另一朵花的柱头上叫做异花传粉。

植物在进行异花传粉时，花粉必须借助风和昆虫等外部媒介才能传到雌蕊的柱头上。借助风力传粉的花称为风媒花，其特点是花小而不美丽，无香味和蜜腺，花粉粒小、轻且数量多，雌蕊柱头大而分叉，如杨、柳等。以昆虫为媒介来进行传粉的花称为虫媒花，其特点是花大而美丽，或有香味，或有蜜腺，花粉粒大而数量少，花粉粒表面粗糙，易被昆虫携带，如桃、梨等。

除自然界本身的自花传粉和异花传粉，在园艺栽培中常利用人工的方法传粉，这叫做人工辅助授粉，是提高结实率的有效措施。

3. 受精

花粉落到雌蕊的柱头上以后即被柱头上的突起和黏液黏着，花粉粒在柱头黏液的刺激下开始萌发，生出细管，称做花粉管。花粉管不断伸长，经花柱进入子房，一直达到胚珠。

花粉管到达胚珠以后，从胚珠顶端的珠孔伸进去，这时候花粉管末端破裂，花粉管中携带的两个精子移动出来，其中的一个精子和卵细胞结合成受精卵，将来发育形成胚；另一个精子和胚珠中的两个极核细胞结合，将来发育成胚乳。至此，受精作用就完成了。

由两个精子分别与卵细胞、极核细胞结合的过程称为双受精作用。双受精作用是被子植物所特有的，它是植物界中最高级的生殖方式。

第 7 节　植物的果实

 学习目标

➤掌握植物果实的结构和类型
➤了解果实和种子的传播方式
➤熟悉植物营养生长与生殖生长的关系
➤能够识别植物果实的类型

 知识要求

被子植物在受精以后，花的各部分发生了很大的变化：花被一般脱落（花萼有时宿存）；雄蕊凋谢；雌蕊的柱头和花柱也都凋谢，唯独子房开始增大形成果；受精后的胚珠发育成为种子，其中珠被发育成种皮；受精卵发育成胚，受精的极核细胞发育形成胚乳；花柄发育形成果柄。有些植物的花托、花被也参与果实的形成。

一、果实的结构和类型

果实由子房发育而成。子房壁可分为三层，分别发育形成果实的外果皮、中果皮、内果皮。植物学上把单纯由子房发育形成的果实称为真果，将除子房外还有花托、花萼甚至整个花序参与形成的果实称做假果。

真果的构造较简单，果皮是由子房壁发育成的。假果的构造比较复杂，果皮是由子房壁和其他部分共同发育而成的。如苹果、梨可食用的部分主要是由花托发育成的，由子房形成的部分很小，位于果实的中央。

依据构成雌蕊的心皮[①]数目和心皮的离合情况的不同，以及果实性质不同，可将植物的果实分为三种类型：

1. 单果

一朵花形成一个果，称为单果。单果又可分为肉果和干果两大类：

----

① 雌蕊由一个至多个适应于繁殖的变态叶两侧卷合而成，其中每一个变态叶称为心皮。心皮是构成雌蕊的基本单位。心皮卷合时，其边缘相接处的缝线称为腹缝线，而心皮中脉称为背缝线。

（1）肉果。果皮肉质多浆，大多数可供食用，包括以下类型：

1）浆果：外果皮薄，中果皮和内果皮肉质浆状，如葡萄等。

2）核果：外果皮薄，中果皮肉质，内果皮坚硬，如桃等。

3）柑果：外果皮革质，有挥发油腔，中果皮较疏松，内果皮成囊状，易于分离，内果皮肉质多浆，是食用的主要部分。柑果是芸香科植物所特有的，如柑橘等。

4）瓠果：和浆果类似，但为下位子房发育而形成的假果。花托和外果皮结合形成坚硬的果壁，中果皮和内果皮形成果实的肉质部分。瓠果是葫芦科植物所特有的，如黄瓜等。

5）梨果：果实大部分由花托形成，中央部分才是由子房发育而形成的假果。花托、外果皮和中果皮均为肉质，内果皮常为硬膜质，如苹果、梨等。

（2）干果。果实成熟时果皮干燥坚硬。根据果实成熟后果皮是否开裂，可分为裂果和闭果两类。

1）裂果：果实成熟后果皮裂开。根据开裂的方式不同又可分为以下类型。

①荚果：由单心皮雌蕊发育而形成，子房一室。果实成熟时沿背缝线和腹缝线裂开，如紫藤等。

②角果：果实由两个心皮形成，果实成熟时沿两条腹缝线自下而上地开裂，露出假隔膜。果实长度大于宽度的叫长角果，如桂竹香等。果实长度和宽度大致相等的叫短角果，如香雪球等。

③蒴果：由多数合生心皮的雌蕊所形成，其开裂方式也有多种。如百合是瓣裂，金鱼草是孔裂，半支莲是盖裂，石竹是齿裂等。

④蓇葖果：它是由一心皮雌蕊发育而成的，果实成熟时只沿一条缝线开裂，如梧桐。

2）闭果：果实成熟时果皮不开裂。常见的有以下类型：

①瘦果：果实中仅含一粒种子，果皮和种皮分离，如向日葵等。

②颖果：果实中仅含一粒种子，但果皮和种皮结合在一起不易分离，如小麦等。

③翅果：果皮延伸成翅，内含一粒种子，如榆树等。

④坚果：果皮坚硬，内含一粒种子，如板栗等。

⑤双悬果：由二心皮的子房形成，果实成熟后分离成两瓣，并悬在中央果柄上端，果皮干燥但不开裂，种子仍包在果实中，是胡萝卜等伞形科植物特有的。

2. 聚合果

由一朵花中的多数离生心皮雌蕊所形成的果实，每个心皮形成一个小果，所有小果都聚生在花托上。聚合果一般依据小果的类型命名，如聚合蓇葖果（广玉兰）、聚合瘦果（草莓）等。

3. 聚花果（假果）

聚花果又叫复果，是由整个花序形成一个果实，其中每一朵花发育成为一个小果，如无花果等。

果实的类型及形态特征如图 2—15 所示。

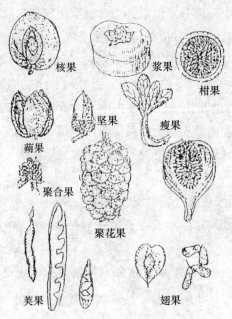

图 2—15　果实类型

二、果实与种子的传播

果实和种子成熟后散布各处，可扩大植物繁衍后代的范围。各种植物散布种子的方式是不同的，主要有以下几种：

1. 借助风力传播

这类果实和种子大多小而轻，或者具有毛或翅等构造。如菊科植物瘦果上有毛，柳树种子上有毛形成柳絮，榆树的翅果具翅，兰科植物的种子小而轻。

2. 借助动物散播

这类种子和果实，有的具有鲜艳的色彩，味美可食，引诱动物搬动或吞食，有的则具有钩、刺等构造，以便其附在动物身上散播种子。

3. 借助果实开裂时的弹力散播

有些植物的果实在急剧开裂时产生机械力量或喷射力量，使种子散布出去，如凤仙花、喷瓜等。

4. 借助水力散播

借用水力散播果实和种子的主要是水生植物和沼生植物，它们的种子和果实多数具有适于漂浮的结构。如莲的莲蓬易漂浮，椰子果实因果皮疏松而富含纤维而利于漂浮，可以随波逐浪，广泛散播。

三、开花结果与根茎叶生长的关系

植物的开花结果需要有机养料，这些有机养料是根、茎、叶（主要是叶）供给的。有机养料供给充足，花开得多，果实就能结得既多且大；有机养料供给不足，开花结果的情况则相反。由此可见，开花结果与根、茎、叶的生长有密切关系。

1. 营养生长与生殖生长

我们已经知道，植物的六种器官——根、茎、叶、花、果实、种子，从它们对植物体的作用米看，可以分为两大类：根、茎、叶是为植物体提供营养的，属于营养器官，它们的生长就叫做营养生长；花、果实、种子起生殖作用，属于生殖器官，它们的生长叫做生殖生长。

一般来说，植物生长的前期以营养生长为主，这个时期植物体进行生长的器官是根、茎、叶。随着植物体继续长大，出现了生殖器官以后，整个植物体就由以营养生长为主转入以生殖生长为主，这个时期生殖器官就成为生长最旺盛的器官。

2. 营养生长与生殖生长的关系

营养生长和生殖生长并不是孤立的，这两类生长之间是互相联系和相互制约的。

首先，营养生长是生殖生长的物质和能量基础。只有营养生长良好，生殖生长才能良好，因为生殖生长所需要的有机养料主要由营养生长提供，所以，营养器官生长不良，生殖器官不会很发达，产量也不会高。但是，营养生长过旺对生殖生长也不利，因为在这种情况下，有机养料大部分被营养生长消耗，生殖生长就得不到足够的有机养料，因此，茎、叶生长过旺的植株往往延迟开花，结果不良，或造成大量的落花、落果。

其次，生殖生长反过来也会影响营养生长。如果生殖生长消耗有机养料过多，同样会抑制营养生长。例如，竹是多年生植物，一般生活多年也不开花，一旦开花，整个植株就要死亡，原因就是开花消耗了大量的有机养料，使营养器官不能再继续生活下去。一般的植物在大量结实以后植株常常提早衰亡，也是这个原因。在肥水不很充足的情况下，这种情况尤其多见。多年生植物，例如果树，如果开花结果过多，就会使树势衰弱，当年积累的有机养料减少，形成的花芽少，造成来年的产量降低，这就是果树的"大小年"现象。

由此可见，营养生长和生殖生长是相互影响、相互制约的。它们的这种关系，主要表现在对有机养料的争夺上。因此，要使植物正常地生长和开花结果，必须使这两类生长保持协调：营养生长应该壮而不旺，生殖生长也不是越旺越好。

3. 对营养生长和生殖生长的调节

营养生长和生殖生长的关系主要表现在对有机养料的争夺上，人们可以利用这个规律对两者进行调节。但是，由于人们对植物的要求不同，调节这两类生长的重点也应该不同：观花植物（如牡丹、月季等）要求它们提供生殖器官——花，首先要使它们具有健壮的营养生长，为生殖生长做好准备，临近开花期，要注意避免茎叶徒长，使营养集中用来进行生殖生长；观叶植物和乔木要求它们提供营养器官——茎和叶，应促进其营养生长，必要时还要抑制生殖生长，以免浪费有机养料。

摘心、整枝、去叶、疏花、疏果，适时适量施肥、灌溉等，都是调节营养生长和生殖生长的具体办法。

思 考 题

1. 种子的基本构造如何？种子的胚由哪几部分组成？
2. 请叙述种子萌发的条件和过程。
3. 根、茎、叶有哪些变化形态？请举例说明。
4. 茎的分枝形式有哪些类型？请举例说明。
5. 叶的着生方式有哪些？请举例说明。
6. 如何区别单叶和复叶？
7. 花冠有哪些类型？请举例说明。
8. 什么叫被子植物的双受精？
9. 果实主要有哪些类型？
10. 营养生长与生殖生长关系如何？

第 3 章

园林土壤与肥料

第1节　土壤和土壤肥力概述

 学习目标

➢了解土壤的意义与作用

➢掌握土壤及土壤肥力的概念

➢了解土壤肥料的作用

➢掌握土壤的生态相对性

➢掌握土壤的"适地适树"原则

 知识要求

一、土壤

1. 概念及类型

土壤指陆地表面能生长植物的疏松、散碎的物质，或者说是陆地植物生长的天然介质。根据其植被发育形式及性质，土壤可分为农业土壤、自然土壤、林业土壤、森林土壤以及草原土壤等。

人们把已经开垦利用，具有耕作影响的那部分土壤称为农业土壤。自然植被发育而成的，尚未受到人类活动明显影响的土壤，称为自然土壤。林业土壤的概念是相对于农业土壤而言的，由林业部分经济范畴的性质决定。属于营林范围所涉及的土壤，称为林业土壤。在森林植被下发育的土壤称为森林土壤。在草原植被下发育的土壤称为草原土壤。

2. 意义及作用

土壤是自然界生物圈最基础的物质，也是生物赖以生存和活动、生态系统中物质与能量交换的重要场所。在自然界中，绿色植物的生长繁育总是以土壤为基础——扎根于土壤，获得土壤的机械支撑，经受风雨而不倒，并从土壤中吸收水分、养分、部分空气及热量，再通过光合作用合成有机体，把太阳能转化成化学能储存于其中，给人类和动物提供生存所必需的有机物质。

土壤不仅为人类生存提供了食品生产基地，同时还提供了生存的绿色空间，在生态系统中具有极特殊的地位。自古以来，人类就认识到了土壤的重要性，并且将土壤看成最基本的生产资料和最有价值的自然资源。

随着社会的发展和人们生活需求的提高，园林绿化已成为城市中不可或缺的重要组成部分，城市园林的范围也在逐步扩大，品质也在不断提高。优美的园林景观离不开多姿多彩的园林植物，而园林植物的良好生长离不开其赖以生存的土壤，因此，园林土壤在园林生态研究中占有十分重要的位置。土壤的好坏直接影响林木花草的发育，影响其产量和质量，所以，园林工作者需要更多地了解城市绿地、公园、苗圃的土壤性质，为育苗、育林，为园林植物正常生长提供科学的依据。

土壤是大自然的基础，是生态系统的基础，从某种意义上讲，保护土壤也就是保护人类自己。过度放牧、开垦，严重破坏生态平衡，土壤就会逐步沙漠化，致使人们无法居住，不得不大规模搬迁。近年来，我国部分地区为了发展工业，忽视环保，致使当地土壤受到严重污染，种植出的作物重金属超标、农药超标，人食用后引发各种疾病。目前，人们已逐渐认识到土壤的重要性，并着手采取措施保护土壤，保护生态系统。

3. 良好土壤需具备的条件

土壤最大的意义在于能生长植物。一般情况下，植物生长所必需的基本因素包括：阳光（光能）、热量（热能）、养分、水分和空气。其中，养分、水分和部分空气是植物通过根系从土壤中汲取的。此外，适宜的土壤温度（热量）也是植物生长的必需条件。同时，土壤还为植物提供强大的支撑力，使之能经受风雨的侵袭而不倒。因此，在自然界里，一种良好的园林土壤必须使能植物"吃得饱（指养分供应充分），喝得足（指水分供应充足），住得好（指土壤空气流通，温度适宜），站得稳（指根系能伸展得开，机械支撑牢固）"。

由于植物的种类繁多，生态习性也千差万别，因此对土壤的需求也不相同。有些植物适应瘠薄的土壤，如松柏类植物，在贫瘠的土壤中照样生长良好；有些植物却要求生长在肥沃土壤中，如银杏，俗称"粪罐子"，能生长在化粪池旁边；也有些植物（如山茶、杜鹃）要在偏酸性的土壤中才能正常发育，而大多数植物适宜生长在中性土壤中。因此，在栽培园林植物时，应根据本地的土壤性质筛选合适的植物种类，也可以根据植物的特种习性，对土壤进行改良。

二、土壤肥力

1. 概念

土壤之所以能够生长植物，是因为土壤具有肥力。土壤肥力指土壤能够为植物生长供应和协调营养条件和环境条件的能力，即土壤供给和协调植物生长发育所需要的水、肥、气、热等因素的能力。土壤肥力是土壤物理、化学、生物学性质等的综合表现。

2. 类型

根据肥力的形成因素，土壤肥力可分为自然肥力和人为肥力。土壤形成中在自然因子联合作用下所发展出来的肥力称为自然肥力；在耕作熟化过程中发展出来的肥力称为人为肥力，它是在施肥等人为因素影响下而产生的结果。

园林土壤的肥力既有自然肥力，也有人为肥力。肥力的高低主要表现为植物的生长状况，如使植物枝叶繁茂，生长良好的土壤，就是肥沃的土壤，否则反之。

3. 土壤肥力的生态相对性

不同的植物，其习性不相同，所需要的土壤条件也不相同。同一种土壤，对于吸收能力不同的两种植物，会表现出截然相反的土壤肥力状况，可见，土壤肥力具有生态性质。某种肥沃或不肥沃的土壤，只是针对某种植物而言，而不是对任何植物而言，这就是土壤肥力的生态相对性。

植物在土壤生态要求上的差别越大，土壤肥力的生态相对性也就表现得越加明显。如湿地松、马尾松在含氮量较低的红壤中生长良好，对于这两种树而言，红壤就是肥沃的土壤；相反，需氮量较高的银杏树在红壤中生长就较差，对于银杏而言，红壤又不是肥沃的土壤。

因此，栽种植物，必须根据植物的生态习性和土壤的生态相对性，将植物种植在适合生长的土壤之中。只有满足其对土壤肥力的需要，园林植物才能够表现出良好的生长效果和最佳姿态。

三、"适地适树"原则

由于园林植物的生态习性各不相同，在园林实践中遇到的土壤性质也各种各样，因此园林工作者在规划设计时，首先需要将各种园林植物的生态要求和土壤环境条件很好地统一起来。简言之，就是要遵循"适地适树"原则。"适地适树"原则指根据园林植物的生物学特征，将每种植物种植在适宜生长的土壤中。只有这样，才能满足园林植物对土壤条件的要求，土壤肥力才能得到充分利用，树木花草才能迅速稳定地生长发育，日后的养护管理也才会比较省力、经济，生态效益也才能得到充分发挥。

然而，真正做到"适地适树"并不容易，因为目前我们对许多园林植物的生物学特性还缺乏深入系统的研究，多数情况仍然是根据以往的经验和原产地的条件来做决定。要更好地运用"适地适树"原则，我们还需要了解土壤和植物的特性及关系。

1. 肥沃土壤对植物有广泛的适应性

如果土壤中的水、肥、气、热状况都比较适中且能够相互协调，同时又没有其他障碍因子（如酸、碱、盐及生物毒性物质等），那么这种土壤就适于多种植物生长。

2. 生态广谱性植物对土壤的广泛适应性

生态广谱性植物（如银杏等）对土壤要求不严，对水、肥、气、热等肥力因子及各种理化性质的适应范围较宽，因此能适应多种土壤。

3. 土壤障碍因子和植物的耐性

土壤的障碍因子，如干旱、水湿、贫瘠、冷浆、酸性、盐碱、紧实等，对于大多数植物来说都是生长甚至生存的障碍，然而对于耐性较强的植物影响却不大，因此，了解园林土壤的障碍因子，并选择与其相适应的耐性植物就显得尤为重要。当然，也可以对土壤进行改良，以清除障碍因子。

4. 土壤地形对园林植物的影响

将园林植物栽植在适合其生长的土壤类型上，是否一定会生长良好？答案是否定的。实际上，园林植物不仅对土壤本身有较高的要求，对其栽植的土壤地形和位置也有很高的要求。

如果我们注意观察就会发现，雪松、广玉兰等在低洼的位置通常会生长不良，甚至死亡，在位置较高处却能生长健壮；而柳树、水杉在低洼的地形上却比在高处生长得更加茂盛。原因就在于，雪松、广玉兰等植物不耐水，而水杉、柳树却喜欢潮湿多水的土壤。麻栎、刺槐等植物在山体南坡生长良好，在北坡就不佳；而冷杉、铁杉等植物在山体南坡生长却比北坡差。这主要是因为麻栎、刺槐为阳性植物，不耐阴；而冷杉、铁杉为阴性植物，不耐阳。

因此，栽植园林植物不但要为它们选择适合其生长的、理化性质良好的土壤，还要充分考虑园林植物的生态习性，将其种植在适合其生长的地形和位置，才能保证园林植物良好、健壮地生长。

第2节　土壤的组成及性质

 学习目标

➢掌握土壤的组成

➢了解土壤水分的移动情况

➢掌握土壤的酸碱性及部分常用植物对土壤酸碱性的适应范围

➢了解土壤中空气的特点

➢能够独立用 pH 试纸简单测试土壤的酸碱性

 知识要求

土壤是在生物、母质、气候、地形和时间五种成土因素的综合作用下形成的，其中生物因素对土壤的形成尤为重要。岩石经过风化形成母质，但没有肥力，因此不能称为土壤。只有经过生物作用，积累有机质，改良母质的各种性质，使其具备了肥力，才能称为土壤。

土壤包括固体部分和孔隙部分（见图 3—1），固体部分为固体颗粒，孔隙部分中充满了水分和空气，因此土壤由固体颗粒、水分和空气三种物质组成。固体颗粒、水分和空气分别呈现出固相（固态）、液相（液态）、气相（气态）三种形式，所以我们通常把固相、液相和气相称为土壤的"三相"，三者占土壤体积的百分比称为"三相比"。

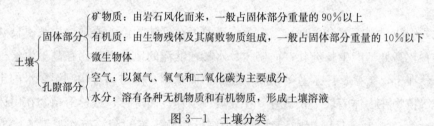

图 3—1　土壤分类

一、固体颗粒

自然界的土壤是由大小不等、形状各异的固体颗粒堆积而成的，而固体颗粒由矿物质、有机质以及微生物体三部分组成。固体颗粒约占土壤总体积的 50%，其中固相部分的90% 以上为矿物质颗粒，10% 以下为有机质。有机质包被在矿物质颗粒表面，所占比例不大，但对土壤的肥力状况影响很大，如图 3—2 所示。

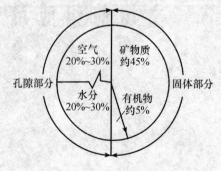

图 3—2　土壤组成（体积分数）示意图

二、土壤水分

土壤颗粒之间存在着大小不等、形状各异的孔隙，孔隙中储存着水分和空气两种物质。土壤水并非纯水，而是稀溶液，其中溶有多种无机盐、可溶性有机化合物以及多种气体，并含有土壤胶体物质。土壤水分是土壤肥力的重要因素，是土壤的"血液"，是运输养分的中介物质。养分只有溶解在水中，才能被植物根系吸收并运送到植物体的各个器官，供其生长利用。因此，土壤中如果没有水分，即使营养物质充足也无法被植物吸收利用。

1. 土壤水分的作用

（1）土壤水分供给植物吸收，参与光合作用与呼吸作用，并生成植物体。

（2）土壤水分是植物的主要组成部分。植物体内的水分一般占其总重量的 60%～90%。

（3）土壤水分调节植物体和周围环境的温度。

2. 土壤水分的类型及性质

根据水分在土壤中受力的不同，可以将土壤水划分为吸湿水、膜状水、毛管水、重力水和地下水五种类型。

吸湿水所承受的吸持力相当强，很难移动，完全不能被植物吸收利用。

膜状水是由土壤固体颗粒分子引力吸持在吸湿水外围的连续液态水膜，所承受的吸持力一般为 0.625～3.1 MPa，而植物的吸水压力大致为 1.5 MPa，所以膜状水对植物是部分有效的水分类型。当植物因不再能吸收水分而发生永久凋萎时的土壤含水量称为凋萎系数。

由引力保持在毛管孔隙中的水称为毛管水，它能完全被植物吸收利用，是土壤所能保持的最理想的水分类型。毛管悬着水达到其最大含量时的土壤含水量，称为田间持水量。土壤田间持水量的大小是土壤孔隙状况的反映，和其质地密切相关，所以，不同质地的土壤具有不同的田间持水量。

暂存于孔隙中，不被土壤所吸持，在重力作用下可向下渗漏的水称为重力水。重力水是植物能够吸收利用的水，但其长时间存留又不利于植物生长，会使植物根系"窒息"。

重力水不断向下运动，当到达不透水层，水分就停留在该层，称为地下水。一般地下水位在 3～5 m 时，地下水可沿毛管孔隙上升至植物根系，被植物根系吸收利用。

3. 土壤水分的移动

（1）毛管水的上升。毛管多而连续的土壤，毛管水上升能力强，上升速度快。反之，毛管被切断，毛管水上升能力弱，水分上升情况就差。园林植物播种后压土就是根据这个道理。压土使毛管连续性增加，毛管水上升快，有利于种子萌芽。雨后土壤板结，需要松土，以切断表土毛管，减低蒸发，有利于土壤水分的保持。

（2）土壤的透水性。水分通过土层表面，沿着土壤孔隙以重力水的方式渗透到内部的性质，称为土壤的透水性或渗水性。

砂质土、团粒结构好或疏松的土壤，透水性较好；反之，黏质土、无团粒结构或紧密的土壤，透水性较差。

土壤的透水性与土壤肥力和植物生长有很大的关系。透水性差的土壤，由于毛管引力，这些水分不易排走，充斥着孔隙，使土壤因缺乏空气而形成嫌气条件（无氧条件），会给植物生长和有机质的分解造成影响。

（3）土壤水分的蒸发。土壤水分由液态转变成气态扩散到土壤外表的过程称为蒸发。一般情况下，黏粒多、结构差的紧密土壤蒸发作用较强；在大风、高温、空气干燥的情况下，土壤的蒸发作用也较强。

土壤的水分是可以采用人为措施加以控制的，如采用喷灌、滴灌等措施。

4. 土壤溶液的性质

（1）土壤溶液的浓度。土壤溶液是非常稀的不饱和溶液，溶质的质量分数一般为 $2\times10^{-4}\sim1\times10^{-3}$，很少超过 0.1%（但在盐碱土或施肥量过大处，土壤溶液中溶质的质量分数会超过 0.1%，甚至更高）。一般情况下，土壤溶液浓度远远低于植物细胞液浓度。

大多数植物在盐碱土中不能生长，其直接原因不是盐碱离子对植物造成了"毒害"，而是土壤溶液浓度过高。

水具有"势能"，随着浓度的升高，"势能"逐渐降低，水分从浓度低处流向浓度高处。在正常情况下，土壤溶液浓度远远低于植物细胞液浓度，所以水分能从土壤不断流向根系。但当土壤溶液浓度接近或高于植物细胞液浓度时，水分就不再流向根系，而是停止流动或从植物体向土壤"倒流"，造成植物生理干旱而死亡。在土壤较干时施用过多化肥导致植物萎蔫、死亡，就是这个道理。

（2）土壤溶液的酸碱性。土壤的酸碱性即土壤溶液的酸碱性，它是由溶液中氢离子（H^+）浓度和氢氧根离子（OH^-）浓度决定的。pH 值是衡量土壤酸碱性的重要指标，其值等于土壤溶液中氢离子浓度的负对数。当氢离子（H^+）浓度等于氢氧根离子（OH^-）浓度时，pH 值等于 7，土壤呈中性；当氢离子（H^+）浓度大于氢氧根离子（OH^-）浓度时，pH 值小于 7，土壤呈酸性，数值越小酸性越强；当氢离子（H^+）浓度小于氢氧根离子（OH^-）浓度时，pH 值大于 7，土壤呈碱性，数值越大碱性越强。

我国土壤的 pH 值一般在 4~9 之间，常见的在 4.5~8.5 之间，在地理位置上呈现出"东南酸西北碱"的规律。

土壤的酸碱性对土壤的养分和结构都有很大影响。一般情况下，在 pH 值为 6.5~7.0时，各种养分的有效度都较高，对大多数植物的生长也比较有益。

不同植物适应酸碱的范围也不同。有些植物喜偏酸性土壤，有些植物喜偏碱性土壤，一般都适于中性土壤。

以下是几种常见花卉适宜的pH值（见表3—1）。

表 3—1　　　　　　　　常见观赏植物土壤 pH 值的适宜范围

类别	种类	适宜的 pH 值	类别	种类	适宜的 pH 值
球根类	仙客来	5.5～6.5	一、二年生花草	紫菀	6.5～7.5
	大丽花	6.0～7.0		庭荠	6.0～8.0
	风信子	6.0～7.5		蒲包花	5.5～6.5
	水仙	6.0～7.5		金鱼草	6.0～7.5
	郁金香	6.5～7.5		大波斯菊	6.0～8.5
	花毛茛	6.0～8.0		锦紫苏	4.5～5.5
	朱顶红	5.5～6.5		瓜叶菊	6.0～7.5
	美人蕉	5.5～6.5		百日草	5.8～6.5
	唐菖蒲	6.0～7.0		三色堇	5.5～6.5
	大岩桐	5.0～6.5		四季报春花	6.5～7.0
	番红花	5.5～6.5		西洋樱草	5.5～6.5
	洋水仙	6.5～7.0		牵牛花	6.0～7.5
观叶植物	凤梨	4.0～6.0		万寿菊	5.5～6.5
	红掌	5.5～6.5	花木类	西府海棠	5.0～6.5
	橡皮树	5.5～7.0		山月桂	5.0～6.0
	喜林芋	5.5～6.5		枸子木	6.0～8.0
	秋海棠	6.0～7.0		欧石楠	4.0～4.5
	蓬莱蕉	5.5～6.5		樱花	5.5～6.5
	椰子类	5.0～6.5		山茶花	4.5～5.5
多年生花草	灯心草	6.0～7.0		八仙花（蓝）	4.5～6.0
	菊花	5.5～6.5		八仙花（红）	7.0～7.5
	铁线莲	5.0～6.0		广玉兰	5.0～6.0
	芍药	6.0～8.0		杜鹃	4.5～5.5
	仙人掌类	7.0～8.0		火棘	5.5～7.3
	天竺葵	5.0～7.0		丝柏类	5.0～6.0
	非洲紫罗兰	6.0～7.5		紫藤	6.0～7.5
	吊钟海棠	5.5～6.5		贴梗海棠	5.5～7.5
	海棠	5.0～6.5		一品红	6.0～7.0
				栀子花	5.0～6.0

土壤酸碱度（pH值）可以通过pH试纸或pH计进行测量。一般情况下，在精准度要求不高的情况下可以通过pH试纸在田间进行简易检测，步骤如下：

1）在土层表面多点取适量土壤置于干净容器内。

2）将等质量的蒸馏水或纯净水加入容器内，摇晃、搅拌1～2 min。

3）静置5～10 min，去除上层漂浮杂质。

4）用中性棒状物体或塑料吸管蘸取清液滴于试纸pH中间。

5）将试纸显示的颜色与比色卡颜色进行校对，读出pH值。

pH试纸比色卡如图3—3所示。

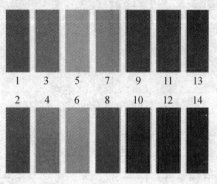

图3—3　pH试纸比色卡

三、土壤空气

1. 土壤空气的特点

土壤孔隙中的气相物质为土壤空气。土壤空气与大气的成分基本一致，主要含有氮气、氧气和二氧化碳等气体，但是土壤空气中的氧气含量比大气略低，二氧化碳含量比大气略高。

离土壤表面越近，土壤空气的成分越接近于大气。随着土层加深，二氧化碳含量逐渐升高，氧气含量逐渐降低。一般情况下，土壤中的气相与液相约占总体积的48%，气相与液相此消彼长：气相增大，液相就减小；气相减小，液相就增大。

2. 土壤空气对植物生长和土壤肥力的影响

（1）土壤空气影响种子萌发和根系生长。植物种子萌发和根系生长，都需要一定的温度、水分和氧气，缺氧会影响种子萌发和根系生长。不同植物对缺氧的忍耐力不同。如柳树、水杉在积水的情况下仍能生长良好；香樟若淹水1～2天不排水，叶子就会发黄；雪松遇水淹则会落叶死亡。

（2）土壤空气影响土壤养分状况。当土壤中氧气充足时，好气微生物活动旺盛，能快速、彻底地分解有机质，释放出的速效养分多且无毒害性还原物质，但腐殖质积累少。在缺氧情况下，嫌气微生物活动占优势，有机质分解速度缓慢，速效养分少，还可能产生对植物有毒害作用的还原性物质，但利于腐殖质积累。即使土壤中有足够的营养元素，如果缺氧，植物也难以吸收，有时会出现营养缺乏症状。因此，在园林养护中，应适时采取措施调节土壤通气状况，使养分缓慢释放。

第 3 节　土壤矿物质

 学习目标

➤掌握粒级的概念及划分情况

➤理解土壤的粒级组成情况与理化性质的相关性

➤掌握土壤质地的理化性质及改良方法

 知识要求

一、矿物质土粒的分级

1. 粒级的概念

土壤中的矿物质颗粒大小、形状各不相同，其直径大小是一个连续的变量，各直径范围的矿物质颗粒在土壤中占的比例也千差万别。大小不同的颗粒，其理化性质也有明显差异。

为了研究土壤中各直径范围土粒的比例对土壤性状的影响，需要对土粒进行分组或分级。我们把土粒粒径大小一致、性质相似的划为一组，称为粒级。同一粒级的土壤颗粒，其成分和性质基本相似；不同粒级的土壤颗粒，差异则比较明显。

2. 粒级的划分

关于土壤颗粒的分级，世界各国分级的方案和标准不完全相同，但都把矿物质土粒分为砾、砂粒、粉粒、黏粒四大粒级。

根据土壤颗粒理化性质的明显变化，通常把颗粒直径大于 0.01 mm 的土粒称为物理性砂粒，颗粒直径小于 0.01 mm 的土粒称为物理性黏粒，见表 3—2。

表 3—2　　　　　　　　　　土粒粒级划分（南京土壤所）　　　　　　　　　mm

粒级名称	粒径
石块	>3
石砾	3～1
粗砂粒	1～0.25
细砂粒	0.25～0.05
粗粉粒	0.05～0.01
中粉粒	0.01～0.005
细粉粒	0.005～0.002
粗黏粒	0.002～0.001
细黏粒	<0.001

3. 各级土粒的成分及理化性质

土粒粒径大小不同，在性质上也有差异，但其性质变化遵循一定的规律。一般情况下，随着土粒由大变小，土壤总表面积会呈几何级数增加，吸附性、黏结性、可塑性、保水性、保肥性也从无到有，从弱到强，而通气性、透水性逐渐减弱；石英含量降低，铁、铝、镁、钾等元素的化合物逐渐增加，养分含量也越来越丰富。

（1）砾（3～1 mm）。砾是岩石风化的残屑物质，其成分与母岩基本一致。由于其颗粒粗大，总表面积非常小，因此吸附能力较差，颗粒间几乎没有黏结性和可塑性，保水性和保肥性也较差，而且速效性养分贫乏。但因其孔隙较大，因此具有良好的通气性和透水性。

（2）砂粒（1～0.05 mm）。砂粒的矿物成分主要为石英，还有少量白云母、钾长石等原生矿物的碎屑。由于其总表面积不大，因此吸附性较小，颗粒松散，没有黏结性和可塑性，养分较少，保水性和保肥性较差，但通气性、透水性较好。

（3）粉粒（0.05～0.002 mm）。粉粒由细小的原生矿物（石英、长石、云母）和次生非晶质二氧化硅组成，理化性质介于砂粒与黏粒之间。粉粒有一定的黏结性、可塑性、保水性和保肥性，通透性较砂粒略差。

（4）黏粒（<0.002 mm）。黏粒的主要成分是次生矿物质和硅、铁、铝的含水氧化物。虽然黏粒的每个颗粒表面积较小，但由于数量巨大，总表面积仍然较大。据统计，1 m^3 的黏土，其总面积超过 2.4 hm^2，即 24 000 m^2。由于每个土粒表面都有一定的吸附能力，因此黏粒具有巨大的表面能，黏结性、可塑性、保水性、保肥性较强，但因其孔隙较小，通气性、透水性较差。

二、土壤质地

1. 土壤质地的概念

土壤质地是土壤的一种比较稳定的自然属性,因此被普遍用来说明土壤理化性质的特征。任何土壤都不是由单一粒级的土粒组成的,而是由多个粒级的土粒组合在一起形成的,而且各粒级土粒占的百分比也不相同。土壤质地是根据土壤的颗粒组成划分的土壤类型。相同质地的土壤,其矿物质颗粒组成相近,表现出的各种理化性状也相似。

2. 土壤质地的类型

土壤质地的分类方法各国有所不同,但总的来看,都根据物理性砂粒和物理性黏粒所占的比例,把土壤划分为砂土、壤土和黏土三类。目前常用的土壤质地分类见表3—3。

表3—3 土壤质地分类

土壤质地名称		物理性砂粒含量(%)	物理性黏粒(%)
砂土	松砂土	100~95	0~5
	紧砂土	95~90	5~10
壤土	砂壤土	90~80	10~20
	轻壤土	80~70	20~30
	中壤土	70~55	30~45
	重壤土	55~40	45~60
黏土	轻黏土	40~25	60~75
	中黏土	25~15	75~85
	重黏土	<15	>85

3. 土壤质地和土壤肥力的关系

由于土壤质地决定了土壤固相、液相、气相三相的比例,对土壤的结构、通气状况、水分状况、养分状况以及温度状况都有很大影响,因此也就直接决定了土壤肥力的高低。在营造园林绿化时,应充分重视土壤的质地情况,才能使园林植物稳定地生长,日后的养护管理才会容易、经济、省力。

(1)砂土

1)砂土的理化性质。砂土中砂粒含量高,黏粒含量低,因此其性质主要是由砂粒决定的。砂土的固相和气相比例均大于壤土和黏土(固相比例一般在55%~70%之间),液相比例则小于壤土和黏土。由于砂土粒间孔隙直径大,大孔隙数量多于壤土和黏土,毛管孔隙非常少,所以通气透水性强,保蓄性差;有机质分解快,不易积累;肥效快而短,养分容易流失;主要矿物成分是石英,潜在养分含量较低。砂土土质疏松,无黏性和可塑性，阻力小，易翻耕。

由于砂土保水性差，水分含量低，总热容也较小，温度升降速度快，常被称为"热性土"。砂土早春土温回升快，晚秋土温下降也快，昼夜温差较大，易致冻害。

管理砂土要多施、深施有机肥料作为基肥，提高其保水保肥性能，另外还要根据植物生长季节适时进行追肥。施用化肥时，要少量多次，防止流失。在园林种植上，应选用耐干旱瘠薄的树木，如松、槐、杨等树种。

2）砂土的改良方法。对砂土进行改良，应掺入一定比例的黏质土，增加黏粒含量和毛管孔隙度，从而提高其保蓄性能，改良土壤结构；多施有机肥料，提高有机质含量，改善其理化性质；种植豆科地被，并适时将其连同其他植物残体翻入土壤中，以提高有机质含量。

（2）黏土

1）黏土的理化性质。黏土中黏粒含量高，砂粒含量低，因此其性质主要是由黏粒决定的。黏土的固相和气相比例均小于壤土和砂土（固相比例一般在40％～55％之间），液相比例大于壤土和砂土。由于黏土土粒细小，有较强的表面能和胶体性能，吸附能力极强，能将水溶性养料牢牢吸附在土粒表面而免于流失，因此其保水保肥性强。因粒间孔隙小，大孔隙（非毛管孔隙）较少，通气透水性差；有机质分解缓慢，易积累；矿物质养分较丰富，特别是钾、钙、镁等含量较多；土质黏重，紧密，植物根系不易生长，耕作困难。

由于黏土结构紧密，水分不易渗入土壤深处，易从地表流失，雨过天晴后又极易蒸发，因此经常出现干旱"龟裂"现象；在低洼处，雨水很难排出，容易积水，造成缺氧，植物根系呼吸困难，发生"烂根"。管理时，应挖沟排水，加强空气流通。

由于黏土持水性能强，含水量高，总热容量较大，温度升降速度缓慢，常被称为"冷性土"。早春土温回升慢，晚秋下降也慢，昼夜温差较小，不易发生冻害。

2）黏土的改良方法。对黏土进行改良，应掺入一定比例的砂质土或炉渣，增加砂粒含量和大孔隙数量，从而提高其通气透水性，改良土壤结构；多施有机肥料，使土壤疏松并降低土壤容重；种植豆科地被，并适时将其连同其他植物残体翻入土壤中，以提高土壤的通透性和有机质含量。

（3）壤土。壤土固相比例在50％～60％之间，固相、液相、气相均介于砂土和黏土之间，三相比适中。壤土砂粒、粉粒、黏粒比例合适，有一定的大孔隙，也有适量的毛管孔隙，因此兼有砂土和黏土的优点，同时削弱了它们的障碍因子。壤土通气透水性能好，又有较强的保水保肥性，水分含量适宜，有较高的潜在养分，有机质分解累积适中，黏性不大，耕性较好，土温稳定，适宜各种植物生长，是园林植物生长比较理想的土壤质地。

苗圃用地宜选择土层深厚的砂壤土或轻壤土。在这些土壤上播种和扦插，苗木容易发芽出土，根系容易伸展，土壤养分协调，因而苗木生长好、产量高。反之，过黏重的土壤不仅管理困难，而且种子不易发芽，根系伸展困难，苗木生长不好，出圃也很不利。

第4节 土壤有机质

 学习目标

➤了解土壤有机质的组成及化学成分
➤掌握土壤有机质矿化过程及腐殖化过程
➤了解影响土壤有机质转化的因素
➤掌握土壤有机质的作用

 知识要求

土壤有机质指土壤中的各种动物、植物、微生物残体在不同分解阶段的产物、残留物及新合成的有机物质。土壤有机质是土壤固相的重要组成部分，在不同的土壤中含量差异也很大，高的可达20%（如泥炭土），低的不足0.5%（如砂质土壤）。公园、绿地内土壤的有机质含量多在1.5%以下。虽然有机质在土壤中的含量不高，在土壤肥力上的作用却很大，对土壤结构及水、肥、气、热等各种肥力因素起着重要的调节作用，不仅是植物的重要营养来源，还是土壤中微生物生命活动的能源物质。

一、土壤有机质的来源

自然界的土壤有机质主要来源于地面的植被，其次来源于土壤内的微生物、土壤动物、植物根系的残体，其中以植物残体为主。人为耕作的土壤除上述来源外，还有耕作过程中施用的有机肥、农家肥等。

二、土壤有机质的组成

1. 植物、动物和微生物的残体。
2. 植物、动物和微生物的分泌物和排泄物。
3. 上述两项物质的分解产物。

4. 经过土壤微生物分解与合成作用形成的腐殖质。

三、土壤有机质的化学成分

1. 碳水化合物

碳水化合物主要包括单糖、多糖、淀粉、纤维素、半纤维素、木质素等。

2. 含氮化合物

含氮化合物主要包括蛋白质、氨基酸等。

3. 脂溶性物质

脂溶性物质主要包括树脂、蜡质等。

四、土壤有机质的转化

有机残体进入土壤后不是一成不变的，而是在水分、空气、动物及微生物作用下发生粉碎、溶解、氧化、分解及合成等过程。总的来讲，有机质的转化是按照分解与合成两个方向进行的，即矿化过程和腐殖化过程。

1. 矿化过程

土壤有机质中含有植物生长所需要的各种营养元素，却不能被植物直接吸收，只有经过矿化作用释放出来，才能被植物的根系吸收利用。有机质在微生物等作用下分解为简单的化合物，最后生成二氧化碳、水和无机盐等，这个过程称为矿化过程（或分解过程）。矿化过程会产生热量，并释放速效养分。具体说来，矿化过程包括糖类的分解，脂肪、树脂、蜡质、单宁的分解，蛋白类物质的分解和含磷、含硫有机化合物的分解等。

矿化过程的产物与土壤的通气状况直接相关。通气良好时，矿化过程以好气微生物作用为主，矿化速度快，分解彻底，生成二氧化碳、水、氨气和无机盐类。

通气不良时，矿化过程以嫌气微生物作用为主，矿化速度慢，分解不彻底，产生有机酸、酒精、甲烷、氢气及其他还原性物质，抑制植物生长，产生累积中毒作用。

2. 腐殖化过程

在微生物作用下，土壤有机质矿化的同时，其中间产物也进行着新的合成作用，生成腐殖质，这个过程称为腐殖化过程。

腐殖质结构复杂，性质稳定，主要由芳香族核、含氮化合物和碳水化合物三部分组成。经不同溶剂处理后，可将腐殖质分为胡敏酸和富啡酸两类。腐殖质呈胶体状态，为黑色或棕色。土壤腐殖质约占有机质总量的 $85\%\sim90\%$ 以上，是有机质的主体物质，是土壤肥力水平的主要标志。

五、影响有机质转化的因素

影响有机质转化的因素包括有机质自身状况和土壤水分、温度、通气状况和土壤酸碱度等外界因素。

1. 有机质自身状况

土壤有机质自身状况对其转化有很大影响,包括有机质的物理状态、化学组成和碳氮比等因素。

(1)有机质的物理状态。一般情况下,多汁、幼嫩的绿肥比干枯的绿肥容易分解;粉碎的有机质暴露面大,分解的速度比大块的有机质要快。

(2)有机质的化学组成。一般情况下,含木质素、蜡质多的有机质分解速度慢,而含糖、淀粉、蛋白质多的有机质分解速度快,如豆科植物残体的分解速度快于禾本科植物残体,植物叶片的分解速度快于植物枝干和残根,阔叶植物的分解速度快于针叶植物。

(3)有机质的碳氮比。碳氮比即有机质中碳元素和氮元素含量的比例。由于微生物活动需要有机碳作为能源物质和自身组成物质,同时又需要有机氮生成体细胞,因此碳氮比是影响有机质分解的重要因素。对于大多数微生物来说,其分解活动所需有机质的碳氮比大致为 $25:1$。

一般情况下,碳氮比小于或等于 $25:1$ 时,有机质分解速度比较快。而当碳氮比大于 $25:1$ 时,由于氮素含量相对不足,不仅分解速度慢,还会使微生物和植物争夺土壤中的速效氮养料。所以,对有机质进行发酵时,可以在碳氮比高的有机质中掺入适量的氮肥,以加快其腐熟速度。

2. 土壤水分、通气状况

土壤水、气相互消长。土壤处于干旱状态时,通气状况良好,但微生物因缺水而活动停止,所以有机质转化速度慢,矿化率低。土壤水分过量时,通气状况差,不利于微生物活动,并且以嫌气微生物活动占优势,有机质分解速度慢,矿化率低,还会产生有机酸及还原性毒害物质。

在土壤水分适中的情况下,土壤通气状况也较好,好气微生物活动旺盛,有机质能迅速、彻底地分解为简单的无机化合物,释放养分,但不易形成腐殖质。因此,适当的干湿交替、好气与嫌气条件相互更替,既利于矿化过程进行,也利于腐殖化过程进行,才易形成土壤腐殖质。

3. 土壤温度

土壤有机质的分解在 $20\sim40℃$ 之间进行,有机质的转化速度随温度升高而明显加快,通常最宜温度为 $25\sim35℃$。

4. 土壤酸碱性

过酸或过碱的土壤条件均会抑制土壤微生物的活动。大多数细菌活动最适宜的 pH 值为 6.5～7.5。对于酸性过大的土壤，可通过施入石灰或碱性肥料中和其酸性；对于碱性过大的土壤，可通过施入硫黄、石膏、绿矾等酸性肥料，中和其碱性。

5. 土壤质地情况

土壤黏粒的吸附作用可减弱土壤酶、土壤微生物的活性，降低有机质的分解能力。多糖、蛋白质、腐殖质吸附于胶体表面，增强了有机质的抗分解能力。所以，在黏重土壤中，有机质不容易分解，易于积累。

六、土壤有机质的作用

1. 为植物提供营养

有机质中含有植物生长所需的所有营养物质。有机质通过分解释放出的无机态养料，是园林植物生长的重要营养来源。

2. 刺激植物生长发育

土壤有机质中的胡敏酸可以加强植物呼吸过程的活动。低浓度的胡敏酸可以提高植物细胞膜渗透性，促进养分进入植物体内，此外还能刺激植物根系生长发育，提高植物抗旱能力。高浓度的胡敏酸对植物的生长有抑制作用。

有机质还含有各种激素、抗生素，可以刺激植物生长，并可增强植物体的抗病、抗害能力。

3. 促进土壤微生物的活动

土壤有机质能供应微生物活动所需要的养分和能量。有机质丰富，土壤微生物活动活跃，繁殖速度也较快。

4. 改善土壤的物理性质

腐殖质是良好的胶结物质，具有凝聚作用，能改善土壤的结构，促进形成团粒结构，改善土壤的耕作性能。

腐殖质使土壤疏松多孔，降低了土壤容重，提高了土壤的通气、透水性能，从而协调了土壤中水分和空气之间的矛盾。另外，土壤热量主要来源于太阳光照，由于腐殖质颜色较暗，易吸收阳光，在一定程度上提高了土壤的吸热能力。

有机质提高了土壤的保水性、保肥性和缓冲性。由于腐殖质是胶体，具有巨大的表面能，疏松多孔，吸附性强，且代换量大，能提高土壤的保肥性和保水性。

5. 改善土壤的化学性质

腐殖质是弱酸，其盐类具有两性胶体性质。腐殖质和它的盐在一起能够缓冲溶液的酸碱变化。同时，其弱酸性还可以提高矿物质盐类的溶解度，增加营养成分的有效性。

第5节 土壤的结构性和孔性

 学习目标

➤了解土壤的结构类型

➤掌握团粒结构对土壤肥力的作用

➤理解土壤容重与相对密度的区别，了解部分常见植物适宜的土壤容重值

➤掌握土壤的孔隙类型和作用

 知识要求

一、土壤的结构性

土壤结构是土壤的重要物理性质，对土壤水、肥、气、热的变化具有重要作用。自然界的土壤通常不是以单粒的状态存在，而是相互团聚成大小不一、形状各异的团聚体，称为土壤结构体。而土壤颗粒（包括单粒、复粒和团聚体）的空间排列方式、稳定程度以及与之相关的孔隙的状况，称为土壤结构性。

1. 土壤结构的类型

土壤结构的类型有团粒结构、块状结构、核状结构、柱状结构、片状结构等，其中团粒结构是植物生长最为理想的结构方式。改良土壤结构性就是要促进团粒结构的形成。

2. 团粒结构与土壤肥力

团粒结构在协调土壤肥力的过程中起着良好的作用，它能使土壤的水、肥、气、热更为协调。

（1）能协调水分与空气的矛盾。团粒结构的土壤，团粒内部有大量毛管孔隙，团粒间有一定数量的非毛管孔隙。毛管孔隙如同"微型水库"，降雨时充满保持住水分，供植物根系吸收利用；非毛管孔隙可以排出过多的水分，使土壤保有充足的空气，供植物根系呼吸。

（2）能协调土壤有机质中养分的消耗和积累的矛盾。团粒内部水分充足，氧气缺乏，以嫌气微生物活动为主，有利于有机质的积累；团粒间氧气充足，以好气微生物活动为

主，有利于土壤有机质的分解。因此，有团粒结构的土壤养分的积累和释放协调进行，既保证养分能源源不断地供植物吸收，又保证一定的积累，避免养分流失。

（3）能稳定土壤温度，使温度状况适宜。团粒结构中水、气协调，整体热容相对较大，有机质含量较多，土色深暗，因此土壤温度变化较小。白天气温升高时，水分吸收热量，不会使土壤温度上升太高；晚上气温下降时，热量从水中释放出来，使温度不会太低。所以，有团粒结构的土壤白天黑夜之间，以及上下土层的温度变化幅度都比较小，有利于植物发根生长。

（4）改良土壤耕作性能，利于植物根系伸展。具有团粒结构的土壤疏松、多孔，植物根系穿插阻力较小，根系能均匀分布，扩大吸收面，且易于耕作管理。

3. 改良园林土壤，促成团粒结构的常用措施

（1）应用质地适中的壤土。在创建城市绿地、公园的土建施工阶段，为利于植物根系生长，应敲除地表的硬质铺装，除去土壤中的建筑垃圾和杂物，尽量选用疏松、透气、质地适中的壤质土壤。

（2）深翻施用有机肥。有机肥料富含腐殖质，具有凝聚作用，能胶结、包被矿物质土粒，改善土壤的理化性质，提高土壤的结构性和通透性，促进团粒结构形成，同时还可以为植物提供生长所需的养分，促进微生物活动。

（3）围栏保护，种植地被植物。设立围栏不但可以保护园林植物，使园林景观更加优美，而且避免了土壤被踩踏压实，保证土壤疏松透气，利于园林植物根系伸展。种植地被植物，尤其是季节性豆科植物，其根系死亡腐烂后能够明显提高土壤的有机质含量，使土壤疏松多孔，增加微生物含量，生成团粒结构，而且在根系上的"根瘤菌"能够"固定"氮肥，提高土壤养分含量。

（4）合理灌水，干湿交替。公园、绿地中不宜大水漫灌，以减少人为冲刷，同时避免闭蓄较多空气在土壤中，在水压作用下发生"爆破"现象，破坏土壤的团粒结构。应尽量推广喷灌、滴灌方式。在大树下可以挖渗水井进行灌水，也可以结合开盘施用有机肥料，一次灌水灌足。

（5）合理耕作，适时翻耕。花园、苗圃要在合适的土壤墒情下播种、移植、施肥，同时还要适时翻耕，将枯枝落叶翻入土中，促进微生物活动，提高土壤有机质。

（6）施用结构改良剂。现代工业从植物残体、泥炭、褐煤等原料中提取腐殖酸、纤维素、木质素、多糖羧酸类物质制成的结构改良剂能够胶结土粒，改善土壤结构性，促进团粒结构生成。结构改良剂在一些发达国家应用较多。

二、土壤的孔性

土壤的孔性指土壤孔隙的多少、大小、比例和性质，也常称为土壤的孔隙性状况。在土壤中，单粒、土团和各结构单位之间通过接触形成许多大小不同的空隙，其中那些弯弯曲曲的孔洞称为土壤孔隙。土壤孔隙是土壤储存水分和空气的场所，它的大小、数量和分布状况对土壤肥力的调节影响较大。

1. 土壤孔隙度（总孔隙度）

土壤孔隙度指单位土体内孔隙体积所占土壤总体积的百分比。一般常用土壤孔隙度来表示土壤孔隙的数量，其数值可通过土壤的相对密度和容重计算出来。

不同土壤、不同位置的孔隙度大小也不相同（见表3—4），受土壤结构、质地、腐殖质等因素的影响较大。一般情况下，表土经人类频繁耕作，比较疏松多孔，所以孔隙度较高；随着深度的增加，孔隙度逐渐降低。

表3—4　　　　　　　　　　　土壤质地与土壤孔隙度的关系

质地	砂土	壤土	黏土
孔隙度	30%～45%	40%～50%	45%～60%

（1）土壤的相对密度。土壤的相对密度一般指相同条件下，固体土粒（不包括粒间孔隙）的密度与水的密度之比。大多数土壤的相对密度为2.6～2.7，因此通常取其平均值2.65，而不去实地测量。

（2）土壤容重。土壤容重指自然状态下单位体积（包括粒间孔隙）土壤的干质重。土壤容重的单位为 g/cm^3。由于单位体积的土壤包括了孔隙，所以土壤的容重数值总是小于其密度。土壤容重一般为 $1.0～1.8\ g/cm^3$。

土壤容重大小与土壤的孔隙状况密切相关。疏松的土壤，孔隙数量多，容重就小；紧实的土壤，孔隙数量少，容重就大。土壤质地细，黏粒含量高，有机质含量高，容重就小；土壤质地粗，砂粒含量高，有机质含量低，容重就大。一般黏性土容重在 $1.0～1.5\ g/cm^3$ 之间，砂性土容重在 $1.2～1.8\ g/cm^3$ 之间。

土壤容重与植物根系的发育有密切的关系。大多数盆栽花卉要求土壤容重小于1.0，在这种情况下才能生长良好。一些常见花卉的适宜土壤容重见表3—5。

（3）土壤孔隙度的计算方法

$$土壤孔隙度\% = \frac{孔隙体积}{土壤体积} \times 100$$

$$= \left(1 - \frac{土壤容重}{土壤相对密度}\right) \times 100$$

表 3—5   几种花卉的适宜土壤容重   g/cm³

花卉名称	土壤容重	花卉名称	土壤容重
杜鹃	0.1～0.3	康乃馨	0.9～1.0
菊花	0.7～1.1	仙客来	0.5～0.7
山茶	0.2～0.5	报春花	0.7～1.0
月季	0.9～1.1	四季海棠	0.7～0.9
石楠	0.2～0.5	非洲菊	0.6～1.1
大岩桐	0.4～0.7	天竺葵	0.7～0.9
一品红	0.6～0.9	非洲紫花地丁	0.5～0.7
秋海棠	0.3～0.5	西洋八仙花	0.4～0.7

　　土壤孔隙度和土壤容重是判断土壤肥力的重要指标之一。在相同质地情况下，容重小的土壤疏松，孔隙度大；相反，容重大的土壤紧实，孔隙度小。土壤容重与土壤松紧、孔隙度的关系见表 3—6。

表 3—6   土壤容重和土壤松紧度、孔隙度的关系

土壤松紧程度	疏松	较松	适中	稍紧	紧
容重（g/cm³）	<1.0	1.0～1.14	1.14～1.26	1.26～1.30	>1.30
总孔隙度（%）	>60	56～60	52～56	50～52	<50

　　不同的植物，对土壤容重的要求也不相同。对于大多数植物来说，土壤松紧适中，根系容易伸展，生长良好；土壤太松，过于透风，水分蒸发较快，易导致根系生长不良，刮大风时植物易倒伏；土壤太紧实，根系伸展阻力大，同样导致植物生长不良。

　　2. 孔隙的类型

　　根据其大小和作用，土壤孔隙通常分为非活性孔隙（无效孔隙）、毛管孔隙和通气孔隙（非毛管孔隙）三种。

　　（1）非活性孔隙（无效孔隙）。非活性孔隙孔径一般小于 0.002 mm，由于孔隙过小，孔隙中的水分所受的吸附力很大，水分移动困难，植物难以利用，因此习惯上也称其为无效孔隙。

　　（2）毛管孔隙。毛管孔隙孔径一般在 0.002～0.02 mm 之间，具有毛管上升作用，能将水分保持在毛管中，并且水分能在其中迅速移动，植物的根毛也能直接插入粗孔隙中，所以毛管水是对植物最为有效的水分。

　　（3）通气孔隙（非毛管孔隙）。通气孔隙孔径较大（一般大于 0.02 mm），水分难以在此类孔隙中保持住，通常会流入地下，所以是土壤中通气透水的场所。通气孔隙的大小和数量直接决定了土壤的通气和透水性能。

对旱地而言，较好结构的土壤表层土总孔隙度以 50%～60% 为宜，通气孔隙度以 8%～10% 为好。对于园林土壤，由于会受到人为踩踏，最好采取相应的措施，使总孔隙度不低于 50%，通气孔隙度保持在 10% 左右。

第 6 节　园林土壤

 学习目标

➤ 了解城市绿地土壤的概念、范畴及特点
➤ 了解园林土壤的养护措施
➤ 掌握培养土的概念
➤ 掌握常用基质材料的特点

 知识要求

按照利用情况，园林植物的栽培土壤大致可分为三种类型：城市绿地土壤、温室土壤和盆栽土壤。园林土壤中大部分为城市绿地土壤，温室土壤和盆栽土壤量相对比较少，而且较为特殊。

一、城市绿地土壤

城市绿地土壤指生长园林植物绿化地块的土壤，如公园、街道绿地、专用绿地、居民住宅区绿地及苗圃、花圃等。

1. 城市绿地土壤的特点

城市中高密度的城市人口、频繁的建筑活动、大规模的基础设施建设使城市绿地土壤土源复杂，土层扰动较多，并夹杂有大量建筑垃圾。因此，城市绿地土壤通常具有以下特点：

（1）自然土壤层次紊乱。由于城镇建设频繁，原土层被扰动，表土经常被移走或翻开，并掺入大量生土，打乱了原有的自然层次。

（2）土体中混有不同程度的侵入体。侵入体指土体内过多的建筑垃圾、渣砾、石砾等。侵入体若块大量多会严重阻碍植物根系的生长，并影响土壤结构、保水性、保肥性、通透性等。

（3）市政地下管道多。城市绿地土壤内铺设的各种市政设施构筑物，如电缆、煤气管道、排水管道等，隔断了土壤毛细管通道的整体联系，占据了树木根系的营养面积，影响根系的伸展，对树木生长有一定妨碍作用。

（4）土壤理化性状差。城市中人口多，密度大，活动频繁，因此土壤易受人为践踏、侵入体侵入、地下设施阻隔。土壤被踩踏压实后，表土容重偏高，酸碱度失调，土壤三相比中固相和液相偏高，气相偏低，透气性差，将影响树木根系的生长。

（5）土壤中缺乏有机质。城市绿地的植物残落物大部分被清除，很少回到土壤中。如果得不到外界施肥的补充，城市绿地土壤中的有机物质就会日益枯竭。

（6）受到不同程度的污染。城市中的工厂，尤其化工厂所排放的大量污染气体会回落到城市绿地中。人们丢弃的电池、盐等生活垃圾也会对城市绿地造成污染，致使城市绿地土壤中的汞、铅、锌、镉、锰等重金属严重超标。此外，工厂排放的二氧化硫、氟化氢等有毒污染气体溶于雨水中流入绿地，也会对城市土壤造成严重影响。

2. 城市绿地土壤等级标准

在建设城市绿地时，应充分根据规划地块的性质和栽培的园林树木、灌木、草坪、花卉品种配置合适的土壤。同时还要加强日常养护，以保持土壤良好的结构和适宜的理化性质，使园林植物正常生长，并表现出最佳姿态。

上海市建设和交通委员会于 2005 年 6 月颁布了上海市工程建设规范——《园林绿化养护技术等级标准》，于 2008 年第一次修订，于 2011 年第二次修订，对园林土壤养护制定了相应的等级标准（见表 3—7）。

表 3—7　　　　　　　　　　上海园林土壤理化性质指标（2011）

内容指标 项目	pH 值	EC 值 (mS·cm^{-1})	有机质 (g·kg^{-1})	容重 (Mg·m^{-3})	速效氮 (mg·kg^{-1})	速效磷 (mg·kg^{-1})	有效土层 (cm)	石灰反应 (g·kg^{-1})	石砾 粒径 (cm)	石砾 含量 (%)
乔木	6.0～7.8	0.35～1.20	≥20	≤1.30	≥100	≥10	≥150	<50	≥5	≤10
灌木	6.0～7.5	0.50～1.50	≥30	≤1.30	50～100	≥20	≥80	<10	≥5	≤10
花坛、花境	6.0～7.5	0.50～1.50	≥30	≤1.30	≥40	≥40	≥40	<10	≥1	≤5
地被、草坪	6.5～7.5	0.35～1.20	≥20	≤1.25	50～100	≥20	≥30	<50	0	
盆栽	6.5～7.5	0.50～2.00	≥50	≤1.00	50～100	≥20	—	<10	0	
行道树	6.0～7.8	0.35～1.20	≥25	≤1.30	≥100	≥20	≥150	<50	≥5	≤10
竹类	5.0～6.5	0.25～1.20	≥30	≤1.20	≥100	10～20	≥60	<10	≥5	≤10

3. 园林土壤养护措施

（1）换土。对于城市绿地中含有大量淤泥、渣土、建筑垃圾等较差的土壤，如果该处要种植对土壤要求较高的植物,应采取整体或局部换土措施。

(2)保持土壤疏松,增加土壤通透性

1)设置围栏等防护措施。

2)改善树穴环境。

3)敲除水泥等不透气铺装,换用透气砖、植草砖等透气铺装材料。

4)开穴、埋条。

5)挖洞,填充陶粒、有机肥等。

(3)合理种植地被植物。合理种植地被植物不但可以避免"黄土朝天""尘土飞扬",还可以避免阳光直射和土壤水分蒸发,保持一定的湿度,同时也可以增加有机质含量。

(4)施用有机肥料。施用有机肥料可以增加土壤养分,同时改善土壤的理化性质,促进根系生长发育。

(5)改进排水设施。降雨排水可以避免土壤积水"缺氧"致使植物"烂根"现象发生。

二、温室土壤和盆栽土壤

广泛意义上的温室,根据用途一般分为两类,一类是农业生产温室,即大棚;另一类为园林景观温室。农业生产温室土壤大部分为一般农田土壤,只有少数为培养土;园林景观温室土壤则恰恰相反,大部分为培养土,少数为自然土壤。本教材所讲的温室土壤为园林景观温室土壤。

园林景观温室土壤和盆栽土壤不同于城市绿地土壤和农田土壤,由于所种植的通常是用于观赏的花卉、苗木、瓜果类等植物,因此对土壤的理化性质要求比较高:土壤结构良好、有机质含量高、容重较小、疏松多孔、水分充足、养分丰富、通透性好、酸碱适中、保水保肥性好;养护也要求比较精细。大部分园林景观温室土壤和盆栽土壤都是根据不同园林植物的生态习性配制的,所以其成分、配比大不相同,这些土壤通常称为培养土(或混合土、营养土、介质土)。

所谓培养土,就是根据植物的生态习性和对土壤的要求,把几种基质材料按照一定的配比混合而成的土壤。培养土的配置通常以植物原产地的生态条件为参考。应用培养土或营养液等方式代替天然土壤种植植物称为无土栽培。目前,无土栽培技术在温室、观赏大棚等方面应用广泛。

随着景观温室的发展和街道摆花活动的盛行,培养土技术得到了良好的发展和广泛应用,培养土的类别逐步增加,配制培养土的基质材料也越来越多。下面介绍几种常用的基质材料:

1. 园土

园土一般选用栽培过植物的砂壤土或轻壤土，内有一定的营养成分，理化性状较好，通透性较高。

2. 沙

沙的主要成分为二氧化硅，基本没有养分，容重较大，通透性好，主要用来固定植株，为植物提供支撑力，使之不倒伏。沙的种类较多，应尽量选用不含有毒物质的河沙。如选择海沙，应用大量清水冲洗，去除氯化钠等成分。

3. 泥炭

泥炭也称草炭、泥煤，是迄今为止被世界各国普遍认为最佳的基质材料。泥炭是由沼泽植物残体在空气不足和大量水分存在的条件下经过不完全分解形成的，可分为高位泥炭、中位泥炭和低位泥炭。泥炭容重较小，孔隙度高，保水性强，有机质含量高，富含氮、磷、钾等养分，呈微酸性至中性。

4. 蛭石

蛭石是硅酸盐材料在加热至1 000℃时爆裂形成的一种海绵状物质。其容重较小，孔隙度高达95％，保水性强。蛭石含有较多的钾、钙、镁等营养元素，是播种、扦插苗床的好基质。蛭石易碎，一般使用1～2次后，结构就会变差。

5. 珍珠岩

珍珠岩是火山岩（铝硅酸盐）在1 000℃左右高温膨胀后急剧冷却形成的天然材料。珍珠岩为乳白色，容重小，孔隙度高达93％，通透性好，无营养成分。由于其灰尘污染较大，使用前宜先用水喷湿，以免扬尘。

6. 膨胀陶粒

膨胀陶粒是陶土在1 100℃高温下烧制而成的，也称多孔陶粒。膨胀陶粒表面呈粉红色，内部为蜂窝状的孔隙构造，通透性好，质地坚硬，不易破碎。

7. 岩棉

岩棉是辉绿石、石灰石、焦炭等材料经1 500～2 000℃高温熔化、喷制、冷却等工序制成的纤维状物质。岩棉孔隙度高达96％，吸收力强，无营养成分。在丹麦、荷兰等国家，岩棉被广泛应用于蔬菜、苗木、花卉的育苗和栽培上。

8. 锯木屑

锯木屑是木材加工的下脚料，其成分差异较大，但大多数木屑碳氮比较高（约为300），而且含有单宁、树脂等有毒物质，因此使用前须经过堆沤发酵处理，发酵时间不宜少于2～3个月。锯木屑吸水性强，容重小，孔隙度高。选用的锯木屑不宜过细（直径小于3 mm），其应用比例不宜超过10％。

9. 甘蔗渣

甘蔗渣是甘蔗榨取蔗糖后的残留物，碳氮比较高（约为170），应用前须经过堆沤发酵处理，发酵时间宜为3~6个月。

10. 砻糠灰

砻糠灰是将稻壳进行炭化后形成的，它容重小，通透性强，含有氮、镁、钾等养分，但保水性稍差，且呈碱性，使用前宜用水冲洗。不宜选用炭化过度的砻糠灰，否则受压时极易破碎。

11. 煤渣

煤渣空隙大，通透性强，含氮、磷、钾等养分，偏碱性，不宜应用于喜酸性植物。使用前须碾碎、过筛，使颗粒大小控制在3~5 mm之间。

12. 稻壳

稻壳容重小，通透性强，且抗分解，有较高的利用价值。使用前宜加入少量氮肥，进行发酵。

13. 木炭

木炭由木材炭化而成，清洁卫生，无病虫害，不易分解和散碎。由于具有较强的吸附性能，因此配制培养土时常在混合介质中加入适量木炭，以吸收有害气体。

第7节 土壤肥料

 学习目标

➢了解肥料的概念及作用
➢掌握肥料的分类及特点
➢掌握常用肥料的特性及施用方法
➢能够辨别无机肥料与有机肥料

 知识要求

凡是施入土壤中或植物体上，能够直接或间接供给植物营养和改善土壤理化性状的物质，都称为肥料。在自然生态系统中，植物从土壤中吸收无机营养，然后通过落叶归根等方式，一次性或多次性地以有机物质的形式回归土壤。在微生物的矿化作用下，这些有机物质再次转化成无机营养物质，从而形成周而复始的生态营养循环。然而，现实中的大多数城市园林系统和农业土壤均割断了这种生态循环，枯枝落叶、地被植物的残体被人工清除，农作物被收割带走，营养物质不能回归土壤，导致土壤养分逐步匮乏。还有的土壤本身比较贫瘠，养分含量较少，不能满足植物正常的生长需求。所以，要提高土壤的养分含量，使植物正常生长发育，就必须为土壤补充营养物质，这种物质就是土壤肥料。

施肥必须以植物营养为理论依据。只有掌握了土壤、肥料、植物营养的基本知识和相互关系，才能够科学地管理土壤，使园林植物茁壮地成长，改善生态环境。

一、肥料的分类

肥料的种类很多，分类方法也多种多样，一般按肥料的性质划分为无机肥料、有机肥料和微生物肥料等类型。

1. 无机肥料

由无机物质组成的肥料称为无机肥料。由于绝大多数化学肥料属于无机肥料，一般将无机肥料直接称为化肥。化肥是以矿物、空气、水等为原料，经化学和机械加工制成的，其特点是养分含量高，肥效快，养分比较单一，体积小，施用和运输方便。根据化学肥料中所含的某种主要成分，又可将它们分为氮肥、磷肥、钾肥、复合肥料、微量元素肥料等。

2. 有机肥料

广义上，一切含有有机质，经发酵分解能释放出无机养分供植物吸收利用的有机物质，均可称为有机肥料。一般将有机肥料称为农家肥料，主要指在农村中收集、积制和栽种的肥料，如人畜粪尿、厩肥、堆肥、绿肥等。其特点是养分全面但含量低，肥效迟缓，有改良土壤的作用。

3. 微生物肥料

微生物肥料又称菌肥，含有土壤中有益微生物的接种剂，施用后通过微生物的生命活动改善植物营养状况。微生物肥料有根瘤菌肥料、固氮菌肥料、磷细菌肥料、菌根真菌的接种剂等类型。有些具有抗菌作用和刺激植物生长作用的放线菌，也已发展为菌肥。

二、常见的化肥

1. 氮肥

含氮的化学肥料包括铵（或氨）态、硝态和酰胺态三大类型，见表3—8。

表 3—8 氮肥种类及性状

类型	肥料名称	含氮量（%）	主要性状
铵（氨）态	硫酸铵	20～21	白色结晶，易溶于水，生理酸性
	氯化铵	24～25	白色结晶，易溶于水，生理酸性
	碳酸氢铵	17～18	白色结晶，易溶于水，碱性反应，略带刺激性臭味，易潮解，易挥发
	氨水	15～20	含氨的水溶液，有刺激性臭味和腐蚀性，碱性反应，能灼伤植物
硝态	硝酸钠	15～16	白色晶体，吸湿性强，易溶于水，生理碱性
	硝酸铵	33～35	白色晶体，吸湿性强，易溶于水，易潮解，有助燃性和爆炸性，有时加防湿剂（矿质油、石蜡、磷灰土等）制成颗粒状
酰胺态	尿素	42～45	白色晶体，吸湿性强，易溶于水，有的加防湿剂制成颗粒状

（1）铵（氨）态氮肥

1）硫酸铵。易溶于水，为速效生理酸性氮肥。施入土中，大部分铵离子被土壤胶体吸附而免于淋失；一部分因硝化作用转化，被植物吸收或随渗水淋失。可作基肥，也可作追肥，但在湿润地方最好作追肥。长期施用硫酸铵会引起土壤板结，所以最好同有机肥料配合使用。

2）氯化铵。易溶于水，为速效生理酸性氮肥，对种子发芽和幼苗生长有不利影响，不宜作种肥。

3）碳酸氢铵。速效生理碱性氮肥，不宜作种肥。由于容易水解成氨而挥发，故宜深施，或沟施盖土。

4）氨水。氨水的性质近似于碳酸氢铵，可稀释或拌和在干土中施用，以沟施盖土效果较佳。

（2）硝态氮肥。硝态氮肥都易溶于水，易吸湿，有助燃和爆炸性。由于不易被土壤吸附，容易淋失，因此不宜在水田中施用。一般仅作追肥施用。

1）硝酸钠。肥效较高，但较易淋失，为生理碱性肥料。一般仅用做追肥。

2）硝酸铵。硝酸铵是同时含有硝态氮和铵态氮的水溶性速效肥料，由于氮的含量高，所以在等氮量施用时实际用量比硫酸铵少。一般仅用做追肥。

（3）酰胺态氮肥。尿素是最常见的酰胺态氮肥，对各种植物和土壤都适宜，可作基肥、追肥，施入土壤后转化为铵态氮才能被植物吸收，因此肥效慢些。尿素含氮量高，施用时可比硫酸铵少一半左右。尿素可作根外追肥，叶面吸收快，适宜的浓度一般为0.5%。

（4）长效氮肥。由于普通氮肥肥效快且持续时间短，因此在施用时需多次追肥，较为费工费力。而长效肥料在施入土壤后能够缓慢释放氮素，因此可以一次性施足，且肥效持久。目前，厂家生产的长效氮肥有脲甲醛、脲醛包膜氯化铵、钙镁磷肥包膜碳酸氢铵等，但仍处于试用阶段。

2. 磷肥

磷肥主要是磷矿石、磷灰土加工制成的各种磷酸盐，可大致分为水溶性、弱酸溶性和难溶性三大类型，见表3—9。

表3—9   磷肥种类及性状

类别	肥料名称	有效磷（%）	主要性状
以水溶性为主	过磷酸钙	16～18	白色到灰色粉末，大部分溶于水，酸性反应
	重过磷酸钙	40～50	灰白色或深灰色结晶颗粒或粉末，易溶于水
以弱酸溶性为主	钙镁磷肥	8～20	灰褐色至绿色粉末，不溶于水，溶于弱酸
	钢渣磷肥	8～14	灰褐色至黑色的炼钢炉渣，常磨成粉末，不溶于水，溶于弱酸
以难溶性为主	磷矿粉	3～5	白色至灰褐色粉末，不溶于水，小部分溶于弱酸

过磷酸钙也称普钙，为灰白色粉末，易溶于水，属速效磷肥，可作基肥、种肥和根外追肥。由于过磷酸钙施入土中易被土壤固定，故移动性小，肥效长。过磷酸钙宜与有机肥混施，可提高肥效。

重过磷酸钙含磷量约为普钙的三倍，因此又称三料磷肥。重过磷酸钙为灰白色或深灰色颗粒或粉末，有腐蚀性和吸湿性。重过磷酸钙施用方法与普钙相同。

钙镁磷肥为灰绿色或灰褐色粉末，不吸湿，无腐蚀性，属于弱酸溶性磷肥，肥效迟缓，只适于作基和种肥。

钢渣磷肥、脱氟磷肥、沉淀磷肥、碱溶磷肥、偏磷酸钙等磷肥的性质与施用方法与钙镁磷肥相似。

3. 钾肥

钾肥主要是各种钾盐矿及其加工制品，以及从盐湖咸水中提炼或含钾铝硅酸盐煅烧提取的钾盐，它们大都是水溶性的，施入土内后可直接为树木吸收利用。钾肥的种类及性状见表3—10。

表3—10   钾肥的种类及性状

肥料名称	氧化钾（%）	氮（%）	五氧化二磷（%）	主要性状
氯化钾	48～60	—	—	白色结晶，易溶于水
硫酸钾	48～50	—	—	白色结晶，易溶于水
硝酸钾	44	13	—	白色结晶，易溶于水，有爆炸性
偏磷酸钾	40	—	60	白色结晶或颗粒状，不溶于水，溶于弱酸性的柠檬酸溶液

氯化钾有吸湿性，久存易结块，为速效生理酸性钾肥。氯化钾施入土中后，钾离子被

土壤吸附保存或固定，移动性较小，宜作基肥和追肥。忌氯植物不宜施用氯化钾。

硫酸钾吸湿性小，为速效生理酸性钾肥，施用方法与氯化钾相似。

4. 复合肥料

在一种化学肥料中，同时含有氮、磷、钾三种元素或其中任何两种元素的肥料称为复合肥，或多元肥料。现实中，复合肥料的概念经常与有机肥料混淆，可以从以下几个方面进行辨别：

颜色：复合肥料是化肥的一种，其成分相对比较单一，因此颜色单一，且较浅，几乎没有杂色；有机肥料成分复杂，多为腐殖质，因此颜色较深，多杂色。

气味：复合肥料大多有化学成分的刺激性气味，且气味单一；有机肥料多数有淡淡的臭味，且气味复杂。

质地：复合肥料结构多为细小硬颗粒，部分因吸水结块；有机肥料则质地松软，握在手中容易被压缩。

重量：复合肥料一般密度较大，握在手中感觉较重；有机肥料为松软有机质，密度较小，感觉较轻。

常用的复合肥料有以下几种。

（1）磷酸铵。磷酸铵简称磷铵，又称安福粉。目前，国产磷酸铵实际上是磷酸一铵和磷酸二铵的混合物。磷酸铵特别适用于缺磷土壤和需磷较多的植物，可作基肥和种肥；不宜与草木灰、石灰等碱性肥料混施。

（2）硝酸钾。硝酸钾为白色晶体，吸湿性不强，不易结块，易溶于水，呈生理中性。硝酸钾适合作基肥，干旱地区作追肥应早施。硝酸钾易燃易爆，储藏、运输时应特别注意。

（3）磷酸二氢钾。磷酸二氢钾易溶于水，呈生理酸性，吸湿性不强。磷酸二氢钾因价格昂贵，适合作根外追肥，适宜浓度为 $0.1\%\sim0.3\%$。

5. 微量元素肥料

（1）硫酸亚铁。硫酸亚铁是一种较好的铁补给源，可溶于水，易氧化，对防治因缺铁引起的树木失绿症有一定效果。施用硫酸亚铁时，用它的 $0.2\%\sim0.5\%$ 水溶液，略加少量黏合剂调和后，喷洒于黄化的叶子上。土壤中施用硫酸亚铁的效果不稳定，若与有机肥料或绿肥拌和使用，效果较显著。

（2）硼肥。硼肥可作为基肥施入土壤，肥效较长。一般选用钠硼酸盐，可与氮、磷等肥料混合施入。由于硼在土壤中容易移动、流失，施用硼肥时应控制用量。

（3）硫酸锰。硫酸锰呈粉红色结晶，易溶于水，通常用于喷施和浸种，浓度一般为 0.1%。

（4）硫酸铜。硫酸铜可用做基肥、种肥和追肥，一般用量为每 0.067 hm² （市亩） 1～2 kg，如采用穴施或条施，用量可适当减少。浸种浓度一般为 0.01％～0.05％，根外追肥浓度为 0.02％～0.04％。采用高浓度时应加入 0.15％～0.25％ 的熟石灰，以免药害。

（5）钼酸铵。钼酸铵呈白色结晶，易溶于水，通常用做根外追肥和种肥，根外追肥浓度一般为 0.01％～0.1％。作种肥时，可与其他肥料（如钙镁磷肥）混合均匀后施用。

6. 间接肥料

改变土壤的物理性状和化学性质，并直接供给钙、镁、硫等养分，从而改善植物的营养状况，以利于植物正常生长的肥料，称间接肥料。

常用的间接肥料有石灰和石膏。石灰中和酸性能力强，多适用于强酸性土。石膏中和碱性能力强，多适用于强碱性土。

施用时应掌握因地制宜的原则，灵活应用。

三、常见的有机肥料

1. 人粪尿

人粪尿是重要肥源之一，因为其含氮量较高，磷、钾含量较少，所以一般把它看做氮肥。人粪尿的肥分组成见表 3—11。

表 3—11　　　　　　　　　　人粪尿的肥分　　　　　　　　　　（％）

类别	水分	有机物	氮	五氧化二磷	氧化钾
人粪	70 以上	20 左右	1.0	0.50	0.37
人尿	90 以上	3 左右	0.5	0.13	0.19
人粪尿	80 左右	5～10	0.5～0.8	0.2～0.4	0.2～0.3

新鲜人粪是缓效性肥料，其中的氮素需经短时期分解才能被植物吸收。腐熟后的人粪，部分转化为速效肥料。人尿在新鲜时大部分就以尿素存在，所以属速效肥料。

人粪尿需经腐熟后才能使用，这一方面可以提高其养分的有效性，另一方面可以消灭传染病原。人粪尿的腐熟通常是在坑、窖中加 1～2 倍水，沤 1～2 周，至其变为暗绿色和浑浊时使用。人粪尿在储存时要注意加盖，防止氨挥发损失。人粪尿在使用前要加 2～3 倍水稀释，最好是开沟施入后立即盖土。以等氮量计算，人粪尿当年肥效大致相当于硫酸铵的九成，人尿则基本上与硫酸铵相等。人粪尿可作基肥或追肥施用，苗圃地将其用做追肥，效果也较好。此外，在堆肥时加入人粪尿，可以促进堆肥腐熟和增加养分含量。

2. 堆肥

堆肥是用蒿秆、落叶、草皮、杂草、刈割绿肥、垃圾、污水、肥土、人畜粪尿等材料混合堆积，经过一系列转化过程形成的黑褐色有机肥料。堆肥一般用做基肥，腐熟堆肥的肥效与厩肥大致相似。

按照堆制方法不同，堆肥通常分为普通堆肥和高温堆肥两类。普通堆肥的特点是堆温不超过50℃，是在半嫌气条件下腐熟而成的，腐熟时间较长，一般为3～5个月，不能杀死杂草种子、病菌和虫卵等。普通堆肥的堆制方法有地面式、半坑式及地下式三种。高温堆肥的特点是通气好、腐熟快，并能杀死病菌、虫卵和草籽等有害物质，其堆制方式有地面式和半坑式两种。

堆肥和沤肥的共同特点是以植物枯秆为主，掺入少量人粪尿制成。它们的主要区别在于，堆肥在堆积中以好气分解为主，而沤肥是以嫌气发酵为主。

3. 绿肥

凡绿色植物的青嫩部分，经过刈割搬运，或者是直接耕翻埋入土中作为肥料的，均称为绿肥。绿肥按其来源，可分为天然绿肥（各种野生绿肥植物、杂草以及灌木幼嫩枝叶）和栽培绿肥；按其科属及能否固氮，又可分为豆科绿肥（如田菁、苜蓿、毛叶苕子、巢菜、紫穗槐、黄豆、胡枝子、羽扇豆、蚕豆等）和非豆科绿肥（如肥田萝卜、荞麦、青刈大麦、油菜、芝麻、四方藤等）；按绿肥的生长季节，又可分为夏季绿肥（如猪屎豆、田菁、木豆）、冬季绿肥（如巢菜）和多年生绿肥（如紫穗槐、胡枝子、羽扇豆）等类型。

4. 饼肥

饼肥是用油料种子榨油后剩余的残渣制成的肥料，一般约含有机质75%～85%，含氮1%～7%。因为含氮量较高，通常视做氮肥，但其中也含有一定数量的磷和钾，磷、钾也有良好的肥效。

饼肥内所含氮素主要形态为蛋白态，磷也以各种有机态存在，大都不能直接被植物吸收，必须经微生物分解成铵（或氨）态氮和无机磷酸盐后，才能发挥肥效，所以属缓效肥料，宜作基肥。

饼肥肥效的快慢，除与腐熟程度有关外，还受油渣饼本身含氮量、粉碎程度的影响。含氮量高的饼肥分解速度较快；同样的饼肥，粉碎程度高的分解和发挥肥效也较快。高氮饼肥大多不含毒素，且碳氮比较小，容易分解，粉碎后可直接用做基肥或追肥，施肥时只要不贴近种子，其肥效显著而且没有很大副作用，如大豆饼、菜子饼等。低氮饼肥，如棉子饼、茶子饼、桐子饼、乌桕子饼，则较难分解，中间产物较多，而且有些饼肥含有皂素或其他有毒物质，故必须发酵后再施用。

饼肥中的钾有95%是水溶性的，因而具有速效性。

5. 骨粉

骨粉是用动物骨骼制作的肥料，其中以磷酸钙为主，通常把骨粉视为磷肥。

骨粉施用到酸性土壤中效果较好，在石灰土壤中见效慢，与有机物共同堆腐后施用可提高肥效。

6. 草木灰

植物体燃烧后余下的灰烬称为草木灰。草木灰含有相当数量的碳酸钾以及其他无机态钾化合物，并含有较多的钙和磷的化合物，以及少量镁、铁、硫、钠、硼、锌、钼、铜、锰等。草木灰常含残余炭粒而呈灰黑色，肥效以钾为主，但其他元素也表现出良好的肥效作用。

草木灰应储存在专设的灰仓内，防止被风吹散和可溶性钾盐被雨水淋失。草木灰不宜与人粪尿混合储存，以免因碱性反应导致氨挥发损失。

7. 泥炭

泥炭也称草炭，是植物（主要是草木）的残体在水分过多、空气不足的条件下进行不充分分解，经过多年累积而自然形成的半分解的有机物。我国的泥炭一般含有机质40%～70%，含全氮1.0%～2.5%，碳氮比都在20左右；含磷、钾较少，以五氧化二磷（P_2O_5）及氧化钾（K_2O）计，均在0.3%左右。除个别特例外，泥炭一般呈酸性或微酸性，pH值多在5～6.5，并且通常含有一定数量的铁。泥炭中氮的含量与牲畜粪尿相近，吸水能力为它本身重量的两倍到十几倍，吸氨能力为本身重量的0.5%～3%左右，所以常用来增加砂性土壤的保肥性能，或者作为氮、水的吸收剂。

8. 泥土肥

河、塘、沟的淤泥以及墙土、炕土等统称为泥土肥。泥土肥中含有数量不等的有机质和多种养分。一些泥土肥长期处于淹水还原状态，肥料成分中常含有还原性物质，因此施肥前应先暴晒风干，促使还原性物质氧化和分解，以免它们对植物产生毒害。

沟、塘泥都是肥沃的淤泥，以质细色黑者为好。沟、塘泥平均含有机质5%，氮0.3%，五氧化二磷0.3%，氧化钾1.6%，此外还含有较丰富的微量元素。沟、塘泥虽然肥分不高，但由于含很多无机和有机胶体，能调节土壤营养元素的供应，提高土温，加厚耕作层，改善砂质土壤的物理化学性能，所以大量施用时效果较好。对缺失表层的土壤，大量施入沟、塘泥和磷肥，可以加速裸露心土的熟化。沟、塘泥一般都属迟效性肥料，宜于配合牲畜粪尿、绿肥等作基肥。

第8节　施肥技术

学习目标

➤了解施肥的基本原则

➤掌握施肥的常用方法与方式

➤了解根外追肥的施用情况

知识要求

施肥必须以"养分归还学说""最小养分律""报酬递减律（米采利希学说）"以及"因子综合作用律"等原理为理论依据，只有掌握土壤、肥料、植物营养的基本知识和相互关系，才能够科学、经济地施肥，使植物茁壮成长。

一、施肥的原则

1. 针对土壤施肥的原则

不同类型的土壤的肥瘠程度、结构、性质、养分含量都不相同，因此施肥时要注意到土壤的质地、肥沃程度、干湿状况、酸碱度、耕作方式以及前茬植物等情形。例如，瘠薄的砂土因为保肥力差，应该多施基肥，并要分次施用追肥。对土层深厚、保肥力强的肥沃土壤，施肥量和施肥次数就可适当减少。就肥料的种类来说，对于碱性土壤应该增施有机肥料，酸性土壤应该施用石灰。此外，还可以对土壤养分进行检测，根据土壤中的营养元素含量的多少来决定各种肥料的使用情况。

2. 针对植物施肥的原则

（1）不同的植物对肥料的要求不相同。不同种类的植物因生态习性不相同，对肥料性质和类型的要求也不相同。喜酸性土壤的植物（桂花、茶花、杜鹃、米兰、茉莉、栀子花等）宜施用生理酸性肥料；喜碱性土壤的植物（女贞、丁香、梓树、侧柏、榆树、朴树等）宜施用生理碱性肥料。

（2）不同的植物对肥料营养元素的要求不相同。不同的园林植物对营养元素有不同的要求，因此施肥种类也不相同。如一些豆科植物根部有根瘤，能固定氮素，所以可少施氮肥，多施磷、钾肥；每年需重剪的花卉需加大磷、钾肥施用量，以利于新枝条萌发；球根类花卉（百合、水仙、仙客来、唐菖蒲、大丽花等）对钾肥的需要量大于氮肥；一些观花型的植物（特别是花型大的），在开花期不但要克制肥水，还必须根据生长发育情况施以适量的完全肥料（如菊花开花时先开外围花朵，逐渐向中心开放，如果在花期养分供给不足，则中心内的花无力开放，大大降低观赏效果）；以观果为主的花卉则应在开花期适当控制肥水，而在壮果期施较多的完全肥料。

（3）同一植物在不同的生长发育阶段对各种营养要求不相同。花草类植物，在苗期氮的供应量应该多点，以满足枝、叶、花迅速生长的需要；花蕾分化期，应增施磷、钾肥；坐果期，应适量控制施肥，因为施肥过多虽能促进营养生长，但对坐果不利。在深秋、初冬施用磷、钾肥，可以促进木质化和增强植物的抗逆性和抗寒性。

3. 针对气候施肥的原则

天气的变化会影响植物吸收养分的能力，也会影响到土壤的情况，因此施肥的种类、数量和方式也应该不同。如早春气温低，雨量少，少数微生物作用较弱，肥料分解缓慢，而幼苗又正需要养料，这时就应施充分腐熟的肥料或提早施下基肥；夏季气温高、雨量多，有机肥分解快，植物吸收也强，这时就要施用速效的有机和无机肥料，并且要分次施用，以防养分流失或肥力过大。此外，用液体肥料施追肥时应选择在晴天进行。在雨水较多的季节，一次施肥量不可过多，否则不仅养料会流失，也会对植物有害。

4. 基肥为主、追肥为辅的原则

多数园林植物要求在相当长的时期内连续不断地供应丰富的养料以及维持土壤的良好结构，基肥大多数采用迟效的有机肥料，正好具备以上两个作用。但是，各种树木花卉在不同的发育阶段对养分的种类及需要量是不相同的，因而追肥也是很有必要的。

5. 有机肥和化肥配合施用的原则

由于有的化肥（如硝态氮肥）不易被土壤吸附保持，极易淋失，而有机肥料含有大量胶体物质，吸附能力极强，因此二者配合施用可以极大地提高肥效，降低肥料损失。还有的肥料（如钙镁磷肥）为弱酸溶性肥料，单独施入土壤后不易被溶解吸收，而有机肥为弱酸性，二者混施可以促进磷肥的溶解，提高肥效。

二、施肥的方法

要满足植物对养分的需求，就要在其生长过程中供给肥料，但肥料必须供应得合理，即在植物的生长期中，根据其不同营养阶段的特点，分别施用目的和作用不同的肥料。如果想使所施肥料能被充分吸收并完全发挥作用，需要选择合适的施肥方法，因为只有施肥方法正确，施入的肥料才会发挥其最佳效果。施肥方法的选择不外是施肥时间和施肥方式的选择。一般来说，施肥的方法主要有基肥、种肥和追肥三种。

1. 基肥

基肥也叫底肥，是在植物播种或移栽、种植前施入的肥料。基肥一般结合土壤耕翻、整地、挖穴施用，不但可以培肥地力，改良土壤，还可以使植物在整个生长过程中获得足够的营养。基肥一般施用量较大，以有机肥料和缓效肥为主，通常不用速效氮肥作基肥。就各种无机肥料而言，磷肥和钾肥都可作为基肥施用，氮肥仅有小部分作基肥。

施用基肥的方法有撒肥、穴施、条施、环施、辐射状施肥、混合施肥等。

2. 追肥

追肥指在植物生长过程中，根据其生长的阶段性特点以及对营养元素需求量的增加而补施的肥料。一般多以速效无机肥料作追肥。为了使肥料施得均匀，一般都先加几倍的干土和均，或加水溶解稀释后施用。追肥施用的方法有以下几种。

(1) 撒肥法。即把肥料均匀地撒在地面上，有时浅耙 1~2 次以使其和表层土壤混合。一般在植株密度大、根系分布于整个耕作层、追肥量又比较大的情况下采用撒肥法。撒肥应与中耕、除草、松土和灌溉相结合，并力求撒施均匀。通常情况下，撒肥的肥料利用率不高。

(2) 条施法。将肥料施于条播栽培植物的一侧或两侧。条施追肥时可先中耕除草，然后在行间开沟将肥料施入，并结合覆土、培土等措施。条施的施肥深度应与植物根系的入土深度相适应。

(3) 浇灌法。把肥料溶解在水中，全面浇在地面上；或在行间开沟，注入后盖土；有时也可使肥料溶于灌溉水中渗入土内。

(4) 穴施法。在点播的、株行距较大的栽培植物的株间或行间开穴，施入追肥。此法肥料用量少，利用率大，但所需工作量较大。

(5) 辐射状施肥法。对于大树或古树，为减少根系损伤，宜以树干为中心向外开放射状沟，施入肥料后覆土。采用辐射状施肥时，辐射沟的方位应逐年轮换。

(6) 根外追肥。将肥料配成稀溶液（浓度为 0.1%~1%），喷洒在植物叶面上。根外追肥具有肥料用量少、利用率高、见效快的特点。当植物出现营养元素缺乏症时，用根外追肥法最易纠正病症。尿素、硫酸铵、过磷酸钙、硫酸亚铁以及其他微量元素肥料都可以采用这种方法。根外追肥在下列情况下具有优越性：

1) 在气温高而地面温度尚低时，或土壤过湿，林木地上部分已开始生长而根系活动尚不正常时。

2) 在林木定植后不久，其根系所受伤害尚未恢复时。

3) 在土层干燥又无灌溉条件，进行土壤追肥效果不好时。

4) 当林地缺乏某种微量元素而土壤施入该元素无效时。但是，由于叶面喷洒肥料溶液或悬液后容易干燥，肥液浓度稍高就可立即灼伤叶子，叶面也不能吸收迟效性肥料，同时，根外追肥的施用技术比较复杂，效果又不太稳定，所以目前根外追肥一般只是作为辅助的补肥措施使用，不能完全代替土壤施肥。

3. 种肥

种肥是在播种或幼苗扦插时施用的肥料，目的是满足幼苗初期生长发育对养分的需要。种肥的施用方法有：

（1）拌种和浸种法。把肥料和种子拌匀，或把种子用肥料稀溶液浸泡一段时间，然后播种。拌种或浸种常采用微量元素或胡敏酸肥料的稀溶液，或在播种沟内、穴内施用熏土、泥肥、草木灰和有机颗粒磷肥等。一些容易灼伤种子或幼苗的肥料，如尿素、碳酸氢铵、氯化铵等，都不宜作种肥。

（2）蘸苗根。把苗根在肥料溶液或肥料拌和物中蘸一下，然后种植。不同类型的植物对养分的需求也不同，因此蘸苗液需根据其特性和所处土壤性质进行配置。如含有效磷少的土壤，常用磷肥浆蘸根，即用过磷酸钙 1.5 kg，黄胶土 12.5 kg，兑水 50 L 充分搅拌成浆。

思 考 题

1. 可以通过哪些措施来提高土壤的肥力？
2. 土壤粒级与其理化性质、肥力存在怎样的规律性变化？
3. 单纯施用化肥会对土壤产生怎样的影响？
4. 有机肥料有哪些利与弊？

第4章

园林植物病虫害

自然界中危害园林绿化植物的有害生物种类很多。植物受害后不仅影响其自身的正常生长，对园林景观也造成了极大的破坏。因此，园林工作者应该掌握一些植物病虫害的知识，以便识别病虫害，制定防治措施，有效保护园林绿化成果。在危害园林植物的有害动物中，除了螨类、蜗牛、蛞蝓、鼠妇等种类以外，绝大部分属于昆虫，如刺蛾、蓑蛾、蚧壳虫、蚜虫等；危害园林植物的病害则以真菌性病害居多，如白粉病、锈病、叶斑病等。

第1节　昆虫基本知识

 学习单元1　昆虫的外部形态

 学习目标

➤了解昆虫体躯的外部结构与功能

➤能够区分昆虫与其他相似动物

➤掌握昆虫口器类型及其对植物保护工作的意义

 知识要求

自然界中的昆虫种类繁多，已知的种类有 100 余万种，约占全世界已知动物种类的 2/3。昆虫的分布十分广泛，从赤道到两极，从海洋、河流到沙漠，上至高原，下至土壤几米深处，都有昆虫存在。按昆虫与人类的关系来分，大体可将昆虫分为害虫和益虫两大类。园林植物病虫害防治过程中接触的主要是害虫，它们以植物为食，不仅影响园林植物的正常生长，还会给环境造成一定的破坏，甚至危害人类健康。自然界中还存在很多有益的昆虫，它们以害虫为食料，是害虫的天敌，对园林植物的保护起了重要作用。可见，昆虫的益和害通常是以人类的利益来划分的。随着人类需要的改变，益害关系也会改变。绿化植保工作者应该对昆虫的益与害作出客观的评价，从而制定出"扬益避害"的对策。

昆虫种类繁多，形态各样。这种多样性是昆虫在长期演化过程中对复杂多变的外界环境进行适应的结果，因此，昆虫的形态和功能之间存在着不可分割的相互联系。尽管昆虫在形态结构上千变万化，但都有着最基本的共同点。昆虫的体躯由头部、胸部和腹部 3 个体段组成，每一体段又分为若干个体节。头部的附肢特化而形成口器。胸部由3个体节组成。每个胸节各有1对附肢，即共有3对胸足。大部分昆虫的中、后胸还各有1对翅。腹部通常由9～11个体节组成，附肢大多已消失。昆虫的基本结构及形态如图4—1所示。

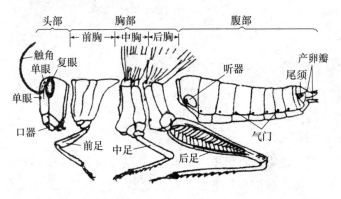

图4—1 昆虫的基本构造（蝗虫体躯侧面观）

在自然界中，有很多动物外形和昆虫十分相似，但它们不属于昆虫，如多足纲的马陆、蜈蚣，蛛形纲的蜘蛛、螨类，甲壳纲的虾类等，如图4—2所示。

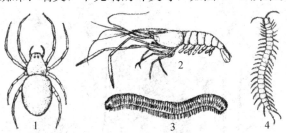

图4—2 与昆虫相似的动物

1—蜘蛛 2—虾 3—马陆 4—蜈蚣

一、昆虫的头部

头部是昆虫体躯的第一体段，上面着生着主要的感觉器官触角、眼等，还有摄取和咀嚼食物的口器，所以，头部是昆虫的感觉与取食中心。

1. 触角

绝大部分昆虫的头部有1对触角，着生于头部的前方或两复眼之间。昆虫的触角是感觉器官，主要是嗅觉，也具有触觉、听觉、帮助觅食和传递信息等功能。

（1）触角的构成。昆虫的触角是一对分节的构造，基本上都是由柄节、梗节和鞭节3节构成的，如图4—3所示。

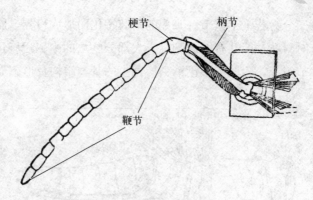

图4—3　触角的基本构造

柄节：基部第一节，通常比较粗短。

梗节：触角的第二节，较细小，里面常有感觉器官。

鞭节：触角的第三节，通常分成很多亚节，亚节的形状在各类昆虫中变化很大，因此形成各种不同类型的触角。

（2）触角类型（见图4—4）。触角的类型多种多样，通常可分成以下几种类型：

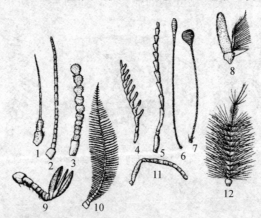

图4—4　触角的类型

1—刚毛状　2—丝状　3—念珠状　4—栉齿状　5—锯齿状　6—棒状　7—锤状
8—具芒状　9—鳃片状　10—双栉齿状　11—膝状　12—环毛状

刚毛状：触角很短，基部一、二节粗大，其余各节突然缩小，细似刚毛。如蜻蜓、叶蝉等。

线状（丝状）：触角细长，呈圆筒形，除基部一、二节较粗外，其余各节的大小、形状相似，逐渐向端部缩小，如蝗虫、蟋蟀及某些雌性蛾类等。

念珠状：鞭节由近似圆球形的小节组成，大小一致，像一串念珠，如白蚁等。

锯齿状：鞭节各亚节的端部一角向一边突出，像锯条，如叩头虫及部分甲虫。

羽状（双栉齿状）：鞭节各亚节向两边突出成细枝状，很像鸟类羽毛，如毒蛾、雄性蚕蛾等的触角。

膝状：柄节特别长，梗节短小，鞭节由大小相似的亚节组成，柄节和梗节之间呈膝状弯曲，如象甲、蜜蜂等。

具芒状：触角短，鞭节不分亚节，较柄节和梗节粗大，其上有一刚毛状或芒状构造，称触角芒，为蝇类特有。

环毛状：除基部两节外，大部分鞭节具有一圈细毛，越近基部的毛越长，逐渐向端部递减，如部分蚊类。

棒状：触角细长如杆，近端部数节逐渐膨大，如蝶类等。

另外还有锤状、鳃片状、栉齿状等。

昆虫触角的类型不仅因昆虫种类不同而异，同种昆虫的触角也常因昆虫的性别不同而异。例如，小地老虎的雌蛾触角为丝状，雄蛾为栉齿状。所以，触角常常是鉴别昆虫的种类和性别的重要依据之一。

2. 眼

眼是昆虫的感觉器官之一，可以分为单眼和复眼两种。昆虫可以同时具有单眼和复眼，也可以只有单眼或复眼。

单眼（见图4—5）：分为背单眼和侧单眼。背单眼为一般成虫和不完全变态类若虫所具有，生于两复眼之间，与复眼同时存在，可以有1～3个；侧单眼为完全变态类昆虫的幼虫所具有，位于头部两侧，不与复眼同时存在，数目一般为1～7对不等。

复眼（见图4—6）：昆虫的成虫和不完全变态类的若虫头部都有一对复眼，部分低等昆虫、穴居或寄生昆虫的复眼退化或消失。复眼由许多小眼组成，复眼中的小眼面一般呈六角形，小眼面的数目、大小和形状在各种昆虫中变异很大。昆虫的复眼可以由几个到几万个小眼组成。

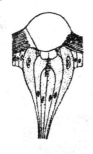

图4—5 昆虫单眼的构造

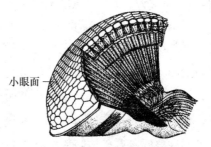

小眼面

图4—6 昆虫复眼的构造

3. 口器

口器是昆虫的取食器官，也称取食器。昆虫的食性分化十分复杂，有的以固体为食，有的以液体为食，因此形成了多种口器类型。了解昆虫的口器，可以帮助判断害虫类型，选择合适的药剂来防治害虫。

（1）口器构造。一般由上唇、上颚、下颚、下唇、舌五部分组成。

（2）口器类型。各种昆虫由于取食方式不同，口器的构造也发生了相应的变异。昆虫口器主要有以下几种类型。

1）咀嚼式口器（见图4—7）：咀嚼式口器由上唇、上颚、下颚、下唇和舌等部分组成。具有此类口器的昆虫以固体为食，咀嚼植物（或动物体）的固体部分，如鳞翅目幼虫、天牛、蝗虫等。

2）刺吸式口器（见图4—8）：此类口器特化成口针和喙，用以吸食液体。具有此类口器的昆虫以液体为食，可以刺吸植物汁液，如蚜虫、蜻类、蝉的口器。

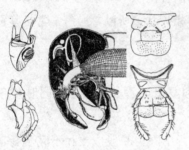

图4—7　咀嚼式口器　　　　　　　　　图4—8　刺吸式口器

3）虹吸式口器（见图4—9）：为鳞翅目成虫所特有，外观上是一条能卷曲和伸展的喙，适于吮吸水分或果汁，如蝴蝶成虫和蛾类的口器。

4）舐吸式口器（见图4—10）：双翅目蝇类具有的口器。

5）嚼吸式口器（见图4—11）：既能咀嚼固体食物又能吸食液体食物的口器，为部分膜翅目昆虫所特有，如蜜蜂等。

了解昆虫口器的类型具有十分重要的理论与实践意义。掌握了昆虫的口器类型，我们可以识别昆虫的种类，了解害虫的为害特性与药剂防治的关系，以及昆虫口器的分化与其对食物的适应方面的关系等。例如，对昆虫口器比较熟悉的园林工作者，提起虹吸式口器的昆虫就自然会想到鳞翅目的蝴蝶和蛾类，提到舐吸式口器则会

图4—9　虹吸式口器

想到这是双翅目蝇类昆虫所特有的。具有咀嚼式和刺吸式口器的昆虫是相当多的，在昆虫分类中常用以区分大的类别。咀嚼式口器的昆虫常使植物受害部位遭到破损。如蝗虫把植

图 4—10　舐吸式口器　　　　　　　　　图 4—11　嚼吸式口器

物的叶片咬成缺刻，甚至把茎秆吃光；蛴螬在地下咬食植物根部；天牛把树干钻出一些孔洞。它们直接造成损失，为害状态很明显，易引起人们重视。刺吸式口器的昆虫取食后在植物表面不会出现上述各种为害状态，但可出现褪绿的斑点、卷叶、虫瘿等。表面看来被害植株仍然完整地存在，但因为水分、营养成分的损失，植株会出现生长发育不良，可以造成严重损失。熟练掌握了昆虫口器类型，我们只要调查研究植物的被害情状就可以判定是什么昆虫为害，有助于我们合理地选择和使用药剂，达到控制害虫、保护益虫，减少环境污染等目的。

二、昆虫的胸部

　　胸部是昆虫体躯的第二体段。昆虫的胸部明显由三个体节构成，由前向后依次为前胸、中胸和后胸。每一胸节着生有一对足，依次称为前足、中足和后足。大多数昆虫的中胸和后胸还着生有一对翅，分别称为前翅和后翅。足和翅都是昆虫的行动器官，所以胸部是昆虫的运动中心，也是昆虫身体的重心所在。

1. 足

　　足是昆虫用以行动的重要器官，由 6 节构成，从基部到端部依次称为基节、转节、腿节、胫节、跗节和前跗节，如图 4—12 所示。各种昆虫由于生活环境和生活方式的不同，足的功能有了相应的改变，从而使足的形状和构造发生了各种演变，常见的有以下类型（见图 4—13）。

　　步行足：步行足是昆虫中最常见的一种足，通常较细长，各节无显著变化，适于行走，如瓢虫、草履蚧、蟑螂等的足。

　　捕捉足：此类足形似折刀，用于捕捉猎物，如螳螂和猎蝽等的捕捉足。

　　跳跃足：腿节特别膨大，胫节细长，末端有距，当腿节内肌肉收缩时，折在腿节下面的胫节可以突然直伸，使虫体向前和向上跳起，如蝗虫、蟋蟀和跳甲等昆虫的后足。

　　开掘足：胫节宽扁，外缘具齿，状似靶子，适于掘土，如蝼蛄、金龟子等土中生活的

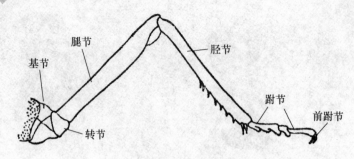

图 4—12　胸足的基本构造

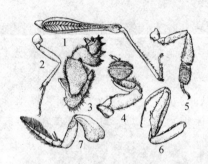

图 4—13　胸足的类型

1—跳跃足　2—步行足　3—开掘足　4—抱握足　5—携粉足　6—捕捉足　7—游泳足

昆虫的前足。

胸足的类型常可用以推断昆虫的栖息场所和生活习性，因此可作防治害虫和利用益虫的参考，同时也是识别昆虫种类的重要体态特征。

2. 翅

翅是昆虫用来飞行的器官。翅的发生使昆虫在觅食、寻偶、扩大分布、逃避敌害等方面获得了优越的竞争能力，是昆虫成为最繁杂的动物类型的重要条件。昆虫一般具有 2 对翅，分别着生于中胸和后胸，但有些昆虫的翅已经退化或只剩一对翅（蝇类）。在各类昆虫中，翅有多种多样的变异，因此，昆虫的翅又可分为很多类型，如图 4—14 所示。

鳞翅：翅的质地为膜质，但翅上有许多小鳞片，如蛾类、蝶类的翅。

鞘翅：甲虫类昆虫的前翅全部骨化，见不到翅脉，坚硬如鞘，不用于飞行，只用来保护身体，如天牛、瓢虫等昆虫的前翅。

膜翅：翅膜质，薄而透明，翅脉明显可见，如蜂类和蜻蜓的前后翅，蝇类的前翅，甲虫、蝗虫和蝽的后翅等。

半鞘翅：前翅基半部骨化，端半部仍为膜质，有翅脉，如蝽类的前翅。

缨翅：翅的边缘生有很多长毛，如蓟马的翅。

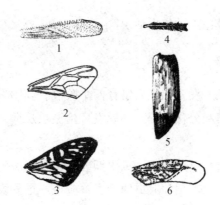

图4—14 翅的类型

1—复翅 2—膜翅 3—鳞翅 4—缨翅 5—鞘翅 6—半鞘翅

研究翅的变化和类型在生产实践中具有重要意义。如蚜虫出现无翅型时说明生活条件适宜，预示着虫只数量将要大增；相反，出现有翅型时表示生活条件不适宜，一时数量不会大增，预示着将要迁飞扩散，扩大危害。

三、昆虫的腹部

腹部是昆虫的第三体段。腹部里面包藏着昆虫主要的内脏器官，末端着生外生殖器和尾须，所以腹部是昆虫内脏活动和生殖的中心。昆虫的腹部一般由9~11个腹节构成。

 学习单元2 昆虫的生物学特性

 学习目标

➤了解昆虫的发育及其特性

➤掌握昆虫的世代和生活史的概念

➤熟悉常见昆虫的习性，并能够在实际工作中加以应用

 **知识要求**

昆虫的生物学特性主要讨论的是昆虫的个体发育史，包括昆虫从生殖、发育直至成虫各时期的生命特性，还讨论昆虫在一年中的发生特点（年生活史）。本单元主要介绍昆虫

的幼期、成虫期的特性以及昆虫的年生活史。

一、昆虫的发育和变态

　　昆虫的发育可以分为胚胎发育和胚后发育两个阶段。胚胎发育指的是在昆虫卵的内部所进行的一系列的细胞分裂和分化过程。胚后发育指昆虫从卵中孵化出来，一直到羽化为成虫的整个发育过程。

　　昆虫的变态指在胚后发育过程中，昆虫由卵经幼虫期状态转变至成虫状态的现象。如果昆虫的一生要经历卵、幼虫、蛹和成虫四个发育阶段，这种发育叫做完全变态；有些昆虫的一生只经历卵、若虫和成虫三个阶段，叫做不完全变态，如图4—15所示。

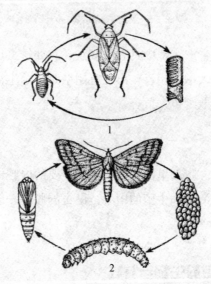

图4—15　昆虫的变态
1—不完全变态　2—完全变态

1. 卵期

　　卵自产下后到孵化为幼虫（或若虫）所经历的时间，称为卵期。卵期是昆虫发育的第一阶段，所有昆虫的生命活动都是从卵开始的。

2. 幼虫（或若虫）期

　　不完全变态类昆虫自卵孵化为若虫到成虫时所经过的时间，称为若虫期；完全变态类昆虫自卵孵化为幼虫到变为蛹时所经历的时间，称为幼虫期。在昆虫的发育过程中，幼期的明显特点是大量取食和以惊人的速率增大体积。从实践意义上说，由于幼期是大量取食的阶段，所以很多农林害虫的危害虫期都是幼虫期，因此幼期常常也是防治的重点虫期。植物保护工作者必须熟悉这一虫期。

（1）孵化。昆虫脱卵而出的过程称为孵化。初孵化的幼虫（或若虫）体壁中的外表皮尚未形成，所以身体柔软。昆虫的幼虫（或若虫）主要通过吞吸空气来伸展体壁，因此孵化不久的虫体就比卵要大得多。

（2）生长和蜕皮。昆虫自卵中孵出后，随着虫体的生长，经过一定的时间要重新形成新表皮，而将旧表皮脱去，这种现象称为蜕皮。脱下的那层旧表皮称为蜕。

昆虫的生长和蜕皮是相互伴随同时又交替进行的。每次蜕皮后，当虫体体壁尚未硬化时有一个急速生长的过程，随后生长又趋于缓慢，至下次蜕皮前几乎停止生长。蜕皮的次数常因昆虫种类的不同而各不相同。一种昆虫的蜕皮次数一般较为固定，但并非一成不变。一般而言，气温升高昆虫往往增加蜕皮次数。

刚从卵孵化出来到第一次蜕皮以前的幼虫（或若虫）称为第一龄幼虫（或若虫），经第一次蜕皮后的幼虫（或若虫）称为第二龄幼虫（或若虫），依此类推。这就是虫龄的概念。幼虫（或若虫）在相邻的两次蜕皮之间所经历的时间称为龄期。例如，某虫第一次蜕皮到第二次蜕皮经过3天，就叫做该虫的第二龄幼虫的龄期为3天。幼虫（或若虫）最后一龄时称为老熟幼虫（若再脱皮就变成蛹或成虫）。

（3）幼虫的类型。昆虫的幼虫从结构上也分为头、胸、腹三部分。完全变态昆虫的幼虫随种类的不同形态也各不相同，常见的昆虫幼虫主要有多足型、寡足型和无足型三种，如图4—16所示。

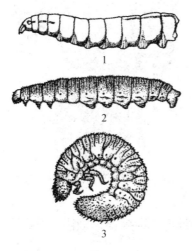

1

2

3

图4—16　幼虫的类型
1—无足型　2—多足型　3—寡足型

多足型：这类幼虫的特点是除具有发达胸足外，还具有腹足或其他腹部附肢，如鳞翅目的蛾类、蝶类及膜翅目的叶蜂类的幼虫。

寡足型：幼虫具有发达的胸足，但没有腹足及其他附肢，如金龟子、瓢虫等昆虫的幼虫。

无足型：这类幼虫没有胸足和腹足，有时甚至连头部也退化，如蝇类的幼虫及寄生蜂的幼虫等。

3. 蛹期

蛹是完全变态类昆虫由幼虫转变为成虫过程中所必须经历的一个静止状态。幼虫从化蛹时起到发育为成虫所经历的时间，称为蛹期。完全变态类昆虫的末龄幼虫在蜕皮变蛹前停止取食，寻找适合的化蛹场所，很多昆虫会吐丝结茧或营土室等场所。此后，末龄幼虫就不再活动，身体显著缩短，表皮逐渐脱离，脱掉后变成蛹。蛹期长短差异较大，少则几日，多则数月。

昆虫种类不同，蛹的形态也不同。昆虫的蛹一般分为离蛹、被蛹和围蛹三种类型，如图4—17所示。

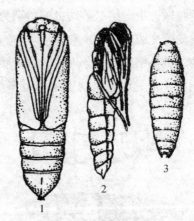

图4—17　蛹的类型
1—被蛹　2—离蛹　3—围蛹

（1）离蛹：又称裸蛹，特点是昆虫的附肢（触角、足）和翅等不紧贴身体，能够活动，如天牛、蜂类的蛹。

（2）被蛹：这种蛹的附肢和翅等器官紧贴蛹体，不能活动，大多数或全部腹节也不能活动，如蛾、蝶类的蛹。

（3）围蛹：实际上是一种裸蛹，幼虫最后脱下的皮包围于裸蛹之外，形成圆筒形的硬壳，如蝇类的蛹。

蛹期是个不活动的虫期，缺少防御和躲避敌害的能力，而蛹体内部却进行着剧烈的变化，很容易受外界不良条件的影响。因此，老熟幼虫在化蛹前常要寻找适当的庇护场所

（如树皮下、砖石缝内、土壤内、卷叶内、隧道内），有的则构造特殊的保护物。

4. 成虫期

成虫是昆虫发育的最后阶段，其主要任务是交配、产卵、繁衍后代。因此，昆虫的成虫期实际上是生殖时期。

（1）羽化：指成虫从前一虫态（完全变态昆虫的蛹或不完全变态昆虫的末龄若虫）蜕皮而出的过程。

（2）产卵期：成虫雌虫由开始产卵到产完卵所经历的时间称为产卵期。产卵期的长短依昆虫种类的不同变化较大。一般蛾类为 3～5 天，某些甲虫可达数月，白蚁类昆虫更长。

二、昆虫的世代和生活史

昆虫完成由卵到成虫性成熟并开始繁殖时为止的个体发育周期，称为世代。如图 4—18 所示。昆虫每一世代的划分是以卵的出现为标志。统计一年里发生的世代数以春季首次出现的卵为第一世代的开始，发育到第一代成虫为止称为第一世代，以后依次称为第二世代、第三世代……第 N 世代。不同种类的昆虫完成一个世代所需的时间差异极大。如蝉科的一些种类完成这一过程需几年时间；而蚜科的一些种类，在南方地区一年可完成数十代。一年完成一个世代的昆虫称为一代性昆虫；一年发生多代者，称为多代性昆虫。多代性的昆虫常由于发生期和产卵期相对较长，或越冬虫态出蛰期不集中，造成前一世代与后一世代个体重叠发生的现象，称为世代重叠。

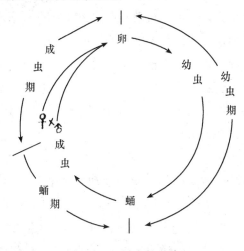

图 4—18 昆虫的世代

昆虫的生活史指昆虫由当年的越冬虫态开始活动起，到第二年越冬结束止的发育过程，又称年生活史。一年一代的昆虫，其年生活史的含义与世代相同。一年多个世代的昆虫，其年生活史就包括几个世代。了解并掌握昆虫的年生活史与世代方面的知识，对于害虫的防治具有重要意义。

三、昆虫的习性

昆虫的习性是昆虫生物学特性的重要组成部分。不同种类的昆虫往往具有不同的习性。如天牛类昆虫的幼虫均有蛀干习性，夜蛾类的昆虫一般有夜间出来活动的习性等。了解昆虫的这些习性之后，就可以加以利用来控制虫害的发生，所以，昆虫的习性是植保工作者制定害虫防控策略的重要依据。

1. 昼夜节律

昼夜节律是昆虫与自然中昼夜变化规律相吻合的节律。绝大多数昆虫活动（如飞翔、取食、交配）都有特定的昼夜节律。我们通常把白昼活动的昆虫称为日出性或昼出性昆虫，夜间活动的昆虫称为夜出性昆虫。蜻蜓、蝶类等均属日出性昆虫，大多数蛾类属夜出性昆虫。

2. 食性

食性就是昆虫取食的习性。按昆虫取食食物的性质，可将其分为植食性昆虫、肉食性昆虫及腐食性昆虫等类别。通常将以植物活体为食的昆虫称为植食性昆虫，以动物活体为食的昆虫称为肉食性昆虫，以动植物尸体、粪便等为食的昆虫称为腐食性昆虫，既吃植物性食物又吃动物性食物的昆虫称为杂食性昆虫（如蜚蠊）。对于园林植保工作者而言，掌握害虫的食性与防治直接相关，这可以帮助我们掌握害虫的来龙去脉。对害虫的天敌，掌握它们的食性是生物防治中选择天敌种类的重要依据。

在上述食性分化的基础上，还可以根据昆虫食物范围的广狭而进一步将其分为多食性昆虫、寡食性昆虫和单食性昆虫三种类型。在园林植物害虫中，能吃分别属于不同科的多种植物的称为多食性害虫，能吃属于一个科或个别近似科的若干种植物的称寡食性害虫，只能吃一种植物的称为单食性害虫。

3. 趋性

昆虫对某种刺激进行趋向或背向的有定向活动称为昆虫的趋性，如趋热性、趋光性、趋化性等。昆虫的趋性也可以为我们所利用。例如大多夜出性蛾类有趋光性；而蜚蠊类昆虫常在黑暗处，见光便躲，即有负趋光性（或称背光性）。用杀虫灯来杀灭害虫就是利用了害虫的趋光性。用糖醋酒溶液来引诱小地老虎是利用了其趋化性。

4. 群集性

群集性指同种昆虫大量个体高度聚集在一起的习性。许多类昆虫具有群集性，而不同种类的群集方式并不完全相同，有些是临时的群集，有一些则是永久的群集。临时群集的昆虫只是在某一虫态和一段时间内群集在一起，过后就分散；永久群集的昆虫则是终生群集在一起。害虫大量群集必然造成严重危害，掌握其群集规律，可为我们集中消灭害虫提供方便。

5. 拟态和保护色

拟态指一种动物呈现出与另一种动物很相像的外形或姿态，因而有利于保护自己的现象。

保护色指某些动物具有同它的生活环境背景相似的颜色，有利于其躲避捕食性动物的视线从而得到保护自己的效果（如枯叶蝶）。

第 2 节　园林植物常见害虫

园林害虫指直接以植物组织或植物汁液作为食料来完成自身发育的有害生物。园林害虫的种类繁多，不仅仅包括昆虫，还包括螨类、软体动物等。根据危害习性和危害部位的不同，我们可将其分为食叶性害虫、刺吸性害虫、钻蛀性害虫和地下害虫四类。

 学习单元 1　园林植物食叶性害虫

 学习目标

➤了解食叶性害虫的危害特点

➤能够根据食叶性害虫的主要识别特征识别常见的食叶性害虫

➤能够根据食叶性害虫的生活习性采取相应的防治措施

 知识要求

食叶性害虫指以植物的叶为食物，具有咀嚼式口器的害虫。此类害虫能咬断针叶、蚕食阔叶，造成缺刻或孔洞，影响绿化效果和绿化面貌。受害植物由于养分吸收受到影响，容易出现生长不良，甚至引起植株死亡。另外，部分食叶性害虫（如刺蛾、毒蛾等）的幼虫及成虫身上具有毒毛，侵害人体后容易引发疾病。因此，这类害虫对植物、环境和人体的危害极大。

一、黄刺蛾（见彩图 4—1）

【寄主】属多食性害虫，可危害悬铃木、樱花、榆树、榉树、桃、梅、梨、石榴等百余种植物。

【形态特征】成虫胸部黄色，前翅端部黄褐色，后翅黄色。雄虫体长 13～15 mm，翅展 30～32 mm，触角羽毛状；雌虫体长 15～17 mm，翅展 35～39 mm，触角丝状。卵近椭圆形，浅色。幼虫体长 19～25 mm，身体呈绿色，体背有紫褐色或深红色"握铃"形大斑纹，斑纹前后宽、中间细。蛹为椭圆形被蛹，棕褐色。茧坚硬，形如雀蛋，灰白色，有黑褐色纵条纹，多结在植物枝干上。

【生活习性】以幼虫取食植物叶片造成危害。初孵幼虫取食下表皮和叶肉，叶片上形成透明斑点；四龄以后取食叶片成孔洞，五、六龄幼虫能将叶片全部吃光，仅留叶脉。在上海地区一年发生 2～3 代，以老熟幼虫在寄主植物的树干上结茧越冬。第一代幼虫一般从 6 月上中旬开始为害，7 月为害较盛。第二代幼虫 8 月初开始孵化为害，幼虫老熟时便开始结茧越冬。

【防治措施】

1. 人工刮除虫茧，消灭在枝干上越冬的虫茧。

2. 在苗圃、公园、厂区等大面积种植绿化植物的地区于成虫发生期悬挂诱虫灯诱杀成虫。

3. 药剂防治可在幼虫发生期用灭蛾灵 600 倍液或灭幼脲 3 号 2 000 倍液或烟参碱 1 000 倍液喷雾防治。

二、丽绿刺蛾（见彩图 4—2）

【寄主】多食性害虫，能危害悬铃木、香樟、桂花等多种园林植物。

【形态特征】成虫前翅绿色，前翅外缘有暗棕色带状斑或直线，后翅淡黄色。雌虫体长 16.5～18 mm，翅展 33～43 mm，雄虫体长 14～16 mm，翅展 17～33 mm。卵扁椭圆形，黄绿色，长 1.4～1.5 mm。幼虫老熟时头褐红色，身体翠绿色，背线基色黄绿，背侧自中胸至第九腹节各着生枝刺一对，以后胸及腹部第一、七、八节枝刺最长，每个枝刺上着生黑色刺毛 20 余根；茧扁椭圆形，棕褐色，贴附在树干或大枝上。

【生活习性】以幼虫取食植物叶片造成危害。幼虫孵化后群集叶背，整齐排列，取食植物叶肉，残留上表皮，虫龄较大时逐渐分散为害，蚕食整张叶片。在上海地区一般一年发生 2～3 代，以老熟幼虫在茧内越冬。第一代幼虫 6 月中下旬开始为害，7 月底至 8 月初第二代幼虫开始为害。9 月份幼虫陆续老熟，结茧越冬。

【防治措施】

1. 采取人工刮除的方法，消灭在枝干上越冬的虫茧。

2. 利用黑光灯诱杀成虫。

3. 在幼虫群集为害期间，及时摘除有虫枝叶并销毁。

4. 药剂防治可在幼虫发生期用灭蛾灵 600 倍液或灭幼脲 3 号 2 000 倍液或烟参碱 1 000 倍液喷雾防治。

三、褐边绿刺蛾（见彩图 4—3）

【寄主】多食性害虫，危害多种园林植物。

【形态特征】成虫胸背部及前翅绿色，前翅基部和外缘暗褐色，后翅和腹部灰黄色。卵扁椭圆形，暗黄色。幼虫体黄绿色，体长 25 mm 左右，老熟时背面有两排较均匀的刺毛，尾端有四个黑色瘤状突起。茧壳较硬，圆筒形，栗棕色，多结在树木根部、草丛、松土、落叶、碎石、砖头等下面。

【生活习性】以幼虫取食植物叶片造成危害。初孵幼虫不取食，二龄幼虫后取食蜕下的皮及叶肉，三、四龄后吃穿叶表皮，叶片上形成孔洞，六龄后自叶缘向内蚕食叶片。在上海地区一年发生 2~3 代，以老熟幼虫在寄主周围的隐蔽处结茧越冬。第一代幼虫 6 月中下旬开始为害，7 月底至 8 月初第二代幼虫开始为害。9 月份幼虫陆续老熟，结茧越冬。

【防治措施】

1. 人工除虫茧，冬季或早春在被害寄主周围的松土层或砖石堆、墙角等处搜寻虫茧并销毁。

2. 用黑光灯在成虫发生期诱杀成虫。

3. 药剂防治可用灭蛾灵 600 倍液或灭幼脲 3 号 2 000 倍液或烟参碱 1 000 倍液喷雾。

四、桑褐刺蛾（见彩图 4—4）

【寄主】多食性害虫，能危害悬铃木、红枫、梅花、樱花、红叶李、桃树等多种园林植物。

【形态特征】成虫体褐色至深褐色，体长 15~18 mm，翅展 31~39 mm，成虫前翅上有两条褐色斜纹，将翅分成 3 段。卵黄色，扁椭圆形，长约 2 mm。老熟幼虫体色黄绿，背线蓝色，体长 23~35 mm，中胸至第九腹节每节的背部着生有枝刺一对，其中有四对特别长。蛹褐色，卵圆形，长约 15 mm。茧椭圆形，灰白色或棕褐色，分布于地下的根际周围。

【生活习性】以幼虫取食植物叶片造成危害。低龄幼虫取食叶肉，留下透明表皮；虫龄稍大后咬破叶片形成孔洞或缺刻；四龄后多沿叶缘蚕食。幼虫老熟后到树下寻找适宜场所结茧越冬。在上海地区一年发生 2～3 代，以老熟幼虫在寄主周围的土中越冬。第一、二代幼虫通常分别于 6 月中旬和 8 月下旬开始为害。

【防治措施】

1. 冬季或早春，在被害寄主周围的松土层或砖石堆、墙角等处搜寻虫茧并销毁。

2. 成虫发生期用黑光灯诱杀成虫。

3. 在低龄幼虫发生期间，人工剪除有虫枝叶并销毁。

4. 药剂防治可用灭蛾灵 600 倍液或灭幼脲 3 号 2 000 倍液或烟参碱 1 000 倍液喷雾。

五、扁刺蛾（见彩图 4—5）

【寄主】多食性害虫，能危害悬铃木、香樟、榆树、珊瑚、大叶黄杨等多种园林植物。

【形态特征】扁刺蛾成虫翅灰褐色，体长 14～17 mm，前翅自前缘顶角处向后缘中部有一条明显的褐色斜纹。老熟幼虫体长 20～27 mm，扁平，长圆形，虫体翠绿色，背中间隆起，背部有白色线条贯穿头尾，线两侧有蓝绿色窄边，两边各有橘红至橘黄色斑点一列。茧壳厚，暗褐色，椭圆形，长 13～16 mm，结在根部周围。

【生活习性】在上海地区 1 年发生 2～3 代，以老熟幼虫在浅土层中结茧越冬，成虫期一般在 5 月和 7 月中旬至 8 月，幼虫严重危害期一般在 5—7 月和 7—9 月。以幼虫取食植物叶片造成危害。初孵幼虫先食卵壳，二龄后转至叶背取食叶肉，六龄幼虫取食全叶仅留叶柄。发生严重时，能将全株吃光，影响园林景观和树体生长。

【防治措施】

1. 冬季消灭越冬虫茧。

2. 成虫发生期用杀虫灯诱杀成虫。

3. 幼虫发生期用药防治，药剂可选用灭蛾灵 600 倍液或苏力保 600 倍液或灭幼脲 3 号 2 000 倍液或烟参碱 1 000 倍液喷雾。

六、樟巢螟（见彩图 4—6）

【寄主】主要危害香樟。

【形态特征】成虫体灰褐色，体长约 12 mm，翅展 23～30 mm，前翅深棕褐色，有两条深褐色波纹状条纹，并镶有灰黄色边。卵块集中排列成鱼鳞状，淡褐色、略黄。低龄幼虫头部棕褐色，体灰白色，长 5 mm 左右，随着虫龄增长体色也逐渐加深；老熟幼虫体长 22～30 mm，体褐色，有两条黄色背线。蛹长 10～15 mm，棕褐色，纺锤形。茧扁椭圆形，土褐或土黄色，长 8～14 mm，宽 4～10 mm。

【生活习性】幼虫群集为害。幼虫将叶片黏缀在一起形成虫巢，虫体在内部取食。危害初期的虫巢较小，仅由 2～3 片叶子组成，随着虫龄增加虫巢也越来越大，从远处看状似"鸟巢"，每巢中有幼虫 20～30 头。在上海地区每年发生 2 代，以老熟幼虫在树冠下的浅土层中结茧越冬。第一、二代幼虫分别在 6 月上旬、8 月中旬左右开始发生危害，9 月中旬以后幼虫陆续老熟，开始入土结茧越冬。幼虫具有吐丝下垂习性，当虫苞内的幼虫受到惊扰时会吐丝下垂。

【防治措施】

1. 用黑光灯在成虫发生期诱杀成虫。

2. 在幼虫发生初期，发现 2～3 片叶子黏缀在一起时开始用药剂防治，防治药剂可用灭幼脲 3 号 2 000 倍液或烟参碱 1 000 倍液喷雾。

3. 9 月中旬以前，人工钩除虫巢并集中销毁。

七、黄杨绢野螟（见彩图 4—7）

【寄主】危害瓜子黄杨和雀舌黄杨。

【形态特征】成虫体长 20～30 mm，翅展 40～50 mm，身体的大部分密被白色鳞片，前胸、前翅基部、前缘、外缘、后翅外缘、腹部末端被黑褐色鳞毛，翅面半透明，有紫红色闪光。卵椭圆形，长 1.5 mm，淡黄绿色至黑褐色。幼虫圆筒形，老熟时体长约 42 mm，头部黑褐色，胸、腹部浓绿色，体表有光泽，有毛瘤及稀疏的毛刺。蛹纺锤形，长 18～20 mm，初化蛹时为翠绿色，后呈淡青色、棕褐色或白色。茧卵圆形，长约 25～27 mm。

【生活习性】该虫以幼虫取食植物叶片造成危害，低龄时取食嫩叶，虫龄较大后取食老叶。幼虫取食期间常用丝将叶片连接起来，为害严重时可将整株叶片吃光，植株远看呈枯死状。在上海地区一年发生 3 代，以低龄幼虫在以寄主的 2～3 张叶片构成的虫苞内越冬，幼虫越冬期间若遇温度较高的天气会外出取食。3 月下旬开始，越冬代幼虫为害逐渐严重。其他各代虫龄发育不整齐，6—9 月均有发生。

【防治措施】

1. 在化蛹期间，人工摘除虫蛹并集中销毁。

2. 幼虫防治以越冬代幼虫防治为主。当越冬代幼虫开始为害时，用烟参碱 1 000 倍液或灭幼脲 3 号 2 000 倍液喷雾防治。其他时期发现危害时也应及时防治。

八、斜纹夜蛾（见彩图 4—8）

【寄主】白花三叶草、马蹄金、高羊茅、金边吊兰、紫叶鸭跖草等多种草坪及地被植物。

【形态特征】成虫体长 16～22 mm，全体灰褐色，翅展 35～46 mm。前翅灰褐色，多斑纹，为灰白或青灰白色斜纹，从前缘中部到后缘有一灰白宽带状斜纹。后翅白色，带有红色闪光，外缘有一褐色线。仅翅脉及外缘暗褐色。卵半球形，直径约 0.5 mm，表面有纵横脊纹，黄白色。卵成块，外覆黄褐色绒毛。老熟幼虫体长 33～51 mm，体色因虫龄、食料、季节而变化。初孵幼虫呈绿色，2～3 龄呈黄绿色，老熟时多有黑褐色。背线和亚背线橘黄色，中胸至第 9 节亚背线内侧有半月形或三角形黑斑 1 对，中后胸黑斑外侧有橘黄色圆点。蛹圆筒形，赤褐色，长 18～22 mm，气门黑褐色，腹部第 4～7 节前缘密布圆形刻点，末端臀刺 1 对。

【生活习性】以幼虫取食叶片造成危害。该虫世代重叠比较明显，通常可同时见到各种虫龄的幼虫，发生严重时可在短期内将叶片全部吃光。初孵幼虫常数十、数百条群集于叶背，将叶肉吃光，留上表皮；三龄后分散，四龄后暴食，日间静伏寄主中、下隐蔽处或表土中，早晚及夜间取食。成虫对糖、醋、酒等发酵物有很强趋性，对黑光灯趋性很强。另外，该虫对化学药剂的抗性较强，虽加大浓度仍难将其杀死。

【防治措施】

1. 灯光诱杀

斜纹夜蛾的成虫趋光性较强，可用杀虫灯在成虫发生期进行诱杀。

2. 悬挂斜纹夜蛾诱捕器，利用性信息素诱杀成虫。

3. 幼虫期防治

该虫虫龄较大时具有暴食习性，因此应及早防治，在虫龄较小时用药。

另外，该虫对一般的有机磷等化学药剂的抗药性较强，可用病毒杀虫剂虫瘟一号 1 000 倍液进行喷雾防治。

九、重阳木锦斑蛾（见彩图 4—9）

【寄主】重阳木。

【形态特征】成虫体长 17～24 mm，翅展 50～70 mm。头、胸、腹大部分为红色。前翅基部下方有一红点，后翅翅基至翅顶蓝绿色，端部黑色。卵圆形，稍扁，初为乳白色，孵化时淡灰色。幼虫体具枝刺，老熟幼虫体长 22～24 mm，浅黄色，背线淡黄色，由头至腹末各节上有大小不等的 2 个椭圆形黑斑，亚背线上各节各有 1 个椭圆形斑；中、后胸各有枝刺 10 个，腹部第一至八节各有 6 个枝刺，第九节 4 个枝刺。蛹黄色。茧丝质，黄白色。

【生活习性】在上海地区一年三代，以老熟幼虫在树皮缝、树洞、石块下、枯落叶上结茧越冬。4 月下旬可见越冬代成虫。成虫白天在重阳木树冠或其他植物丛上飞舞，吸食补充营养。卵产于叶背。低龄幼虫在叶背群集危害，高龄后分散危害，严重时可将叶片吃光，仅残留叶脉。老熟幼虫部分吐丝坠地做茧，部分在叶片上结薄茧。3 代幼虫为害期分别为 6 月下旬、7 月上中旬、8 月中旬至 9 月中下旬。

【防治措施】

1. 树干涂白，杀灭在树皮内越冬的幼虫。

2. 越冬前树干束草诱杀越冬幼虫，并清除枯枝落叶及石块下等处的越冬蛹茧。

3. 药剂防治：幼虫发生期可用烟参碱 1 000 倍液或灭幼脲 3 号 2 000 倍液进行喷雾防治。

 学习单元 2　园林植物刺吸性害虫

 学习目标

➤ 了解刺吸性害虫的危害特点

➤ 能够根据刺吸性害虫的主要识别特征识别常见的刺吸性害虫

➤ 能够根据刺吸性害虫的生活习性采取相应的防治措施

 知识要求

刺吸式害虫指以植物汁液作为食物的一类害虫。刺吸式害虫的口器特化成为口针，危害植物时不是明显切断或咬破植物的根、茎、叶、花、果实或种子，吞食植物组织，造成植物器官的残缺、破损，而是吸取植物汁液，掠夺植物生长所需的营养，造成生理伤害，使受害部分褪色、畸形、营养不良，甚至全株枯死。

这类害虫除直接造成植物伤害以外，还会给植物带来其他不良损伤。如在刺吸植物汁液过程中常常传播病菌和病毒，害虫为害时的排泄物通常诱发煤污病，从而影响植物的光合作用及正常生长。

刺吸式害虫是园林植物害虫中较大的一个类群，常见的有蚧虫类、蚜虫类、网蝽类、粉虱类、木虱类、蓟马类、叶蝉类、螨类等。

一、日本壶蚧（见彩图 4—10）

【寄主】广玉兰、香樟、白玉兰等植物。

【形态特征】雌成虫体长 3～4 mm，呈倒梨形，黄褐色，腹末尖细，背面隆起，腹面平坦。虫体大部分包被在半球形硬质蜡壳内，整个蜡壳外形似一紫藤编制的茶壶，因此又称为藤壶蚧。

【生活习性】在上海地区一年发生一代，以受精雌成虫在寄主植物的枝条上越冬。若虫孵化盛期一般在 5 月上中旬前后。该虫以成、若虫刺吸植物汁液造成危害。受害植物初期呈现营养不良，长势逐渐衰退，随着虫情越来越严重，部分枝条开始枯死。另外，该虫分泌的蜜露还会引起病菌滋生，形成大量的煤污病，影响植物正常的光合作用和周围的园林景观。

【防治措施】

1. 修枝

合理修枝，保持通风透光。

2. 盛孵期防治

在若虫的孵化盛期喷药防治。药剂可用花保 80～100 倍液或烟参碱 1 000 倍液或吡虫啉 2 000 倍液喷雾，7 天一次，连续 2～3 次。可以根据物候来判断盛孵期的时间。在上海地区，日本壶蚧盛孵期一般为广玉兰花苞长度达到 8～10 cm 时。

3. "树大夫"防治

若错过盛孵期的最佳防治时间，也可在其他时间用"树大夫"进行防治。

二、红蜡蚧（见彩图 4—11）

【寄主】枸骨、青枫、八角金盘、香樟、月桂等植物。

【形态特征】雌成虫外被很厚的蜡质蚧壳，初期玫瑰红色，后期紫红色。蜡壳径长 3～4 mm，顶端脐状，周缘瓣状，有四条白纹。卵紫红色，椭圆形，两端稍细，长 0.3～1 mm。初孵若虫体长 0.5 mm 左右，体淡赤褐色。

【生活习性】在上海地区一年发生一代，以受精雌成虫附着在寄主植物上越冬。若虫孵化盛期一般在 6 月上中旬左右。该虫以成、若虫刺吸植物汁液造成危害，寄生部位一般在植物枝条上，叶片上寄生的较少。受害植物长势逐渐衰退，部分枝条枯死，严重时可导致植物死亡。该虫的寄生还会导致植物煤污病的发生。

【防治措施】

1. 盛孵期防治

在若虫的孵化盛期喷药防治，药剂可用花保 80～100 倍液或烟参碱 1 000 倍液或吡虫啉 2 000 倍液喷雾。由于该虫一般边产卵边孵化，孵化期可长达 1 个多月，防治时可 7 天喷药一次，连续 3～4 次。

2. 冬防

一般在日平均气温达到 15℃ 以下时进行，用花保 50 倍液喷雾，10～15 天喷 1 次，连续 3 次，也可起到明显的杀虫效果。

3. "树大夫"防治

在雌成虫取食期间用"树大夫"防治。

三、栾多态毛蚜（见彩图 4—12）

【寄主】栾树。

【形态特征】无翅胎生雌蚜长卵圆形，体长约 3 mm，黄色或黄褐色；背面有深褐色"品"字形大斑。有翅胎生雌蚜体长约 3 mm，头、胸黑色，触角及足浅黑色，腹部黄色，有明显黑色横环纹；中胸背板上有 3 个黑瘤，呈三角形排列。卵椭圆形，黑色。若虫浅绿色，与无翅成蚜相似，体小而扁。

【生活习性】上海一年发生数代，以卵在芽苞、芽缝、树皮裂缝等处越冬。翌年 3 月上旬越冬卵孵化出若蚜，3 月下中旬开始胎生小蚜虫，出现大量有翅蚜，进行迁飞扩散，4 月中下旬至 5 月危害最为严重。栾多态毛蚜主要刺吸植物芽、茎、叶等幼嫩部位的汁液，使叶片扭曲、皱缩，并诱发煤污病，严重时可导致植株死亡。

【防治措施】

1. 合理修枝，保持通风透光。

2. 冬末在树体萌动前喷洒石硫合剂等，消灭越冬虫卵。

3. 春初嫩叶萌动时喷洒烟参碱 1 000 倍液或吡虫啉 2 000 倍液。在若蚜已经孵化但尚未大量繁殖出小蚜时喷施药液效果明显。

四、杭州新胸蚜（见彩图 4—13）

【寄主】上海地区主要危害蚊母。

【形态特征】有翅孤雌蚜头部及胸部黑色，体呈灰褐色，翅平覆体背，额瘤不明显。无翅孤雌蚜一龄时体较扁，灰黑色，蜕皮后体色变为嫩黄，身体变圆。

【生活习性】刺吸汁液为害，在蚊母叶片形成虫瘿，使叶表面呈现红色瘤状突起物，严重影响植物正常生长及园林景观。上海地区每年 11 月份侨蚜回迁蚊母上繁殖性蚜，性蚜交配后，雌蚜将卵产在芽缝中。3 月中旬卵孵化成为干母的若蚜，爬至蚊母的新叶叶背为害，使叶背上产生凹陷，叶面出现隆起，逐渐隆起变大成为虫瘿，将虫体包埋其中，虫瘿表面颜色由绿转红，大若豌豆。该蚜在蚊母上仅干母产生为害状，形成虫瘿。4 月中下旬干母在虫瘿内孤雌胎生，繁殖有翅迁飞蚜。5 月中旬虫瘿在叶背处破裂，有翅迁飞蚜飞出。

【防治措施】

1.3 月卵孵化，虫瘿尚未封口，是防治该蚜的有利时机，可喷施花保 80～100 倍液或杀虫素 2 000 倍液。

2.11 月喷施花保 80～100 倍液或杀虫素 2 000 倍液防治回迁的侨蚜。

3. 在 5 月有翅蚜迁飞以前，人工摘除有虫瘿叶片，集中销毁。

五、杜鹃网蝽（见彩图 4—14）

【寄主】危害杜鹃。

【形态特征】成虫体长约 3.6 mm，宽约 1.9 mm，头部褐色，有头刺 5 枚，灰黄色，翅面布满网状花纹，两翅中间相合时可见一明显的"X"形纹。卵乳白色，长约 0.52 mm，宽约 0.17 mm，香蕉形，顶端呈袋口状，末端稍弯。若虫老熟时体扁平，长约 2 mm，宽约 1 mm，体暗褐色，前胸发达，翅芽明显，复眼发达，红色，头顶具 3 根呈等腰三角形排列的笋状物。

【生活习性】该虫以成、若虫在杜鹃等植物的叶背刺吸汁液为害。受害叶片正面形成白色斑点，叶背出现黄褐色污斑（为其排泄物所致）。植株受害后长势衰弱，叶片早落，影响植株生长和开花。该虫在上海地区一年发生数代，以成、若虫在寄主上越冬，卵产于叶背主脉两侧的组织中，若虫期群集为害。

【防治措施】

1. 保护和利用天敌

杜鹃网蝽的天敌有草蛉、蜘蛛、蚂蚁等。当天敌数量较多时，应注意加以保护和利用。

2. 药剂防治

可用杀虫素 2 000 倍液或吡虫啉 2 000 倍液在成、若虫高发期喷雾防治。

六、悬铃木方翅网蝽（见彩图 4—15）

【寄主】悬铃木。

【形态特征】雌成虫体长 3.3～3.7 mm，宽 2.1～2.3 mm，雄成虫个体稍小。成虫虫体乳白色，头兜发达，复眼凸出，前翅前缘具明显刺列，基部强烈上卷，近长方形，头顶及腹面黑褐色，足和触角浅黄色；卵长约 0.4 mm、宽约 0.2 mm，乳白色，茄形，顶部有卵盖，卵盖椭圆形，褐色，中部稍拱突。末龄若虫体长 1.65～1.87 mm，宽 0.88～1.08 mm，腹部黑褐色，背面中央纵列 4 枚单刺，两侧各具 6 枚 2 叉刺突。

【生活习性】该虫以成、若虫在悬铃木叶背刺吸汁液为害，受害叶片正面形成白色斑点，叶背出现黄褐色污斑（为其排泄物所致）。植株受害后长势衰弱，并提早落叶。该虫在上海地区一年发生5代，主要以成虫在悬铃木树皮裂缝内、地面枯枝落叶以及树冠下绿篱中越冬。越冬代成虫于翌年4月中下旬开始在悬铃木下层叶片背面取食，在补充适量营养后进行交配、产卵。卵产于叶背主脉与侧脉交叉处叶肉组织内。第二代开始世代重叠明显。10月开始逐步进入越冬。

【防治措施】

1. 保护和利用天敌。悬铃木方翅网蝽的天敌有蜘蛛、蚂蚁等，应注意加以保护和利用。

2. 药剂防治。发生期可用杀虫素或吡虫啉2 000倍液进行叶面喷雾。越冬代成虫期可选用渗透性强的药剂进行树干喷刷。

3. 在有条件的地方，冬季树干涂白也可在一定程度上降低成虫的越冬基数，起到防治的作用。

4. 合理修剪，增强通风透光性。

七、青桐木虱（见彩图4—16）

【寄主】梧桐。

【形态特征】成虫体长4～5 mm，黄绿色，复眼突出呈半球形，褐色，触角黄色；翅无色透明，翅脉茶黄色；腹背淡黄色，各节前缘褐色带状。卵呈纺锤形，长0.5～0.8 mm，略透明，初产时黄色或黄褐色，孵化前淡红褐色。若虫初孵时长方形，黄色或绿色；老熟若虫茶黄色，微带绿色，长3.0～5.0 mm，近圆筒形，身上覆盖白色絮状物，翅芽明显可见，翅芽间有一对黑色斑点。

【生活习性】1年发生2～3代，以卵在枝干上越冬。越冬卵4月下旬到5月上旬陆续孵化为若虫，若虫期30多天，第一代成虫6月上旬羽化。以后各世代发育不整齐，前后代有重叠现象。成虫、若虫均有群集性，往往几十头集在嫩梢或聚居在叶背棉絮状白色蜡质物中。该虫成、若虫吸食树液，破坏输导组织。若虫分泌的白色棉絮状蜡质物也会堵塞叶面气孔，影响叶的生长。虫体排泄物可导致霉菌寄生，诱发煤污病。

【防治措施】

1. 在早春叶背出现白色棉絮状物的初期，喷施杀虫素或吡虫啉2 000倍液防治。

2. 保护瓢虫、草蛉等天敌。

八、二斑叶螨（见彩图 4—17）

二斑叶螨又名二点叶螨、棉红蜘蛛，属于刺吸性有害生物，主要对植物造成刺吸危害，但它不属于昆虫，如图 4—19 所示。

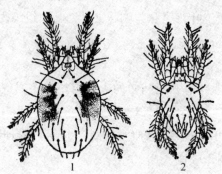

图 4—19　二斑叶螨
1—雌成螨　2—雄成螨

【寄主】月季、蔷薇、桃、李、柑橘、木槿等多种园林植物。

【形态特征】雌成虫体长 0.5～0.6 mm，体背面呈卵圆形，体色通常呈淡黄色或黄绿色，密度过大或种群迁移前渐呈橙色，体背两侧各有深褐色斑纹一块；雄成虫体长 0.3～0.4 mm，略呈菱形。卵圆形，直径 0.13 mm 左右，初产时乳白色略透明，逐渐变为橙黄色，将孵化时透过卵壳可见两个红色眼点。幼螨初孵时白色，取食后暗绿色，足 3 对。若螨黄绿色，足 4 对。

【生活习性】一年发生世代数各地不一，我国南方一年可发生 20 代以上。幼螨、若螨、成螨都能危害植物，用口针刺入植物组织吸取植物汁液，使叶面先出现褪色黄点，后变成黄褐色斑。为害严重时，叶片布满丝网，提前脱落。

【防治措施】

1. 加强田园管理，清除周围杂草，适时施肥浇水。

2. 随时检查植物叶面出现的黄色斑点。在叶背成螨、幼螨初发阶段及时摘除被害叶片，可有效防止其扩散蔓延。

3. 选用一些高效、低毒的杀螨剂在卵期或若虫期施药效果较好。

学习单元3 园林植物钻蛀性害虫

 学习目标

➤了解钻蛀性害虫的危害特点

➤能够根据钻蛀性害虫的主要识别特征识别常见的钻蛀性害虫

➤能够根据钻蛀性害虫的生活习性采取相应的防治措施

 知识要求

　　钻蛀性害虫的种类包括蛀干、蛀茎、蛀新梢以及蛀蕾、花、果、种子等的各种害虫，主要有天牛类、木蠹蛾类、白蚁类等。钻蛀性害虫可对行道树、庭院树及很多花灌木造成严重危害。

　　钻蛀性害虫的危害特点是：整个幼虫阶段均在植物体内部蛀食，外表不易察觉，防治难度大。因此，对于这类害虫应采取综合防治措施。

一、星天牛（见彩图4—18）

　　【寄主】危害杨树、柳树、悬铃木、樱花、海棠、桑、紫薇、合欢等植物。

　　【形态特征】成虫体黑色，有光泽，体长19～39 mm，鞘翅基部密布黑色颗粒，鞘翅表面分布许多细绒毛组成的白色斑点，呈不规则排列。幼虫淡黄白色，老熟幼虫体长45～67 mm，前胸背板前方左右各有一黄褐色飞鸟形斑纹，后方有一块黄褐色"凸"字形大斑纹，略隆起。

　　【生活习性】在上海地区一年发生一代，以幼虫在寄主植物的木质部内越冬。幼虫孵化后首先在树干皮下蛀食（蛀食部位有时也可达根部），随着虫龄增大开始蛀入木质部，并在木质部上下蛀食。该虫在皮下蛀食时会有酱油状汁液流出，可作为该虫为害的标志。成虫羽化后首先咬食嫩枝的皮层、叶片等补充营养，然后在树干上产卵。卵多产于树干基部和主侧枝下部，产卵处树皮表层隆起裂开，呈"L"或"⊥"形伤口。

　　【防治措施】

　　1. 成虫期进行人工捕捉或喷洒绿色威雷。天牛成虫羽化后常伏于树干上补充营养或产卵，此时可进行人工捕捉并将其杀死或喷洒绿色威雷进行防治。

2. 产卵期锤杀或挖除虫卵。各种天牛产卵后会留下不同形状的产卵疤，根据此特征可进行人工锤杀或挖除虫卵。

3. 韧皮部危害期防治。天牛的初孵幼虫一般在植株的韧皮部蛀食为害，此时可人工挖出幼虫进行防治。

4. 幼虫钻入木质部后，在有排泄物的蛀入部位用钢丝钩除或用果树宝灌注。

5. 修补树洞，防止天牛产卵寄生。

二、云斑天牛（见彩图 4—19）

【寄主】危害悬铃木、榆树、女贞、白蜡、垂柳、桑、枫杨等园林植物。

【形态特征】成虫体灰黑色，体长 35～69 mm，前胸背板有两个肾形白斑，鞘翅基部密生瘤状颗粒，鞘翅有大小不等的云片状白斑，体两侧从复眼至最后一节各有一条白带。幼虫体长 70～80 mm，乳白色至淡黄色，头部深褐色，前胸背板淡棕色，略呈方形。

【生活习性】在上海地区 2～3 年发生 1 代，以幼虫、蛹和成虫在蛀道内越冬。幼虫孵化后蛀入韧皮部蛀食，受害处变黑，树皮胀裂，流出树液，由此排出木屑、虫粪。20～30 天后开始蛀入木质部，深达髓心后开始向上蛀食，蛀道略弯曲。

【防治措施】见"星天牛"。

三、桃红颈天牛（见彩图 4—20）

【寄主】危害桃树、红叶李、樱花、梅花、垂柳等植物。

【形态特征】成虫体黑色，有光泽，体长 26～37 mm，前胸部棕红色，前胸两侧各有刺突，背面有瘤状突起；鞘翅表面光滑，基部比前胸宽，后端较狭。老熟幼虫体长可达 50 mm，黄白色；前胸背板前半部横列 4 个黄褐斑块，每块前缘有凹缺；后半部侧缘各有一块呈三角形的黄褐色斑块。

【生活习性】主要以幼虫蛀入植物木质部为害。在上海地区 2～3 年发生一代，以幼龄或老龄幼虫在树干的蛀道内越冬。次年春暖花开时开始在树木韧皮部和木质部钻蛀为害，并向外排出大量红褐色虫粪及碎木屑，堆满树干基部地面。5—6 月为害最烈，严重时可将树干蛀空，造成树木暴死。6—7 月份羽化为成虫，成虫交配后将卵产于主干、主枝的树皮缝隙中。成虫的产卵期为 7 天左右，产完卵后不久即死亡。

【防治措施】见"星天牛"。

四、咖啡木蠹蛾（见彩图 4—21）

【寄主】桃树、樱花、茶花、海棠、石榴、大叶黄杨、无患子等植物。

【形态特征】成虫灰白色，体长 11～26 mm。雌蛾触角丝状，雄蛾羽毛状。翅上散生多个青蓝色斜条短纹，外缘具蓝黑色圆斑 8 个。老熟幼虫体长约 30 mm，暗紫红色，体上有多个黑色小瘤，瘤上着生白色细毛；头部橘黄色；前胸背板黑褐色，较硬；腹末臀板骨化程度较高，黑褐色。

【生活习性】上海一年一代，以老熟幼虫在被害枝蛀道内越冬。翌年 4 月开始活动，5 月中下旬开始化蛹，6～7 月份成虫出现，6 月上旬可见初孵幼虫。初孵幼虫从嫩梢端部或叶柄处蛀入，后转蛀到一、二年生枝条的近基部。侵入后先环蛀一周，再由髓心上蛀，并每隔一段距离向外蛀一排圆形排粪孔，排出黄白色、短柱形干燥虫粪。被蛀枝很快枯萎，易被风吹折。幼虫一生会多次转枝，造成多枝枯萎、折断。11 月上旬，幼虫开始在蛀道内越冬。

【防治措施】

1. 成虫羽化期，利用黑光灯诱杀成虫。

2. 及时剪除凋萎的蛀害枝条和从环蛀处折断的枝条。

3. 在有排泄物的蛀入部位用钢丝直接钩除幼虫，或用果树宝等药液灌注毒杀幼虫。

五、长足大竹象（见彩图 4—22）

【寄主】主要危害慈孝竹。

【形态特征】雌成虫体长 25～36 mm，雄成虫体长 26～41 mm，体橙黄色；前胸背板后缘中央有一个黑色斑，为不规则圆形，顶端呈箭头状；鞘翅臀角处有 1 个 45°的突出齿。卵长椭圆形，长 4～5 mm，初产时乳白色，后变为乳黄色，有光泽。初孵幼虫体长约 4 mm，乳白色。老熟幼虫体长 45～54 mm，淡黄色，头黄褐色，前胸背板有一定程度骨化，背板上有一个黄色大斑。

【生活习性】上海一年发生一代，以成虫在竹丛地下蛹室内越冬。6 月中下旬成虫出土（7 月下旬至 8 月上旬出土最盛，9 月下旬结束），6 月下旬至 10 月上旬幼虫取食为害。卵产于距笋尖 30～50 cm 处，通常 1 笋产 1 粒卵（少数 2 粒以上），深 5 mm 左右，产卵后笋箨纤维外露。7—9 月为幼虫为害高峰期。该虫为害可使当年新抽笋畸形或断头、折梢，不能成竹；危害严重时新生竹笋几乎无一幸免，竹丛 2～3 年后将全部枯萎。成虫具假死性。

【防治措施】

1. 利用成虫的假死性，清晨或黄昏时在竹笋上捕捉。

2. 及时拔出被蛀笋并消灭笋内幼虫。

3. 在出笋盛期喷绿色威雷 150～200 倍液，可保住部分竹笋。

学习单元 4　园林植物地下害虫

 学习目标

➤了解地下害虫的危害特点

➤能够根据地下害虫的主要识别特征识别常见的地下害虫

➤能够根据地下害虫的生活习性采取相应的防治措施

 知识要求

食根性害虫又称地下害虫，在苗圃及各种绿地中常常危害幼苗、幼树的根部或草坪的近地面部分，常见的有蛴螬、地老虎、蝼蛄等。

一、蛴螬（见彩图 4—23）

蛴螬是金龟子科昆虫的幼虫的通称。上海地区发生较普遍的种类有铜绿丽金龟、大黑鳃金龟等。

【寄主】食性一般比较复杂，可对多种园林植物的幼苗和根、茎造成危害，还可危害草坪、麦冬等地被植物。通常咬断植物根、茎，造成大面积死亡。

【形态特征】蛴螬体形肥胖，通常弯曲成"C"形；多褶皱，有 3 对胸足；身体乳白色或淡黄色，体长因种类而不同，一般为 5～30 mm；头部大而向下倾斜，高度骨化，呈红褐色。

【生活习性】多数种类 1～2 年发生 1 代，少数 1 年发生 2 代，还有少部分种类 4～6 年发生 1 代。以幼虫或成虫在地下 30～40 cm 处越冬。其活动受土温影响，土温在 17.7～23.9℃时活动最盛，危害最严重。该虫在上海地区一年有 2 次为害高峰，分别在 4—5 月份与 9—10 月份。

【防治措施】

1. 在适当的时候进行翻耕，人工捕捉土壤中的害虫。

2. 用黑光灯诱杀成虫。

3. 在幼虫为害期用毒液浇灌，毒杀幼虫。

二、小地老虎（见彩图 4—24）

小地老虎又称地蚕、土蚕、切根虫等。

【寄主】食性杂，为害 100 多种植物，对雪松、菊花等多种名贵花木的幼苗危害严重。小地老虎幼虫咬食植株根、茎，常造成植株死亡。

【形态特征】成虫体长 17～23 mm，翅展 40～50 mm，深灰褐色。前翅基部淡黄色，外缘颜色较黑；有两道横纹，分别为双线，黑色，波浪形；剑纹小，暗褐色，黑边；肾纹黑色，黑边，其外侧中部有一条楔形黑纹，伸至外横线。后翅白色，前缘、顶角及缘线褐色。卵形如馒头，直径约 0.5 mm，高约 0.3 mm，表面有纵横隆起纹，顶端有突出尖嘴；初产时乳白色，后渐成淡黄至深黄色。幼虫老熟时体长 37～50 mm，体略扁，黑褐稍带黄色，体表密布黑色圆形小颗粒；腹部每节背面有两对刚毛，后一对显著大于前一对；臀板黄褐色，上有 2 条深褐色纵带。蛹赤褐色，长 20～24 mm；腹部第五至七节前端背面有 1 列黑纹，纹内有小坑；腹部末端臀棘短，具短刺 1 对。

【生活习性】在长江流域一般一年发生 4～5 代，以蛹及幼虫在土中越冬。成虫白天潜伏于隐蔽物下，黄昏后开始活动。成虫羽化后 3～5 天即开始产卵，卵多产于株矮叶密的杂草上。成虫有强烈的趋光性和趋化性，特别喜欢酸、甜、酒味。幼虫二龄前群集于幼苗茎叶间取食嫩叶，三龄后分散活动，四龄时白天潜伏于表土层中，夜晚出土为害。土壤湿度是影响小地老虎发生的主要因素，土壤湿润的地区危害重，土壤较干的地区危害轻。

【防治措施】

1. 在发蛾盛期，用黑光灯或糖、醋、酒液诱杀成虫，是防治小地老虎有效而简便的方法。

2. 幼苗出土前，清除杂草并及时销毁，以防杂草上的幼虫转移到幼苗上为害。

3. 清晨巡视苗地，发现断苗时，人工捕杀幼虫。

4. 药剂防治可用灭幼脲 3 号 2 000 倍液或烟参碱 1 000 倍液在幼虫为害期喷雾。

第 3 节 病害基本知识

学习目标

➤ 了解植物病害的概念及发生过程

➤ 了解常见症状的类型

 **知识要求**

一、病害的概念

我们要做好园林植物病害的防治工作，应该具备一定的病害基本知识，在了解其发生发展规律的基础上，才能采取有效的防控措施。园林植物在其生长发育过程中，由于受病菌、其他有害生物或不良环境因素的影响，植株在生理上、组织上、形态上发生一系列反常变化，导致生长发育受到显著影响，甚至死亡，这种现象称为园林植物病害。

二、病原

导致植物发病的直接原因统称病原。病原按性质可分为侵染性病原和非侵染性病原，它们引起的病害分别称为侵染性病害（也叫传染性病害）和非侵染性病害（也叫生理性病害）。侵染性病原以真菌为主，其次为细菌、病毒、类菌质体、寄生性种子植物和植物寄生线虫等。因为它们都是生物，所以称为病原物。由非生物引起的非侵染性病原包括营养条件不适宜、土壤水分失调、温度不适宜、有毒有害物质等，如寒冷、日灼、旱、涝、缺肥及药害等。

三、侵染性病害发生过程

有些病害一年只进行一次侵染，主要是因为病菌一年只进行一次繁殖。通常这类病害的病菌在寄主组织中潜伏越冬，到翌年春季产生孢子。有些病害在一年中能发生多次侵染，因为病菌一年中能进行多次繁殖。这类病害的潜育期很短，症状表现后不久，病菌就在发病组织上产生大量分生孢子，通过各种媒介传播到健康的植物组织上，进行第二次侵染。如此不断进行一系列的侵染活动，到植物生长季节结束时，病菌才潜伏越冬。病菌从越冬状态开始活动进行的第一次侵染称为初侵染。由被侵染的病植物组织上产生的新孢子经风、雨或昆虫等媒介传播到健康植物组织上，从而进行的第二次侵染，以及后来继续发生的一系列侵染都称为再侵染。植物病害从一个生长季节开始发生到下一个生长季节再度发生要经过一次或多次侵染过程。这些侵染过程由病原体的传播或潜伏越冬串联起来，成为一个连续不断的链条，这个周而复始的过程称为侵染循环。侵染循环是研究植物病害发生和发展规律的重要内容。

四、植物病害的症状

植物发病均有一定的病理变化过程。首先在病害部位发生一些外部观察不到的生理变化，随后细胞和组织也发生变化。发病植物在外部形态上表现出的不正常的特征，称为症状。病原物在寄主发病部位产生的繁殖体或营养体称为病征。植物病害的症状具有相对稳定性，每一种病害的症状相对有自己的特点。症状往往是我们鉴别植物病害的重要依据之一，病征在诊断上更具重要价值。常见的植物病害症状有以下几类：

1. 变色

变色即植物的色泽发生改变，一般是由植物感病后叶绿素不能正常形成引起的，通常表现为叶片变为淡绿色、黄色甚至白色。若叶片全部褪绿则称为黄化或白化。在侵染性病害中，黄化是病毒类病害的重要特征。若叶绿素形成不均匀，叶片上出现深绿和淡绿互相间杂的现象，称为花叶，也是病毒类病害的一种症状类型。

2. 坏死

坏死指植物感病后出现细胞或组织局部或全部死亡的现象，常见的有腐烂、斑点、溃疡等症状。腐烂在植物的各个部分都可以发生，植物富有水分和营养的部分及处于休眠或停止生长状态的部分最容易发生腐烂现象。斑点常发生于叶片、果实及种子上，是组织局部坏死的表现。斑点的颜色有黄色、灰色、白色、褐色和黑色等。溃疡一般在植物枝干上局部发生。如韧皮部、木质部坏死形成凹陷病斑，周围常被木栓化愈伤组织所包围，这种病斑称为溃疡。

3. 枯萎

枯萎就是植物的根部或茎部的维管束组织遭到破坏而引起的萎蔫现象，表现为叶片变黄及早枯，或枝条和嫩梢干枯，水分输导收到阻碍而导致整株枯死。

4. 畸形

畸形即植物受到病原物的刺激后，细胞或组织过度生长或发育不足而引起的现象，常见的有缩叶、瘿瘤、丛枝等。缩叶表现为叶片皱缩，受害叶片伸长或增厚，叶脉不能平行发展，失去了原来的形状，如桃缩叶病、杜鹃叶肿病等。瘿瘤是植物被害处的细胞过度生长或增生，使枝条、树干和根部发生局部肿大造成的。丛枝是由于植物的主枝或侧枝的顶芽生长受抑制，侧芽、腋芽迅速生长，或不定芽大量发生引起的，如竹丛枝病、泡桐丛枝病等。

第4节 园林植物常见病害

 学习单元1　非侵染性病害

 学习目标

> 了解非侵染性病害的危害特点
> 能够识别香樟黄化病与日灼病
> 了解香樟黄化病与日灼病的发生规律和相应的防治措施。

 知识要求

非侵染性病害没有病原物参与，植物发病通常是由自身遗传因子异常或外界环境因子恶化引起的。这类病害在植株间不会传染，因此又称非传染性病害或生理性病害。

一、香樟黄化病（见彩图4—25）

【病原】

该病主要是种植地土壤不适宜香樟生长所致。常见的致病因素包括：土壤偏碱，土壤中有效铁的含量低，影响叶绿素合成，降低叶绿素含量；土壤黏重，地下水位高，使根系发育差，不能正常吸收营养，树体生长不良，引起黄化；香樟根部受伤严重，树势较弱，也可导致黄化病的发生。

【症状】

病树全年呈现黄化症状，以新梢生长期最为明显，新叶黄化重于老叶。因受害程度不同，病树单张叶片黄化程度和全树枝叶黄化程度有很大差异。发病初期叶缘稍褪绿，随病害加重变为黄绿色，并向叶肉扩大，叶脉颜色接近正常绿色；进而全叶变黄、变薄，仅中部叶脉保持淡绿色；然后叶色变黄、变白，边缘枯焦，直至全叶枯焦、脱落。受害轻的病树仅枝梢顶部叶片褪绿；受害重的树木由枝梢叶片开始变色，逐渐发展到全树叶片变黄、变小、枯焦、脱落，枝梢萎缩，树冠变小，数年后病树死亡。

【发生规律】

香樟黄化病属生理性病害，主要分布于土质偏碱地区。同一病因引起的黄化病，在上海较为常见的还出现在栀子花、杜鹃、红花檵木等多种植物上。同样环境条件下，新栽树黄化重于已栽多年的老树。

【防治措施】

1. 通过根施改善土壤条件。可施有机肥或施入适量含铁的肥料。

2. 直接给树体注入含铁元素的营养液。实践证明，注入"强力壮树"30～35 倍液，可快速改善植株黄化现象。

3. 通过叶面喷洒给植株追加铁元素，对香樟黄化病也有较好的防治效果。例如，在 5 月中下旬新梢生长期喷洒 0.2%～0.3% 的硫酸亚铁溶液 2～3 次，每 10～15 天喷一次。秋梢生长期也需喷药。

值得注意的是，目前对于香樟黄化病的治理基本上是采用补铁的方式，这虽能使植株黄化现象得以改善，却存在治标不治本的弊病，植株转绿后数年内仍有转黄的可能。

二、洒金桃叶珊瑚日灼病（见彩图 4—26）

【病原】

由太阳过度照射，高温灼伤引起。

【症状】

受害部位为嫩梢和叶片，通常为中上部叶片。叶片从尖端开始变为褐色、枯焦，枯焦部位可多达叶片的一半甚至全部。

【发病规律】

洒金桃叶珊瑚极为耐阴，夏季不耐太阳连续直射，如种植不当，夏季易发生大面积叶片灼伤。该病多发生于夏季炎热高温地区。

【防治措施】

尽可能选择有遮阳条件的地方种植。有条件的地方在夏季高温期可对植物进行遮阳保护。

特别提示

洒金桃叶珊瑚日灼病常与炭疽病同时发生。判别两种病害的重要依据是：日灼病在同一地块几乎所有的叶片同时受害，由病原菌引起的炭疽病则有明显的发病中心。日灼病叶片病斑均匀一致，没有轮纹，没有小黑点。

学习单元 2　侵染性病害

 学习目标

➤了解侵染性病害的危害特点

➤能够识别常见的侵染性病害

➤了解植物侵染性病害的发生规律

➤能够根据实际情况采取相应的防治措施

 知识要求

侵染性病害是由病原生物侵染植物引起的病害。因为病原物能够在植株间传染，因此又称传染性病害。

一、白粉病（见彩图 4—27）

【病原】

真菌性病害。

【危害范围】

危害狭叶十大功劳、石楠、大叶黄杨、紫叶小檗等园林植物。

【症状】

该病主要危害植物叶片和嫩梢。发病初期一般在叶片上出现白色斑点，随病情加重斑点逐渐增多，最后可导致整片叶子变白。病情严重时还可引起病部畸形、病叶皱缩等症状，甚至造成植株死亡。

【发生规律】

病菌以菌丝体、闭囊壳等在寄主的病芽、枝和落叶处越冬。该病在上海地区每年有两次发病高峰，春季条件适宜时开始发病（发病的适宜温度为 18～25℃），夏季温度高于30℃时可抑制病情的蔓延，秋季气温回调后病情又会加重。

【防治措施】

1. 加强检疫：不引进和种植带病植株。

2. 田间管理：对植株密度过大的地方及时进行抽稀修剪，增加植株间的通透性。

3. 药剂防治：可用腈菌唑或力克菌 2 000 倍液进行喷雾。药剂防治应选择在发病初期进行。

二、桧柏—梨锈病（见彩图 4—28）

【病原】

真菌性病害。

【危害范围】

危害海棠、梨、桧柏、侧柏等多种植物。

【症状】

危害柏科植物的小枝和梨科植物的叶片，在桧柏等植物上主要侵害小枝。小枝受害后形成球形或近球形的小瘿瘤，破裂后散发出冬孢子，经风雨传播后侵染海棠、梨等植物。在该类植物上为害时，初期叶片上形成橘红色病斑，随后形成锈孢子器。发病较重时，每片叶子上可形成数个锈孢子器。受害植株一般叶片早落，影响正常生长。

【发生规律】

病原菌转主寄生，冬季在桧柏等植物上越冬，次年早春产生孢子，经风雨传播侵染海棠、梨等蔷薇科植物。受侵染的蔷薇科植物一般在 3 月底到 4 月初发病。如遇到多雨天气，发病常加重。

【防治措施】

1. 为了减轻发病，应尽量将桧柏类植物和蔷薇科植物分开种植，距离最好在 5 km 以上。

2. 对于发病地区的植物应喷药防治。一般在 3 月中、下旬在柏树上喷药，4 月中、下旬在梨科植物上喷药，药剂可用粉锈宁 2 000 倍液或大生 600 倍液。

三、月季黑斑病（见彩图 4—29）

【病原】

真菌性病害。

【危害范围】

危害玫瑰、月季等蔷薇科植物。

【症状】

叶片、嫩枝、花梗均可受害。病斑为圆形，常有黄色晕圈包围，通常出现在叶子的正反面。受侵染的叶片常有变黄现象，早落。

【发生规律】

越冬病原菌在温、湿度适宜时随风雨传播，叶子保持湿润状态时病菌侵入叶内的机会更多，因此，该病在梅雨季节发生特别严重。在上海地区发病高峰期一般在 5 月份至 7 月上旬，8 月份以后病情开始减缓。

【防治措施】

1. 清洁田园

冬季清理花坛、花圃、花盆内的枯枝病叶，并把有病枝叶深埋或销毁，消灭初侵染源。

2. 药剂防治

春天新叶刚刚展开时喷洒杀菌剂进行保护，在梅雨季节（发病高峰期）喷洒杀菌剂进行防治。

四、白绢病（见彩图 4—30）

【病原】

真菌性病害。

【危害范围】

危害马蹄金、过路黄等地被植物及多种花卉植物。

【症状】

在地被植物上为害时，发病初期植株小面积枯死，若遇高温高湿天气，发病区域会迅速向四周蔓延，土表密布白色菌丝；发病后期形成颗粒状菌核。

【发生规律】

菌核是该病的初侵染源，在土壤和枯草层中越冬（夏）。该菌具有很强的抗逆性，能够随土壤及种苗的调运而进行远距离传播，菌丝在土壤中也能广泛传播，成为二次侵染源。此病为高温、高湿病害，适生温度一般在 25～35℃之间，一旦条件适宜便开始发病。

【防治措施】

1. 严格检疫，不从发病地区取土和引种。

2. 加强养护管理，做好绿地的排水工作，避免地表形成积水。

3. 及时清除发病地块，并进行深翻或换土。

4. 在发病地区周围喷药防治，药剂可用力克菌 2 000 倍液或百菌灵 800 倍液喷雾。

五、大叶黄杨叶斑病（见彩图 4—31）

【病原】

真菌性病害。

【危害范围】

危害大叶黄杨。

【症状】

病害在新叶上产生黄色小点，后扩展成不规则大斑，直径可达 1.5 cm。病斑中心黄褐色或黑褐色，上面密布黑色小点。病斑边缘隆起，褐色边缘较宽，在隆起的边缘之外还有延伸的黄色晕圈。发病严重时可引起叶片当年脱落，形成秃枝，甚至造成植株死亡。

【发生规律】

在上海地区一般 7 月初发生，8—9 月份趋于严重。病菌以菌丝或子座在病组织中越冬，病落叶和残留在干上的病叶是其潜伏场所。

【防治措施】

1. 春季新叶抽出前清除病落叶并销毁。

2. 发病季节喷力克菌 2 000 倍液或龙克菌 400～600 倍液防治。

六、草坪锈病（见彩图 4—32）

【病原】

真菌性病害。

【危害范围】

主要危害高羊茅、百慕大、细叶结缕草等草坪。

【症状】

发病初期，感病叶上出现黄色小点，并慢慢扩大成长圆形病斑；成熟病斑突起，内生夏孢子堆。成熟后表面破裂，散出橘黄色至黄褐色粉状夏孢子。秋冬季在感病叶片上可见黑色冬孢子堆。发病严重时，感病植株易干枯死亡。草坪感染锈病后，从远处看是黄色的。

【发生规律】

该病主要在春秋两季发生，侵染适温范围一般在 20～30℃。侵入寄主后 6～10 天出现明显症状，10～14 天后产生夏孢子，继续进行再侵染。上海地区 3 月中下旬就可见到病菌夏孢子堆，4 月中下旬进入病害发生高峰，6 月下旬至 7 月上旬停止发病，8 月下旬进入秋季病害高峰期。夏孢子可随气流远距离传播。在发病区，夏孢子随气流、雨水飞溅、人畜或机械携带等途径在草坪间和草坪内传播。草坪密度高、排水不畅、低洼积水均有利于发病。

【防治措施】

1. 选种抗病品种。

2. 增施磷、钾肥，适量施用氮肥。

3. 合理灌水，雨后尽快排水。

4. 发病后适时修剪，减少病菌基数。

5. 适期用药。常用的药剂有粉锈宁、力克菌 2 000 倍液等。

第 5 节　园林植物病虫害综合防治

 学习目标

➤了解园林植物病虫害综合治理的原理

➤了解综合治理的主要防治措施并能够科学合理地应用

 知识要求

植物病虫害综合防治指以生态学为基础，通过改善环境条件（使之成为不利于病虫害发生的环境）切断病原物的侵染循环，防治害虫和病原物侵染，从而保证植物健康生长的保护措施和行为。

"预防为主，综合防治"是园林植物病虫害防治的基本方针。在病虫害发生之前，应以"预防"为主，做到防患于未然；当病虫害已经发生时，则应当加以"控制"，以防其继续蔓延为害。在园林病虫害防治中应树立"防重于治"的观念，只有这样才能使植保工作处于主动地位，保护园林植物免受病虫害的侵袭。

日常工作中常用的园林病虫害防治技术有植物检疫技术、喷雾技术、树干注射技术、毒饵技术、物理防治技术等。这些防治技术各有其特点，有的是人为地限制病虫害的传播、蔓延以达到"防"的目的，有的是直接杀灭害虫，也有的是利用害虫在自然界中的天敌来控制害虫。实践证明，单独使用任何一种防治方法都不能有效地解决病虫害的问题，因此，实际工作中通常综合运用多种方法，对病虫害进行综合防治。

一、植物检疫

植物检疫是由国家颁布具有法律效力的植物检疫法规，并建立专门机构进行工作，目的在于禁止或限制危险性病、虫、杂草人为地进行传播蔓延。它是"预防为主，综合防治"方针的具体体现。近几年，随着绿化事业的不断发展，本地的花卉、苗木的供应已远远不能满足社会的需要，因此，各种花卉、苗木的异地调拨越来越频繁。这也为病虫害的传播蔓延创造了有利条件，如果不能及时采取措施，就很可能造成各种病虫害的人为传播，引起病虫害的大发生。因此，在苗木调运的过程中进行严格的植物检疫工作是十分必要的。

二、园林栽培管理

园林栽培管理以减少病虫的侵染来源，改善环境条件，营造利于植物生长的环境条件，增强植物的抗病虫能力为目的，主要措施包括：

1. 加强园圃管理

种植方面要讲究适地、适树，选用抗病虫品种。带病、虫的枝条、落叶应及时剪除和清理，以减少初侵染源。

2. 肥水管理技术

加强肥水管理可以使植株生长健壮，提高其抗病虫害能力。施用有机肥时应充分腐熟，以便将滋生在其中的病原物和害虫杀死。合理施用无机肥料，做到氮、磷、钾肥协调使用。浇水时应特别注意时间和方法，一般用塘水浇灌要好于自来水，浇水时间则以上午为好。

3. 植物种类合理布局

在园林植物的栽植中，为了美化环境，常将多种植物搭配种植，如果植物品种搭配不当，会人为加重病害的发生和流行。因此，在进行园林景观设计时，不能仅考虑景观效果，也应同时考虑病害的传播因素。

4. 不选用带病虫的苗木

在苗木栽植过程中应严格把关，不栽种带虫、带病苗木，从源头上防止病虫害的引入和蔓延。

5. 选用抗病虫植物品种

某些病虫害的大发生常常与植株的抗病虫能力之间存在一定的相关性，如果植株的抗病虫能力弱，则容易引起病虫害的大发生；如果植株本身对病虫害的抗性较强，则会抑制病虫害的发生和蔓延。因此，在园林植物的选择和种植过程中，应尽量选用一些抗病虫品种，避免使用感病虫品种。

三、物理防治

物理防治指应用各种物理手段及机械设备来防治害虫，又称为物理机械防治法。物理防治内容丰富，应用也十分广泛，既包括简单的人工捕捉，又包括最尖端的科学技术的运用，如光、电、辐射技术的运用等。

1. 直接捕杀

直接捕杀既包括机械捕杀，也包括最原始的徒手捕杀。对于一些体形较大、行动迟缓、容易发现、容易捕捉或有群集假死习性的害虫，可以采取人工捕捉的方法进行捕杀。例如，钻蛀性害虫天牛在成虫期及产卵期可组织人工进行捕杀、灭卵；大蓑蛾、茶蓑蛾、樗蚕蛾、绿尾大蚕蛾等可以用人工摘除虫茧的方法捕杀；对于刺蛾、杨二尾舟蛾等可以采用人工敲除或挖除虫茧的方法捕杀。这些方法虽然比较原始，但在实际运用中仍具有一定效果，都是一些行之有效的防治措施。

2. 诱杀法

诱杀法指利用害虫的趋性及其他习性进行诱集，然后加以处理。采用诱杀法时，也可以在诱捕器内设置其他装置，直接杀灭害虫。

（1）灯光诱杀。利用害虫的趋光性进行诱杀。一般在诱虫灯上设置高压电网或毒瓶来直接杀死害虫。诱杀法目前已广泛应用于园林害虫的预测预报及防治工作中。

（2）诱饵诱集。利用害虫的趋化性引诱其前来并进行捕杀。如利用糖、醋、酒液诱杀小地老虎的成虫。

（3）黄盆诱蚜。利用蚜虫的趋黄习性，设置黄色粘虫板或黄盆来诱集蚜虫。

四、生物防治

生物防治技术可分为狭义和广义两种。狭义的生物防治技术是利用害虫的天敌去防治害虫。随着近代科学技术的发展，生物防治技术的领域不断扩大。广义的生物防治技术指利用某些生物或生物的代谢产物来控制病虫害的发生程度和发生数量，以达到有效降低或控制病虫害的目的。

生物防治的优点是对人、畜安全，对环境污染极少，如果运用得当可对害虫起长期抑制作用。自然界中害虫的天敌种类繁多、数量大，便于利用，可有效降低防治成本。当然，生物防治也有其局限性和缺陷，例如防治效果缓慢，对突发性的虫害不能奏效、天敌的人工繁殖技术要求较高等。如果将生物防治与化学防治及其他防治方法有机结合起来，则可以有效控制病虫害的发生和蔓延。因此，生物防治不失为一种很有发展前途的防治措施，当然也是害虫综合防治的重要组成部分。

目前已普遍采用的生物防治技术大体可分为以虫治虫、以菌治虫、昆虫激素及其他有益生物的利用等几个方面。

1. 天敌昆虫的利用

天敌昆虫的利用又称以虫治虫，是利用捕食性或寄生性天敌防治害虫的方法。上海地区自然界中园林害虫的天敌种类很多，有蜻蜓、瓢虫、草蛉、食蚜蝇、寄生蜂等，可以加以保护和利用。

（1）捕食性天敌。常见的种类有瓢虫、草蛉、食蚜蝇、食蚜虻、螳螂、步甲、胡蜂等。捕食性昆虫一生一般要捕食很多昆虫，捕获后直接咬食虫体或刺吸其汁液。

（2）寄生性天敌。大多数种类属膜翅目和双翅目，即寄生蜂和寄生蝇。常见种类包括赤眼蜂、啮小蜂等。寄生性天敌昆虫一般一生仅寄生一个对象，以幼虫寄生于寄主体内或体外，寄主随天敌幼虫的发育而死亡。

2. 病原微生物的利用

病原微生物的利用又称以菌治虫，指利用昆虫病原微生物或其代谢产物来防治害虫。近代，人们对微生物的研究发展很快，多数产品已达到规模化生产，并取得了良好的防治效果。病原微生物的种类很多，主要包括细菌、真菌、病毒3大类。

（1）细菌。已知的昆虫病原细菌有90多种，目前应用最广泛的是芽孢杆菌。这类细菌在生长或培养过程中菌体能够形成芽孢和伴孢晶体（一种蛋白质毒素），对害虫具有很强的毒性，害虫吞食后，可以破坏虫体的肠道。芽孢杆菌主要感染鳞翅目的幼虫，可导致害虫患败血症，引起害虫腹泻，直至死亡。芽孢杆菌中，以苏云金杆菌对鳞翅目害虫的幼虫毒性最强，目前生产上使用的有灭蛾灵、苏力保、"Bt"乳剂等，可用来防治刺蛾、天蛾、蓑蛾、尺蛾等害虫。芽孢杆菌对天敌昆虫如草蛉、瓢虫等无害，而且不污染环境。

（2）真菌。真菌通过害虫的体壁侵入虫体，大量增殖，并以菌丝穿出体壁，最终使害虫死亡。目前应用较广泛的有白僵菌、绿僵菌等。

（3）病毒。昆虫病毒有核型多角体病毒、质型多角体病毒和颗粒体病毒等。昆虫通过取食带有病毒的食物等方式感染病毒。病毒施用后可扩大感染，在害虫群体内造成流行病；病毒还可以在虫体内潜伏，传至下一代。

3. 昆虫激素的利用

利用昆虫生长调节剂来防治害虫也是目前应用比较广泛的一种方法。如利用除虫脲、灭幼脲等脲类杀虫剂来杀灭鳞翅目昆虫的幼虫。

4. 其他有益动物的利用

自然界中广泛存在的鸟类、爬行类、两栖类、蜘蛛及捕食螨等多种园林害虫的捕食者，在我们的日常工作中应该加以保护和利用。

五、化学防治

化学防治指用化学农药防治园林植物病虫害的一种方法，在病虫害防治中占有重要地位。化学防治具有见效快、效果好、使用方便、受季节性限制小等优点，但其缺点也很明显，使用不当会引起人畜中毒，还可能污染环境，杀伤昆虫天敌，使园林植物产生药害，并使某些病菌或害虫产生抗药性。目前，园林植物病虫害防治正在逐步推广使用高效、低毒、经济、安全的药剂。

总之，园林植物病虫害的防治不仅要多种方法综合运用，还要依据病虫害在城市环境中的发生特点，通过做好树种间的选择和配置，加强养护管理措施，提高栽培技术等方法，创造有利于植物生长而不利于害虫发生的环境，最大限度地发挥防治方法的作用，遵循"预防为主，综合防治"的植保方针，使园林害虫在自然界保持一定的生态平衡。

第6节　药剂基本知识

 学习目标

➤了解药剂的发展与药剂的作用方式

➤了解常用药剂及稀释方法

➤能够合理使用药剂

 知识要求

一、药剂的作用方式

1. 杀菌剂的作用方式

杀菌剂的作用可分为保护作用、治疗作用、免疫作用三类。

保护作用指在园林植物生长期未受病原物感染前或休眠期间喷药于植物表面及其周围环境中潜在的病原物上，抑制或杀死寄主体外的病原物，保护植物免受病原物侵染的作用。保护剂的特点是不能进入植物体内，对已经侵入植物体的病原物无效。治疗作用指在病原物已经侵入植物体或在植物发病后使用具有内吸作用的杀菌剂，杀死病菌或抑制病菌生长，使植物重新恢复健康的作用。免疫作用是将化学物质引入健康植物体内以增强植物对病原物抵抗能力的作用。

2. 杀虫剂的作用方式

杀虫剂的作用方式可分为胃毒作用、触杀作用、内吸作用、熏蒸作用、拒食和忌避作用、不育作用等。

胃毒作用指药剂随食物进入害虫消化器官，经消化道通过肠壁细胞被吸收，使害虫中毒而死的作用。触杀作用指药剂接触害虫体表，或害虫接触喷洒在植物表面的药剂后，药剂通过体壁进入昆虫体内或封闭昆虫气门，破坏昆虫的神经系统，使昆虫中毒或窒息而死的作用。内吸作用指将农药施到植物或土壤上，被植物吸收而传导至植株各部分，害虫吸食后中毒死亡的作用，特别适用于刺吸式口器的害虫。熏蒸作用指药剂由液体或固体变为气体，通过昆虫呼吸系统或体壁毒杀害虫的作用。熏蒸在较封闭的情况下才能较好地发挥作用。拒食作用指当害虫取食有毒植物后，生理机能受到破坏，食欲减少，引起拒食，饥饿而死的作用。当药剂洒到植物体后，害虫嗅到某种气味便避开即忌避作用。不育作用指化学药剂作用于昆虫的生殖系统，破坏昆虫的生殖机能，使雄性或雌性不育或导致昆虫所产的卵不能发育的作用。

二、药剂的剂型

药剂的剂型指工厂生产的原药与其他物质配合在一起，经加工后，用户购买时的农药形式。常见的药剂类型有粉剂、可湿性粉剂、可溶性粉剂、颗粒剂、乳油剂、胶悬剂、熏蒸剂、气雾剂、烟剂、超低容量制剂等。

三、药剂的使用方式

合理使用药剂能有效起到防病、治虫、除草等效果，但使用不当会产生一系列的副作用，如使植物产生药害，病虫产生抗性，污染环境，人畜中毒等。因此，药剂的使用一定要有科学性。使用药剂前，应综合分析药剂的作用方式，了解药剂的性能、剂量、使用方法、使用时期等，并与有害生物的发生规律、植物的生长规律及气候条件等因素相结合进行综合分析，再确定采用何种防治方法，这样才能达到预期效果。药剂的施用方法很多，包括喷粉和地面撒粉法、喷雾和超低容量喷雾法、根施法和埋瓶法、浇灌法、高压注射法、灌注法、虫孔注射和堵塞法、涂伤法、药液涂抹包扎法、泼浇法、毒饵法等。园林植物病虫害防治中，药剂施用以喷雾为主，以高压注射、虫孔注射为辅。

1. 喷雾

将乳油、可湿性粉剂或可溶解在水或油中的农药稀释配制成所需浓度，用喷雾机械将液态药液以细雾珠状喷洒到受害植物上，就是喷雾。喷雾后药液在植物的表面覆盖一层药膜，充分与防治对象接触，从而发挥效力。喷雾技术是在害虫发生期间喷洒药剂来防治害虫的一种技术手段，通过喷洒药剂可以直接杀灭害虫，减少虫害带来的损失，目前在园林病虫害防治工作中应用广泛（具体配制方法、注意事项等详见后续描述）。

2. 树干注射

树干注射技术是近几年刚开始推广应用的病虫害防治新方法。该技术一般将药剂注射到植物的树干部位，随着植物本身的树液流动将药剂输送到枝、叶等部位，从而达到杀灭害虫或治疗病害的目的。根据用药方式的不同，可将树干注射分为药剂滴灌技术和高压注射技术两种。

（1）药剂滴灌技术。药剂滴灌技术常用来防治日本壶蚧、红蜡蚧等刺吸性害虫。具体方法是：先用药肥枪钻在树干的基部钻孔，然后将药剂由孔中滴入，随着树液的传输将药剂输送到植物的各部位，当害虫进行取食时，可导致害虫中毒死亡。该技术的优点是操作简单，不受天气等环境条件的限制。

（2）高压注射技术。高压注射技术一般用高压注射装置将药剂注射到树干中，通过树液流动将药剂传输到树木的各部位。

四、药剂的合理使用

1. 注意对症下药

防治不同的病虫害应使用不同种类的药剂，而每一种药剂所能防治的有害生物的种类也有一定的范围，针对防治对象选择最合适的药剂是科学合理用药的重要条件之一。只有弄清防治对象，才能对症下药。在药剂选择时应选择高效、低毒、低残留的药剂。

2. 适时用药

掌握病虫害发生规律及其特性，根据实际情况适时用药，可收到事半功倍的效果。此外，不同的药剂对气候环境的要求也不一样，喷药时还应选择合适的天气。不良的气候条件通常对药剂效果的发挥有一定的影响。例如，药剂喷洒后若遇下雨天气会降低防治效果；灭蛾灵悬浮剂使用过程中，环境温度过高或过低都会影响药效的发挥，降低防效。因此，在用药以前应详细阅读药剂使用说明，选择合适的天气进行喷药。

3. 适量配药

药剂的使用浓度、用药量、施药次数等都应随防治对象、植物不同生长发育阶段及施药方法的不同而不同。超过所需的用药量、浓度、次数，不仅造成浪费，还容易产生药害，或造成人畜中毒，加快有害生物抗药性的产生，过多杀伤害虫天敌和加重对环境的污染等不良后果。因此，在药剂使用前应仔细阅读药剂的使用说明，严格按照要求进行操作。药剂的使用浓度不能随意增大或减小。

4. 注意施药方法及施药质量

由于各种病虫害在寄主植物上的发生部位有所不同（有的在植物上的叶片上为害，有的在植物枝条上为害，有的在树干中为害，还有一些病虫害在植物的根部为害），因此，在喷洒药剂时应具体情况具体对待，不能盲目喷洒。此外，在喷药时还应并做到仔细周到，以达到最佳防治效果。喷药时若遇有风天气，一般顺风而喷。

施药时的注意事项如下：

（1）喷雾时要注意人身安全。很多药剂对人体都有一定的毒性，因此，在喷药过程中应做好安全防护措施，以防引起农药中毒事件。喷药时除了戴口罩外，还应穿长袖工作服装，以防药剂对皮肤造成伤害。

（2）保护环境和天敌。药剂的喷洒过程中，总会有一些药剂流散到环境或土壤中，对环境造成一定的影响。为了在喷药时尽量减少药剂流失，农药的包装应集中回收处理，不能随意丢弃，以防污染周围环境。另外，在害虫天敌发生高峰期应减少用药或不用药，保护天敌。

（3）确定适合的用药间隔期。每种药剂都有一定的持效期，喷洒在植物上的药剂在持效期内都能发挥药效，因此，用药间隔期的确定和持效期的长短关系密切（持效期长的药剂的用药间隔期通常也比较长）。盲目用药和随意增加喷药次数不仅浪费药剂，也不能起到好的防治效果，还会对环境造成不良影响。

（4）严格禁止使用各种剧毒农药。城市园林绿地中人流量大，为了保障游客及过往行人的人身安全，一些剧毒农药应严格禁止在行道树、公园及各种绿地内使用。应尽量使用高效、低毒、低残留的药剂，或应用无毒、无公害的生物药剂。

五、药剂的稀释方法

施用农药时，必须准确地掌握农药稀释的浓度，才能充分发挥药剂的效能。浓度过高会对植物产生药害，过低又不能达到效果。园林植物病虫害防治过程中药剂的配制浓度常用倍数法表示。如药剂使用要求稀释 2 000 倍，则用原药 1 份加水 2 000 份即可。但特殊情况下，如药剂要求稀释 100 倍或 100 倍以下时，计算稀释量时要扣除原药剂所占的 1 份。例如，药剂使用要求稀释 50 倍，则用原药 1 份，加水 49 份。

六、常用药剂

1. 杀虫剂

（1）灭蛾灵悬浮剂（Bt）。具有胃毒作用，杀虫机理主要是利用苏云金杆菌产生毒素感染害虫。喷药 6～8 h 后，害虫停止取食，2～3 天后即死亡。灭蛾灵能有效地防治刺蛾、螟蛾、尺蛾等多种食叶害虫，对人畜无毒害，对环境无污染，不伤害天敌。参考稀释倍数：500～1 000 倍液。

（2）苏力保悬浮剂（Bt）。杀虫方式与作用机理同灭蛾灵，主要防治鳞翅目幼虫，尤其是对一般药剂不敏感的夜蛾科害虫。参考稀释倍数为：夜蛾科害虫：100～200 倍液，其他食叶性害虫：500～1 000 倍液。

（3）1.2％烟参碱乳油。1.2％烟参碱乳油是一种无公害植物杀虫剂，主要利用植物中的苦参素与烟碱等杀虫成分扰乱害虫的中枢神经系统致死害虫。对害虫有较强的触杀、胃毒作用，也具有一定的熏蒸作用。烟参碱具有高效、低毒、低残留、无污染等特点，无强烈的刺激味，对人畜无害。烟参碱主要防治鳞翅目食叶性害虫。一般使用浓度为 800～1 000 倍，喷药时间选择在上午 8—10 点或下午 4—6 点为宜。

（4）25％灭幼脲 3 号悬浮剂。灭幼脲的杀虫机理主要为抑制害虫几丁质合成酶的形成，干扰几丁质在表皮中的沉积作用，使幼虫蜕皮时不能形成新表皮，虫体畸形而死亡，具有触杀、胃毒兼杀卵作用。适于防治鳞翅目害虫幼虫，稀释倍数 2 000～2 500 倍。

（5）病毒生物杀虫剂——虫瘟一号。虫瘟一号是一种无公害生物制剂，主要以核型多角体病毒为感染源。当害虫感染这种病毒后即拒绝进食，失去为害作物的能力，3～5 天后发病死亡；死亡害虫所携带的病毒会在自然界继续传播，具有传代持续杀虫的特殊效果。虫瘟一号对斜纹夜蛾有特效，兼治其他鳞翅目害虫。参考使用倍数：1 000～1 200 倍液。

（6）花保乳剂。花保乳剂是一种无公害的新型植物保护剂，利用植物内的有效杀虫成分合成来防治害虫，保护植物，对园林常见的蜡蚧、粉蚧、盾蚧、圆蚧等蚧虫有较强的触杀、渗透作用，兼治煤污病。该药气味芳香，不污染环境，对人、畜、天敌无害。施用花保乳剂宜根据不同的防治对象、不同季节选用不同的使用浓度：一般冬防用 50 倍液，春、秋季节用 80 倍液，夏季用 100 倍液。用药次数因虫种而异。

（7）护树宝注干剂——树大夫（又名"树虫一针净"）。该药剂施药的方法是将药液直接注入树干中，随树液的流动输送至枝、茎、叶各部位，从而杀死危害植物的害虫。树大夫对天牛、刺吸性害虫（如蚧虫类）有较高的防效，使用不受天气影响，具有高效、方便、安全、价廉、不污染环境等特点。使用时要注意严格按说明的使用方法操作。

（8）抗生素药剂——1％杀虫素（7051）乳油。1％杀虫素（7051）乳油是一种杀虫、螨类的抗生素药剂，杀虫机理是利用阿维菌素产生的毒素杀死害虫。主要用于防治蚜虫、螨、网蝽等刺吸性害虫，对抗性强的害虫也有良好的防效。参考喷药稀释倍数：1 500～2 000 倍。

（9）10％吡虫啉可湿性粉剂。该药剂是新一代烟碱类高效杀虫剂，杀虫机理为利用烟酸乙酰胆碱酯酶受体的作用体干扰昆虫运动神经系统，使害虫的中枢神经正常传导受阻，因麻痹而死亡。吡虫啉具有触杀、胃毒和内吸多重作用，害虫不易产生抗性。速效性好，用药后 1 天即有较高的防效；残留期长达 25 天左右。主要防治对象为初孵蚧虫、蚜虫、木虱、粉虱等害虫。稀释倍数：2 000~4 000 倍液。

（10）防治蛀干害虫药剂——绿色威雷。绿色威雷是针对天牛危害而研制的一种新型药剂。它以氯氰菊酯为囊心，克服了缓释性微胶囊剂短时间内释放剂量不足的缺陷，能在天牛踩触时立即破裂，释放出高效原药，黏附于天牛足部并进入天牛体内，从而达到杀死天牛目的。未被踩破的胶囊完好保存下来，可避免农药重复使用造成的浪费。绿色威雷对天敌、环境影响小。参考稀释倍数：常规喷雾 300~400 倍，低容量喷雾 100~150 倍。

2. 杀菌剂

（1）12.5％烯唑醇可湿性粉剂（力克菌）。力克菌是一种防治真菌病害的三唑类药剂，具有保护、治疗、铲除作用，用于防治白粉病、锈病、黑星病、轮纹病、灰霉病、黑斑病、白绢病等。参考喷药稀释倍数：2 000~3 000 倍。

（2）80％大生 M-45 可湿性粉剂（代森锰锌）。该药为广谱性杀菌剂，对多种真菌性病害有预防作用，在发病前或发病初期、雨前喷药最好，连续使用 3~4 次效果更佳。该药黏着性很强，能长久保持药效。该药含有植物所需的微量元素锰、锌离子，可促进植物生长，并有叶面追肥作用。使用倍数：500~800 倍。

（3）12.5％腈菌唑水剂。该药剂为具有保护和治疗作用的高效内吸性、广谱性三唑类杀菌剂，喷药后 2 h 即可迅速被植物吸收，并在植物体内上下传导，杀死体内的病原菌，保护植物的生长。腈菌唑对防治白粉病等病害效果明显。在发病初期可用 2 000~3 000 倍液，盛发期可用 1 500~2 000 倍液。

（4）阿米西达水剂（嘧菌酯）。该药剂是一种全新的 β 甲氧基丙烯酸酯类杀菌剂，具有保护、治疗、铲除三重功效。阿米西达的作用机理是通过抑制病菌的线粒体呼吸来破坏病菌的能量合成，具有超强杀菌广谱性，对霜霉病、早疫病、炭疽病、叶斑病有特效，对大部分病害均有很好的防效。建议使用喷雾倍数：1 200~1 500 倍。

思 考 题

1. 昆虫的基本特征是什么？昆虫与其他相似动物的本质区别是什么？
2. 昆虫生活史和世代的概念是什么？两者有何区别与联系？
3. 园林植物病害的概念是什么？侵染性病害与非侵染性病害的主要区别在哪里？
4. 园林植物病虫害防治的基本方针是什么？综合防治措施主要包括哪些方面？
5. 杀虫剂的作用方式主要有哪几种？对食叶性害虫与刺吸性害虫应分别选用什么作用方式的药剂？

第 5 章

园林树木

第1节　园林树木概述

本章本着理论与实践相结合、基础与实用相结合的原则，重点阐述园林树木的一些共性，其中包括园林树木的形态与观赏特性、园林树木的生态习性等内容。由于篇幅原因，本章收集的园林树木以长江三角洲流域常见树种为主。要求在识别书中所列树种的基础上，进一步了解不同树种的生长习性以及对环境条件的基本要求，切实掌握相关的养护知识。

 学习单元 1　园林树木的形态与观赏特性

 学习目标

➤ 了解园林树木的观赏形态
➤ 熟悉园林树木的色彩特性
➤ 能够识别园林树木的形态

 知识要求

一、园林树木的观赏

没有园林植物，园林就不能称为真正的园林，而园林植物中又以园林树木占有较大的比重。

园林中的建筑、雕塑、溪瀑、山石等，均需有恰当的园林树木进行衬托、掩映，以减少人工雕饰的痕迹，或活跃枯寂的气氛。例如，庄严宏伟、金瓦红墙的宫殿式建筑，配以苍松翠柏，无论在色彩还是意境上，都可以收到"对比""烘托"的效果；庭前朱栏之外、廊院之间对植玉兰，春来芳香四溢，红白相映，则可以营造一种令人神往的环境。

1. 园林树木的直观美

园林树木的美，主要着重于其姿态、色彩、芳香、韵味以及自然衍生美。所谓自然衍生美，是指由于某种植物本身的自然美而诱导产生的美，如富丽堂皇、花大色艳的牡丹被视为繁荣兴旺的象征，花色艳丽的月季烘托了满园春色等。有经验的园艺工作者通过栽植某种能引来鸟类栖息的树木，可以营造"鸟语花香"的境界；无经验的人种了某种植物，招来的不是蜜蜂与蝴蝶，反而是许多令人厌恶的苍蝇。以上种种，均能说明在植物的观赏特性方面还有许多值得进一步研究的内容。

2. 园林树木的寓意美（联想美）

除了形体美、色彩美、芳香美、声音美等容易被感觉到的直观美，树木尚有一种比较抽象的，却极富于思想感情意义的美，即联想美。最为人们熟知的如松、竹、梅，被称为"岁寒三友"，象征着坚贞、气节和理想，代表着高尚的品质。被誉为"四君子"的梅、兰、竹、菊，被古今文人高士用来表现清高脱俗的情趣、正直的气节、虚心的品质和纯洁的思想感情。松、柏因四季常青，象征着长寿、延年；紫荆象征兄弟和睦；含笑表示深情；红豆表示相思、眷恋；而对于杨树，却有"白杨萧萧"的说法，表示惆怅、伤感；柳树则有"垂柳依依"的说法，表示感情上的依依不舍、惜别等。在民间，传统上有"玉、堂、春、富、贵"的观念，即讲究家中有玉兰、海棠、迎春、牡丹、桂花开放，哪怕只有其中的一种在家中盛开，也会给人带来精神上的快乐与安慰。

树木寓意美的形成是比较复杂的，它与各民族的文化传统、各地的风俗习惯、文化教育水平、社会及历史的发展等有关。人们在欣赏、讴歌大自然中的植物美时，曾将许多植物的形象概念化或人格化，赋予它们丰富的感情色彩。不仅中国如此，世界各国亦有此情况。如日本人对樱花有特殊的感情；加拿大以糖槭树象征祖国大地，将树叶图案绘在国旗上；中国习惯以桑、梓树代表乡里，它们的形象频频出现于文学作品中；而欧洲许多国家均以月桂代表光荣，油橄榄象征和平。

植物的寓意美并不是一成不变的，而随着时代的发展会发生转变。如梅花，在旧时代总是受文人"疏影横斜"的影响，带有孤芳自赏的情调，现在却以"待到山花烂漫时，她在丛中笑"的富有积极意义和高尚理想的内容去转化它。

二、常见园林树木的形态观赏

园林树木的观赏特性主要表现在色彩、形态、芳香等方面，通过叶、花、果、枝、干、根等观赏器官，以体量、冠形、色彩等观赏要素为载体，给人以客观的直接感受，实现园林美的主旋律。

在绿化配植中，树形是构景的基本因素之一，对园林境界的创造起着巨大的作用。如为了加强小地形的高耸感，可在小土丘的上方种植长尖形的树种，在坡缘栽植矮小、扁圆形的树木，借树形的对比与烘托来增加土山的高耸之势。又如为了突出广场中心喷泉的高耸效果，可在其四周种植浑圆形的乔木或灌木。但为了与远景联系并取得呼应和衬托的效果，可以在广场后方的通道两旁分别种植树形高耸的乔木一株，这样就可在强调主景之后又引出新的层次。

1. 园林树木的树形及观赏特性

妥善配植和安排不同形状的树木，可以产生韵律感、层次感等种种艺术组景效果。至于在庭前、草坪、广场上的单株孤植树，更能说明树形在美化配植中的巨大作用。

树形由树冠及树干组成，树冠由一部分主干、主枝、侧枝及叶幕组成。不同的树种各有其独特的树形，主要由树种的遗传性决定，但也受外界环境因子的影响。在园林中，人工养护管理因素通常具有决定作用。

根据树形的个体大小以及形态特征，人们常把树木分为乔木、灌木和藤本三类。

（1）乔木类。乔木具有明显的主干，人在树下近观时，人与树木的大小对比十分明显，近距离观赏的重点是叶、花色彩以及树干、树皮的色泽与质感。远距离可以观赏树形轮廓以及与相邻树种配置而成的景色。如雪松的宝塔形，柏树的圆柱形，香樟的圆头形等，无论是孤植还是群植，均能展示其伟岸与气势的宏伟。

各种树形的美化效果并非一成不变，常因配植方式及周围景物的影响而有不同程度的变化。

1）尖塔或圆锥状树冠：这类树形顶端优势明显，中央主干生长较旺，树冠剖面基本以树干为中心，主要由斜线和垂线构成，但以斜线占优势，顶部形成尖头，冠高远远超过冠径，整体形态细窄颀长，如圆柏、水杉、落羽杉等。这类树形轮廓分明、形象生动，具有由静而趋于动的意象，有将人的视线或情感从地面导向高处（天空）的作用，往往可以营造严肃、端庄的效果。

2）柱状或狭窄树冠：这类树冠顶端优势明显，主干生长强壮，但树冠基部与顶部不展开，树冠紧抱，树冠上、下部直径相差不大，冠高远远超过冠径，整体形态细窄颀长，如柏类植物。这类树冠构成常以垂直线为主，给人以雄健、庄严与稳固的感觉，通过向上引导视线突出了空间的垂直面，能产生较强的高度感染力，多具有高耸、静谧的效果。

3）圆钝或钟形树冠：这类树冠常包括球形、卵球形、扁球形、半球形等形体，树形的构成以弧线为主，给人以优美、圆润、柔和、生动的感觉，如樟、石楠、榕树、加拿大杨等。在人的视觉感受上，圆球形无明确的方向性，容易在各种场合与多种形状取得协调与对比，多具有雄伟、浑厚的效果；一些垂枝类型则常用于营造优雅、和平的气氛。

4）棕榈状树冠：棕榈状树冠是棕榈科植物特有的树形，只有少数大型叶片集生于主干的顶端，极具热带情调。

（2）灌木类。灌木的树体通常比较矮小，与人体的高度较为接近，因此在较近的距离内也能观赏到全貌，无论是树形、色彩还是质地，均能让人产生身入其境的感受。由于多数灌木呈团簇丛生，多有朴素、浑实之感，最宜用在树木群丛的外缘，或装点草坪、路缘及屋基。

1）低矮匍匐状树冠：这类植物的枝条接近地面，呈水平或蔓状向四周伸展，冠径大大超过植株高度，如迎春、云南黄馨、连翘、金丝桃等。由于树形的构成要素以水平线为主，可以引导人的视线沿水平方向移动，容易产生空间宽阔感和外延感，所以常作为地被植物或供岩石园配植，成为平面或坡面的绿色被覆植物。

2）拱形或悬岩状树冠：这类植物由于受长年定向风力的作用或长期某一方向光照的影响，树冠严重偏向一侧，因此具有各种潇洒姿态，最适宜供点景之用，或在自然山石旁适当配植。

3）藤蔓类树冠：大致分为攀援与悬垂两种，主要取决于支撑物体的形状。缠绕或攀附他物而向上生长的藤本植物往往是遮阴的棚架、垂直绿化等不可或缺的优良种类。

一个树种的树形并非永远不变，而是会随着生长发育呈现出规律或不规律的变化。比如桂花，有时候主干明显，可以作为乔木观赏，有时候却是无主干类型，只能作为灌木。再如上海本地常见的紫荆，基本上全部属于灌木类，但在湖北野生环境中，紫荆却为高大的乔木。还有火炬漆，在上海基本上都是灌木，但在其他地区，却可以用做行道树。又如紫藤，人们常将其作为藤本植物使用，但在绿化配置中常通过人为的养护措施将其修剪成独本紫藤，因此其观赏特性已不再以藤本状态呈现在人们的眼前。

2. 园林树木的形态与色彩观赏

（1）园林树木的叶色观赏。树木叶色变化的丰富，难以用笔墨形容，即使是技艺高超的画家也难以调出它们所具有的色调，我们只能根据其发生的季节作如下划分：

1）春色叶类：有些树木春季新发生的嫩叶与其他生长季节的叶子具有显著不同的叶色，这一类树种统称为春色叶树种。如石楠的春叶鲜红，比鲜花更艳。

2）秋色叶类：到了秋季叶色能有显著变化的树木均称之为秋色叶树种。

①秋叶呈红色或紫红色的树种有：鸡爪槭、五角枫、枫香、地锦、小檗、漆树、盐肤木、黄栌、南天竹、乌桕等。

②秋叶呈黄或黄褐色的树种有：银杏、白蜡、鹅掌楸、加拿大杨、柳、梧桐、榆、槐、无患子、栾树、麻栎、悬铃木、胡桃、水杉、金钱松等。

由于秋色叶历时较长，因此更为绿化工作者所重视。例如，在我国北方，深秋一般观赏黄栌红叶，而南方则以枫香、乌桕的红叶著称。

3）常色叶类：有些树种的变型或变种的叶在其生长季节均为异色，不会因春天或秋天而改变叶色，这一类树种统称为常色叶树。全年树冠呈紫色的有紫叶小檗、红叶李、紫叶桃等；全年叶均为金黄色的不多，有金叶鸡爪槭、金叶桧等，现在较为常见的有金叶女贞等。

4）双色叶类：某些树种的叶子叶背与叶面的颜色显著不同，在微风中可以形成特殊的闪烁变化的效果，这类树种称为双色叶树，如银白杨、胡颓子、栓皮栎、青紫木等。

5）斑色叶类：绿叶上具有其他颜色的斑点或花纹，如洒金东瀛珊瑚、变叶木等。全年叶均具斑驳彩纹的有金心黄杨、银边黄杨等。

（2）园林树木的花形与花色。园林树木的花朵有各式各样的形状和大小，在色彩上更是千变万化，单朵的花又常排聚成大小不同、式样各异的花序，这些复杂的变化形成了不同的观赏效果。例如，艳红的石榴花如火如荼，可以形成热情兴奋的气氛；白色的丁香花具有悠闲、淡雅的气质；至于六月雪、喷雪花等白色繁密小花，则形成一幅恬静自然的图画。

花器和其附属物的变化也能形成许多欣赏上的奇趣。例如金丝桃花朵上的金黄色小蕊，长长地伸于花冠之外；垂丝海棠细长的花梗组成了下垂的簇簇花序；合欢粉红色的雄蕊似绒如缨；带有白色巨苞的珙桐花宛若群鸽栖止枝梢；红千层的穗状花序犹如鲜红的瓶刷，美丽而又奇特。

此外，园林工作者还培育出许多与自然界花形大不相同的变异品种，有的甚至变化得令人无法辨认。如牡丹、月季、茶花、梅花等，都有着迥异于原始花形的各种变异。特别是上海培育的菊花桃，开出的花朵如同菊花，与普通的桃花大不相同。

除花序、花形之外，最主要的观赏要素就是色彩了。花色变化极多，无法一一列举，现将几种基本颜色的观花树木列举于下：

1）红色花系：海棠、桃、杏、梅、樱花、玫瑰、月季、贴梗海棠、牡丹、杜鹃、锦带花、夹竹桃、合欢、粉花绣线菊、紫薇、榆叶梅等。

2）黄色花系：金钟花、木香、桂花、棣棠、金丝梅、小檗、金花茶等。

3）白色花系：茉莉、溲疏、山梅花、女贞、荚蒾、广玉兰、含笑、银薇、白牡丹、白茶花、白碧桃、白蔷薇、白玫瑰、白杜鹃、白泡桐等。

4）蓝色花系：杜鹃、木槿、八仙花、牡荆等。

（3）园林树木的果实及其观赏特性。许多果实既有很高的经济价值，又有突出的美化作用。园林工作中，为了观赏的目的而选择观果树种时，大致需注意形和色两方面。

1）果实的形状：果实的形状以奇、巨、丰为佳。所谓"奇"，是指形状奇异有趣，如铜钱树的果实似铜币，秤锤树的果实如秤锤，罗汉松的果实如同叠罗汉等。所谓"巨"，指单体的果形较大，或果虽小而果形鲜艳，果穗较大，可收到"引人注目"之效。所谓"丰"，是就全树而言，无论单果或果穗，均需达到一定的数量，这样才能达到较高的观赏效果。

2）果实的色彩：与果实的形状相比，果实的颜色有着更大的观赏意义。"一年好景君须记，最是橙黄橘绿时"，苏轼诗中描绘的景色，正是果实的色彩效果的鲜明体现。

①果实呈红色者：小檗类、平枝栒子、山楂、枸杞、樱桃、郁李、金银木、珊瑚、石榴等。

②果实呈黄色者：瓶兰花、甜橙、香圆、佛手、金橘等。

③果实呈蓝紫色者：豪猪刺等。

④果实呈黑色者：女贞、金银花等。

⑤果实呈白色者：乌桕等。

在选用观果树种时，最好选择果实不易脱落而浆汁较少的，以便长期观赏。

儿童最喜欢色彩鲜艳、果实累累的环境。布置精美的观果园可使孩子们流连忘返，但不能选用具有毒性的种类。

（4）园林树木的树皮、枝条及附属物的观赏特性

1）树皮。乔木干皮的色彩也很有观赏价值，对美化配植起着很大的作用。例如，在街道上种植白色树干的树种，可产生极好的美化效果。另外，在进行丛植配景时，也要注意树干颜色之间的关系。

2）枝。树木的枝条除直接影响树形外，其颜色亦有一定的观赏意义。尤其是当深秋叶落后，枝干的颜色更为醒目。常见的红色枝条的树木有红瑞木、杏等；可赏古铜色枝的有山桃等；而于冬季欲赏青翠色彩时则可植梧桐、棣棠与青榨槭等；再比如金枝槐，冬季落叶后，枝条呈现出金黄色。

3）其他。树木裸露的根部也有一定的观赏价值（比如盆景的根，或者是榕树的根）。一些植物的刺、毛或木栓翅等也有一定的观赏价值。

3. 园林树木的其他观赏特性

除了上述各种观赏特性外，有些树木的叶还能散发香气，使人感到精神舒畅，如松、柏类、樟科树木、柠檬桉、茉树等。

此外，有些园林树木的叶还具有音响效果。如针形叶最易发音，所以古来即用"松涛""万壑松风"来赞颂园景之美；又如响叶杨，即以其能产生音响而得名；而雨打芭蕉，则兼具动与静的遐思。

在园林中，许多国家常有"芳香园"的布局，就是利用各种芳香植物配植而成。就园林植物花的芳香而论，目前并无统一的标准，不同的芳香会引起人不同的反应，有的起兴奋作用，有的却会使人反感。不同的人对花的芳香也会有不同的感受。例如，有人说结香的花是香的，但也有人并不习惯这种浓郁的香味。

 **技能要求**

园林树木的形态识别

一、操作准备

1. 教室、操作台。
2. 安放实物标本的容器（可用一次性杯子代替）。
3. 标本材料：不同植物（实物、标本或照片）的各种形态（枝条 20 种、叶片 30 种）。

二、操作步骤

1. 观察园林树木形态标本。
2. 根据叶色、质地以及叶形作记录。
3. 正确写出不同的枝叶形态特征的名称。

三、注意事项

1. 实物标本不能用手拿（防止标本叶片脱落）。
2. 实物容器中装水，保持实物标本的鲜活度。

 学习单元 2　园林树木的生态习性

 **学习目标**

➤了解园林树木的生命周期
➤掌握园林树木的生态习性
➤能够识别园林树木的色叶

 **知识要求**

一、园林树木的生命周期

园林树木的生命周期是从卵细胞受精（即胚的形成）开始（但为方便，常以种子的萌发作为开端），即从树木的繁殖开始，经过幼年、性成熟、开花、衰老，直至个体生命结束为止的全过程。由于园林树木的一生可以跨越数十年甚至上百年，所以在园林树木的生命周期中包含了连续不断的生长发育以及无数个年生长周期。

1. 生长、发育的概念

（1）生长：生长是一个量变的过程。树木在生长过程中通过细胞的分裂和扩大（也包括某些分化过程），导致体积和重量出现不可逆的增加。如树木的长粗、长高都属于量的积累，随着量的积累与增加，树木逐渐长大，这个过程称为树木的生长。

（2）发育：发育是一个质变的过程。在植物的生长过程中，细胞、组织、器官出现分化，在结构和功能方面出现了肉眼难以观察到的细微变化，即为发育。树木的花芽孕育、胚芽的形成这些植物体内的微妙变化都属于发育。

2. 树木的年生长周期

园林树木在一年之中随着季节的变化而经历的生长发育过程称为树木的年生长周期。树木的年生长周期表现最为明显的是生长和休眠两个时期。

（1）落叶树的年生长周期。长江三角洲地区的气候在一年中有明显的四季，因此落叶树木的年生长周期表现最为明显，一般可以分为生长期和休眠期两个明显不同的阶段。

1）生长期：从春季开始萌芽生长到秋季落叶前的整个时间段属于树木的生长期。这一时期在一年中所占的时间较长，树木在此期间随季节变化会发生极为明显的变化（如萌芽、抽枝、展叶、开花、结实等），并形成许多新的器官（如叶芽、花芽等），有些树木会随着季节、温度的变化而呈现出叶色的变化等。

人们通常将萌芽作为树木开始生长的标志，实际上根的生长往往比萌芽要早很多。在生长期中，各种树木都按其固定的物候顺序进行一系列的生命活动。

2）休眠期：树木从秋季正常落叶到次年春季萌芽为止的一段时间是落叶树木的休眠期。在树木的休眠期，从树木的外表看不出任何生长现象，但树体内部仍在进行着各种生命活动，如呼吸、蒸腾、芽的分化、根系对水分的吸收、养分合成和转化等。

（2）常绿树的年生长周期。由于常绿树叶的寿命相对较长，多数叶片的寿命可达一年以上。在常绿针叶树木中，松属的针叶可存活 2～5 年，冷杉叶可存活 3～10 年，紫杉叶甚至可以存活 6～10 年。它们的老叶大多在冬春之间脱落，刮风下雨天尤甚。常绿阔叶树的老叶大多在萌芽展叶前后逐渐脱落，如香樟老叶常在春季展叶时开始脱落。由于每年仅有一部分老叶脱落，新叶还在不断地增生，全年各个时期都有大量新叶保持在树冠上，使树木保持常绿，所以常绿树的年生长周期没有集中、明显的落叶期，因此也无明显的生长期和休眠期。

二、园林树木的生态习性

树木的生态习性是长期对环境适应而形成的，一般每种树木只能在其所适应的环境中生活。在环境的作用下，园林树木的形态结构、生理特性、生长发育状态等方面都会发生相应的变化，从而对环境产生了多种多样的适应性，这就是园林树木的生态适应性。园林树木的生态习性与生态适应性都是环境对园林树木作用的结果。

1. 园林树木的生态条件

园林树木的生存和它周围的环境有着密切关系。生存环境是四周空间所有气候、土壤、生物等因素的综合，其中的每一个因素都称为环境条件。那些在不同的时间或地点经常对园林树木的生长发育和分布发生影响的环境条件，称为生态条件。

园林树木的生态条件有：

（1）气候条件：光、温度、水分、空气等。

（2）土壤条件：土壤的物理、化学特性，如质地、酸碱度、土壤水分、营养元素等。

（3）生物条件：地面和土壤中的动物和微生物。

（4）地理条件：地理位置、地势高低、地形起伏、地质历史条件等。

（5）人为条件：开垦、采伐、引种、栽培等。

上述这些条件中，气候、土壤条件影响最大，地理条件与人为条件常通过气候、土壤、生物条件的变化对园林树木发生影响。

2. 园林树木的生态类型

在综合的生态环境中，并不是所有的生态条件都对园林树木起同等的作用，总是某个生态条件起主导的、决定性的作用，这个生态条件就是主导条件。根据不同种的园林树木对某一主导生态条件的适应关系，可以把具有相似生态习性和生态适应性的园林树木归为一类，这就是树木的生态类型。一般可以分成以下几种生态类型：

（1）光照：根据树木对光照强度的要求不同，可分阳性树木、阴性树木两大生态类型。介于二者之间的为耐阴树木（中性树木）。

阳性树种：一般需要充足的直射阳光才能生长良好，如松、杉、柳、杨、臭椿等树种。

阴性树种：适宜生长在庇荫的环境里，在较弱光照条件下生长发育良好，如桃叶珊瑚、八角金盘等。

耐阴树种：需要的光照强度介于阳性树种和阴性树种之间，如女贞、月桂、石楠、丁香等。

（2）温度：根据园林树木对温度的要求，可分为喜温树种与耐寒树种两类。

喜温树种：只能在温暖地区生长，分布在热带和亚热带，如香樟、马尾松、杉木、夹竹桃、棕榈、蒲葵等。

耐寒树种：能忍受低温，分布在寒带和温带，如雪松、槐树、黄檗、柳树、毛白杨、丁香等。

也有一些树种对气温要求不甚严格，既能抗寒，又耐较高的气温，如榆树、枣树、桃树、女贞等。

（3）水分：根据园林树木对水分要求和适应性的不同，可分为湿生、中生、旱生等生态类型。

湿生树种：生长在湿润的空气或土壤环境中，具有较强的抗涝能力。其中有些树种的抗旱能力较弱，但是也有一些树种不仅具有抗涝能力，而且具有较强的抗旱能力。如落羽杉、垂柳、柽柳等，不仅具有耐水涝的能力，也能耐干旱。耐水湿的树种往往叶片较细小而密集。

中生树种：不能忍受严重的干旱或长期水涝，仅在水分供应适中的条件下才能生长良好，抗旱、抗涝性中等，如麻栎、杉木等。

旱生树种：在较长期或较严重水分亏缺时仍能保持成活状态。旱生树种可生长在极端缺乏水分的沙漠、草原、干热山坡、岩石表面等地方，具有极强的抗旱能力，如银杏、夹竹桃、枣、泡桐、皂荚、紫穗槐等。这类植物往往根系较深，能汲取土壤深处的水分，所以抗旱能力较强。

（4）土壤：根据园林树木对土壤酸碱度和肥力的适应性和要求不同，一般可以分为喜酸性树种、耐盐碱树种、耐瘠薄树种等。

喜酸性树种：这类植物往往需要在偏酸性的土壤中栽植，在偏碱性土壤中栽植经常出现黄化病，从而影响其观赏性，如杜鹃、茶梅、栀子花、香樟等。

耐盐碱树种：可以在偏碱的土壤中苗壮生长，如侧柏、刺槐、柿树、柽柳、紫穗槐、杜仲、银杏、国槐、旱柳、臭椿、桑树、枫杨、元宝枫、皂荚、悬铃木等。

耐瘠薄树种：如臭椿、核桃、板栗、桑树、木槿、合欢、皂荚、刺槐、石榴、山楂、银杏、乌桕、构树、香椿等树种，可以作为改造荒山的先锋树种。

三、植物的抗性与监测植物

1. 植物的抗性

植物的抗性指植物适应逆境的能力。植物周围的环境（气候、土壤、水分、营养供应等因素）是经常变化的，往往会构成旱、涝、高温、低温或霜冻、盐碱，或大气、水和土壤的污染等不利条件，这些不利条件统称为逆境或环境胁迫。

由于植物不能主动地发生位移，有些植物会在整个生长发育过程或特定的阶段避开逆境，以便在较适宜的环境条件下完成生活周期或生育阶段。例如，沙生植物在湿润时萌发，在短时期内快速生长、开花、结实，喜温植物可以在低温到来之前结实。这类植物则在形态结构上和生理功能上表现出不同的特性，使植物在逆境下仍能进行较为正常的生理活动。

（1）抗旱性：这类植物具有气孔内陷，有蜡质保护性物质，叶片缩小或退化，茸毛多等形态结构，以此来减少植物体内水分在干旱条件下的蒸腾。

（2）抗污染性：这里所说的环境污染主要是由工业废气、废水、废渣造成的大气、水质和土壤污染。

气体污染物易于在大气中扩散，因而危害面积大，其中常见而且影响严重的有二氧化硫（SO_2）、氟化氢（HF）、臭氧（O_3）、过氧乙酰硝酸酯（PAN）和氮的氧化物等。由于污染物种类繁多，植物对各类污染物的响应又各不相同，因而难以简单地概括和分类。

1）对二氧化硫（SO_2）抗性较强的树种有：山皂角、刺槐、银杏、加拿大杨、臭椿、白蜡、丝绵木、红豆杉、云杉、茶条槭、榆树、朴树、枫杨、梓树、黄檗、银白杨、蚊母树、垂柳、旱柳、栾树、山桃、君迁子、胡桃、雪柳、黄栌、白玉棠、丁香、构树、泡桐、柿树、小叶黄杨、广玉兰、香樟等。

2）对氟化氢（HF）抗性较强的树种有：国槐、臭椿、泡桐、龙爪柳、悬铃木、胡颓子、白皮松、侧柏、丁香、山楂、紫穗槐、连翘、金银花、小檗、女贞等。

3）对氯气（Cl_2）及氯化氢（HCl）抗性较强的树种有：木槿、合欢、五叶地锦、黄檗、构树、榆、接骨木、紫荆、槐、紫藤、紫穗槐等。

4）对光化学烟雾（过氧乙酰硝酸酯）抗性较强的树种有：柳杉、日本扁柏、黑松、樟树、海桐、夹竹桃、海州常山、日本女贞等。

树体遭受有毒气体的受害程度，因不同发育阶段而异，一般在生长发育最旺盛期树体敏感易受害，秋季生长缓慢期不敏感，进入休眠后抗性最强。在存在有毒气体污染的地区，可以选择抗污染适栽树种或在背风地点栽植，以免受危害。

2. 监测植物

从国外的几次空气污染来看（例如，1948年10月在多诺拉发生的二氧化硫大污染，使43%的居民患上呼吸道疾病；在1952年12月于英国伦敦发生二氧化硫及烟尘大污染，在4天内死亡4 000人之多，而以后的2个月内又陆续死亡8 000人；又1954年美国洛杉矶由于光化学烟雾使75%居民患了眼病），在设备不足的情况下采用绿化植物仍是简便而行之有效的方法，园林工作者可以在工作中注意观察植物的生长情况以保护居民生活环境。

当大气被污染以后，树木受其污染会在一定程度上反映出相应的可见症状。如在叶上出现病斑；生理代谢过程发生变化，如生长量减少、植株矮化、叶面积变小、叶片早落、落花、落果等；植物成分异常变化，如某些成分含量发生变化。但是各种植物对同一种大气污染物的反应症状并不相同，有的抵抗力强，反应相对迟钝；有的抵抗力弱，反应则较敏感。人们把各种对大气污染反应敏感的植物叫做环境污染指示植物或监测植物。

对二氧化硫（SO_2）的监测植物有：茉莉花、紫丁香、月季、枫杨、白蜡、杜仲、雪松等。

对氟（F）及氟化氢（HF）的监测植物有：樱桃、杏、李、桃、月季、复叶槭、雪松等。

对氯气（Cl_2）的监测植物有：石榴、竹、复叶槭、桃、苹果、垂柳等。

对臭氧（O_3）的监测植物有：蔷薇、丁香、牡丹、垂柳、五针松、梓树、皂荚、葡萄等。

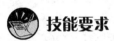 **技能要求**

园林树木的色叶调查与识别

一、操作准备

调查场所（公园、公共绿地、住宅小区）。

二、操作步骤

1. 独立完成现场调查（公园、公共绿地、住宅小区）。
2. 归纳整理。

三、注意事项

调查结果需独立整理成报告。

第 2 节　针叶树种

学习单元 1　针叶落叶树种

学习目标

➤熟悉针叶落叶树种的形态

➤了解针叶落叶树种的分布区域

➤掌握针叶落叶树种的习性

➤掌握针叶落叶树种的观赏特性及园林用途

➤能够辨识针叶落叶树种

知识要求

一、水杉【*Metasequoia glyptostroboides* Hu et Cheng】（见彩图 5—1）

【科属】杉科，水杉属。

【分布】重庆市石柱县，湖北利川县谋道镇（即原来的磨刀溪）、水杉坝一带，湖南龙山、桑植，江苏大丰，浙江富阳等地。

【形态】落叶乔木，树高可达 35 m，胸径可达 2.5 m；干基常膨大，幼树树冠尖塔形，老树则为广圆头形。树皮灰褐色；大枝近轮生，小枝对生。叶交互对生，叶基扭转排成 2 列，呈羽状，条形，扁平，长 0.8～3.5 cm，冬季与无芽小枝一同脱落。雌雄同株；雄球花单生于枝顶和侧方，排成总状或圆锥花序；雌球花单生于去年生枝顶或近枝顶，珠鳞 11～14 对，交叉对生，每球鳞有 5～9 胚珠。球果近球形，长 1.8～2.5 cm，成熟时深褐色，下垂。种子扁平，倒卵形，周围有狭翅；子叶 2 片，发芽时出土。花期 2 月份；球果当年 11 月份成熟。

【习性】阳性树，幼苗则能稍耐蔽荫，喜温暖湿润气候，具有一定的抗寒性。喜深厚、肥沃的酸性土，但在微碱性土壤上也可生长良好。要求土层深厚、肥沃，尤喜湿润而排水良好；不耐涝，对土壤干旱也较敏感。耐盐碱能力比池杉强，在含盐量 0.2% 以下的轻盐碱地可以生长。水杉生长速度较快，对二氧化硫、氯气、氟化氢等有害气体的抗性较弱。

【观赏特性与园林用途】树冠呈圆锥形，姿态优美。叶色秀丽，秋叶转棕褐色。宜丛植、列植或孤植，也可成片林植。

二、池杉（池柏）【*Taxodium ascendens Brongn.*】（见彩图 5—2）

【科属】杉科，落羽杉属。

【分布】原产美国东南部至墨西哥湾沿海地带，我国 20 世纪初引至南京等地，现已在许多城市（尤其是长江南北水网地区）成为重要造林和园林树种。

【形态】落叶乔木，在原产地高达 25 m；树干基部膨大，常有屈膝状的呼吸根，在低湿地生长者"膝根"尤为显著。树皮褐色，纵裂，呈长条片状脱落；枝向上展，树冠常较窄，呈尖塔形；当年生小枝绿色，细长，常略向下弯垂，二年生小枝褐红色。叶多钻形，略内曲，常在枝上螺旋状伸展；下部多贴近小枝，基部下延，长 4～10 mm；先端渐尖，上面中脉略隆起，下面有棱脊，每边有气孔线 2～4 条。球果圆球形或长圆球形，有短梗，向下斜垂，成熟时褐黄色，长 2～4 cm；种子为不规则三角形，略扁，红褐色，长 1.3～1.8 cm，边缘有锐脊。花期为 3—4 月份，球果当年 10—11 月份成熟。

【习性】强阳性，不耐荫，喜温暖湿润气候和深厚、疏松的酸性、微酸性土。耐涝，又较耐旱。对碱性土敏感，pH 值达 7.2 以上时可发生叶片黄化现象。枝干富韧性，加之冠形窄，故抗风力颇强。萌芽力强。池杉为速生树种，约 3～4 龄起至 20 年生以前，高、粗生长均快；7～9 年后即开始结实。

【观赏特性与园林用途】秋叶棕褐色，特别适于水滨、湿地成片栽植，孤植或丛植均佳。池杉还适宜在长江流域及珠江三角洲等农田水网地区、水库附近，以及用于"四旁"造林绿化，供防风、防浪并生产木材之用。

三、落羽杉（落羽松）【*Taxodium distichum*（L.）Rich.】（见彩图 5—3）

【科属】杉科，落羽杉属。

【分布】原产北美，分布区较池杉为广。我国已引入栽培达半个世纪以上，在长江流域及华南大城市的园林中常有栽培，最北界已达河南南部鸡公山一带。

【形态】落叶乔木，在原产地可高达 50 m，胸径可达 3 m 以上。树冠在幼年期呈圆锥形，老树则开展成伞形。树干尖削度大，基部常膨大，有屈膝状呼吸根；树皮呈长条状剥落。枝条平展，大树的小枝略下垂；一年生小枝褐色，生叶的侧生小枝排成 2 列。叶条形，长 1.0～1.5 cm，扁平，排成羽状 2 列；先端尖，上面中脉下凹，淡绿色，秋季凋落前变为红褐色。球果圆球形或卵圆形，直径约 2.5 cm，成熟时淡褐黄色。种子褐色，长 1.2～1.8 cm。花期为 5 月份；球果次年 10 月份成熟。

【习性】强阳性树；喜暖热湿润气候，有一定耐寒力；极耐水湿，能生长于浅沼泽中，也能生长在排水良好的陆地上。在湿地上生长的，树干基部可形成板状根，自水平根系向地面上伸出筒状的呼吸根，称为"膝根"。土壤以湿润而富含腐殖质者最佳，抗风性强。

【观赏特性与园林用途】入秋叶呈古铜色，是良好的秋色叶树种。最适水旁配植，又有防风护岸之效。

 技能要求

针叶落叶树种辨识

注：后面其他树种辨识的操作准备、操作步骤、注意事项与本技能相同，故不再列出。

一、操作准备

1. 教室、操作台。
2. 安放标本的容器（可用一次性杯子代替）。
3. 标本材料（水杉、池杉、落羽杉枝叶标本）。

二、操作步骤

1. 观察针叶落叶树种标本的叶序。
2. 根据叶色、质地以及叶形作记录。
3. 正确写出不同的枝叶形态特征的名称。

三、注意事项

1. 实物标本不能用手拿（防止标本叶片脱落）。
2. 实物容器中装水，保持实物标本的鲜活度。

学习单元 2　针叶常绿树种

 学习目标

➤熟悉针叶常绿树种的形态

➤了解针叶常绿树种的分布区域

➤掌握针叶常绿树种的习性

➤掌握针叶常绿树种的观赏特性及园林用途

➤能够辨识针叶常绿树种

 知识要求

一、雪松【*Cedrus deodara*（Roxb）Loud】（见彩图5—4）

【科属】松科，雪松属。

【分布】原产于喜马拉雅山西部自阿富汗至印度海拔1 300～3 300 m的地带。中国自1920年起引种，在青岛、大连、西安、昆明、北京、郑州、上海、南京等地均生长良好。

【形态】常绿乔木，高可达50～72 m，胸径可达3 m；树冠为圆锥形。树皮灰褐色，鳞片状开裂。大枝不规则轮生，平展；一年生长枝为淡黄褐色，有毛；短枝灰色。叶针状，灰绿色，长2.5～5 cm；宽与厚相等，各面有数条气孔线；在短枝顶端聚生20～60枚。雌雄异株；雄球花椭圆状卵形，长2～3 cm；雌球花卵圆形，长约0.8 cm。球果椭圆状卵形，长7～12 cm，顶端圆钝，成熟时红褐色。种鳞为倒三角形，背面密被锈色短绒毛；种子三角状，种翅宽大。花期为10—11月份；球果次年9—10月份成熟。

【习性】喜光，幼树稍耐阴。喜凉爽、湿润气候，抗寒性较强，大树能耐—25℃低温，华北北部地区冬季幼树须防寒。喜深厚、肥沃、疏松、排水良好的沙壤土，耐干旱、瘠薄，忌积水，尤忌地下水位过高。幼树生长较慢，20年后生长加快，平均每年高生长50～80 cm，但因生长环境及管理条件而异。寿命较长。

雪松为浅根性树种，侧根系大体在土壤40～60 cm深处，抗风及抗烟尘能力差，新叶对二氧化硫（SO_2）、氟化氢（HF）等有害气体污染敏感。

【观赏特性与园林用途】雪松树体高大，树形优美，为世界著名的五大公园树种（另外四种是金钱松、南洋杉、日本金松、巨杉）之一。印度民间视雪松为圣树，并把它看成是名贵的药用树木。雪松最宜孤植于草坪中央、建筑前庭之中心、广场中心、主要大建筑的两旁、园门的入口等处。雪松主干下部的大枝自近地面处平展，常年不枯，能形成繁茂雄伟的树冠；而到了冬季，皎洁的雪片纷积于翠绿色的枝叶上，形成许多高大的银色金字塔，更能引人入胜。此外，将雪松列植于园路的两旁，形成甬道，亦极为壮观。

二、黑松（白芽松、日本黑松）【*Pinus thunbergii Parl.*】（见彩图5—5）

【科属】松科，松属。

【分布】原产日本及朝鲜半岛东部沿海地区，我国山东、江苏、安徽、浙江、福建等沿海诸省普遍栽培。

【形态】常绿乔木，高可达30～35 m，胸径可达2 m；树冠幼时呈狭圆形，老时呈扁平的伞状。树皮灰黑色，枝条开展，老枝略下垂。冬芽圆筒形，银白色。叶2针1束，粗硬，长6～12 cm；在枝上可存3年，偶有存5年的；中生树脂道6～11道。雌球花顶生。球果卵形或卵圆形，长4～6 cm，有短柄；鳞背稍厚，横脊显著，鳞脐微凹，有短刺。种子倒卵形，灰褐色，略有黑斑，长3～7 mm，种翅长1.5～1.8 cm。花期为3—5月份，果次年10月份成熟。

【习性】阳性树，性喜温暖湿润的海洋性气候，极耐海风和海雾。黑松为深根性树种，对土壤要求不严，喜生于干砂质壤土上，能生长于阳坡的干燥、瘠薄土地上，也能生长在海滩附近的沙地及pH值为8的土壤上，但在排水良好、适当湿润、富含腐殖质的中性土壤上生长最好。黑松对病虫害的抗性较强，根上有菌根菌共生，移植需带有原土。

【观赏特性与园林用途】黑松为著名的海岸绿化树种，可用于防风、防潮、防沙林带及海滨浴场附近的风景林、行道树或庭荫树。在国外也有密植成行并修剪成整形的高篱，一般为7～8 m高，围绕于建筑或住宅之外，既有美化作用又有防护作用。

三、白皮松（虎皮松、白骨松、蛇皮松）【*Pinus bungeana Zucc.*】（见彩图5—6）

【科属】松科，松属。

【分布】为中国特产，是东亚唯一的三针松。在陕西蓝田有成片纯林，山东、山西、河北、陕西、河南、四川、湖北、甘肃等省均有分布，生于海拔500～1 800 m地带，辽宁南部、北京、曲阜、庐山、南京、苏州、上海、杭州、武汉、衡阳、昆明、西安等地均有栽培。

【形态】常绿乔木，高可达30 m，胸径可达1 m以上；树冠阔卵形或圆头形。幼树树皮淡灰绿色，老树树皮粉白色，呈不规则鳞片状剥落。一年生小枝灰绿色，光滑无毛；大枝自近地面处斜出。冬芽卵形，赤褐色。针叶 3 针 1 束，长 5～10 cm，边缘有细锯齿；树脂道边生；基部叶鞘早落。雄球花序长约 10 cm，鲜黄色。球果圆锥状或卵形，长 5～7 cm，直径约 5 cm；成熟时淡黄褐色；近于无柄；鳞背宽阔而隆起，有横脊，鳞脐有刺。种子大，近倒卵形，褐色，种翅短，易脱落。花期为 4—5 月份；球果次年 9—11 月份成熟。

【习性】阳性树，稍耐阴，幼树略耐半阴；耐寒性不如油松；喜生于排水良好而又适当湿润的土壤上；亦能耐干旱土地，耐干旱能力比油松强。对土壤要求不严，在中性、酸性及石灰性土壤上均能生长，可生长在 pH 值为 8 的微碱性土壤上。

白皮松是深根性树种，侧根稀少，移植时应少伤根。较抗风。生长速度中等，20 年生树高可达 4 m。孤植的白皮松，侧土枝的生长势较强，主干的生长量不大，故形成主干底矮、整齐紧密的宽圆锥形树冠。白皮松对病虫害的抗性较强，对二氧化硫（SO_2）及烟尘均有较强的抗性。其干皮较薄，易在向阳面发生日灼病。

【观赏特性与园林用途】白皮松是中国特产的珍贵树种，自古以来即配植于寺院以及名园之中。其树干皮呈斑驳的乳白色，极为醒目，衬以青翠的树冠，形成独特的景观。既宜孤植，又宜丛植成林，或列成行，或对植堂前。

1846 年英国人将白皮松引入伦敦，现在邱园中仍有成活的大树，它是除中国之外最古老的白皮松。在北京，许多园林、古寺中都植有白皮松，已成为北京古都园林中的特色树种。

四、五针松（五钗松、日本五须松）【*Pinus parviflora* Sieb. et Zucc.】（见彩图 5—7）

【科属】松科，松属。

【分布】原产于日本本州中部及北海道、九州、四国等地。中国长江流域部分地区及青岛等地园林中有栽培，各地也常栽为盆景。

【形态】常绿乔木，原产地高可达 25 m，胸径 0.6～1.5 m；树冠圆锥形。树皮灰黑色，呈不规则鳞片状剥裂，内皮赤褐色。一年生小枝淡褐色，密生淡黄色柔毛。冬芽长椭圆形，黄褐色。叶较细，5 针 1 束，长 3～6 cm；内侧两面有白色气孔线，钝头，边缘有细锯齿；树脂道 2 道，边生；在枝上可生存 3～4 年。球果卵圆形或卵状椭圆形，长 4.0～7.5 cm，直径 3.0～4.5 cm，成熟时淡褐色；种鳞长圆状倒卵形。种子倒卵形，黑褐色而有光泽；种翅三角形，淡褐色。

【习性】阳性树，但比赤松及黑松耐阴。喜生于土壤深厚、排水良好、适当湿润的土壤中，在阴湿之处生长不良。对海风有较强的抗性，不适于砂地生长，生长速度缓慢。

【观赏特性与园林用途】该树为珍贵的树种之一，主要作观赏用，宜与山石搭配形成优美的园景，但若任其自然生长则树形较普通，难以充分体现美丽针叶的特点，故需进行专门的整形工作。亦适宜作盆景、桩景。

五、湿地松【*Pinus elliottii* Engelm.】（见彩图5—8）

【科属】松科，松属。

【分布】原产美国东南部暖热潮湿的低海拔（600 m以下）地区。中国山东平邑以南至海南岛的陵水县，东自台湾、西至成都的广大地区内多处试栽均表现良好。

【形态】常绿乔木，在原产地高可达30～36 m，胸径可达90 cm。树皮灰褐色，纵裂成大鳞片状剥落。枝每年可生长3～4轮，小枝粗壮。冬芽红褐色，粗壮，圆柱形，先端渐尖，无树脂。针叶2针1束、3针1束并存，长18～30 cm，粗硬，深绿色，有光泽；腹背两面均有气孔线，叶缘具细锯齿，叶鞘长约1.2 cm。球果常2～4个聚生，罕单生；圆锥形，长6.5～16.5 cm，有梗。种鳞平直或稍反曲，鳞盾肥厚，鳞脐疣状，先端急尖。种子为卵圆形，略具3棱，黑色而有灰色斑点；种翅长0.8～3.3 cm，易脱落。花期在广州为2月上旬至3月中旬；果次年9月上中旬成熟。

【习性】阳性树种，极不耐荫，即使幼苗亦不耐荫。性喜夏雨冬旱的亚热带气候，但对气温的适应性强，能耐40℃的绝对最高温和—20℃的绝对最低温。在中性以至强酸性红壤丘陵地以及表土50～60 cm以下为铁结核层的土壤以及砂黏土地均生长良好，在低洼沼泽地边缘生长更佳，故名湿地松。但也较耐旱，在干旱贫瘠低丘陵地能旺盛生长，在海岸排水较差的固沙地亦能生长正常。湿地松的抗风力较强，在11～12级台风袭击下很少受害。根系能耐海水灌溉，但针叶不能抵抗盐分的侵袭。

【观赏特性与园林用途】湿地松苍劲挺拔，叶翠荫浓，孤植、丛植均可。中国已引种驯化成功达数十年，故在长江以南的园林和自然风景区中作为重要树种应用，很有发展前途。

六、日本柳杉【*Cryptomeria japonica* (L. f.) D. Don】（见彩图5—9）

【科属】杉科，柳杉属。

【分布】原产日本，我国江南一带园林中有栽种。

【形态】常绿乔木，原产地高可达60 m。树冠尖塔形，老树钝头。树皮暗褐色，纤维状裂成条片状脱落。大枝常轮生状，水平开展，微下垂。叶锥形，直伸，不内弯或微内弯，短尖或尖。球果近球形，深褐色。种鳞20～30枚，每种鳞有种子2～5粒。花期为4

月份；果熟期为 10—11 月份。

【习性】耐阴，耐湿，耐轻度盐碱，较耐寒，畏高温炎热，忌干旱。生长速度较快，10 年以内年生长量达 1 m 或 1 m 以上。

【绿化用途】日本柳杉树姿雄健优美，是良好的观赏树和营造混交林及小片纯林的树种。其园艺品种（如矮丛柳杉）秋后变红褐色，是优良的色叶树种，观赏价值较高。

七、侧柏（扁松、扁柏、扁桧、黄柏、香柏）【*Platycladus orientalis* (L.) Franco】（见彩图 5—10）

【科属】柏科，侧柏属。

【分布】原产华北、东北，目前全国各地均有栽培，朝鲜也有分布。

【形态】常绿乔木，高可达 20 m，胸径可达 1 m。幼树树冠尖塔形，老树为广圆形。树皮薄，浅褐色，呈薄片状剥离。大枝斜出；小枝直展，扁平，无白粉。叶全为鳞片状。雌雄同株，球花单生小枝顶端；雄球花有 3～6 对雄蕊，每雄蕊有花药 2～4 个；雌球花有 4 对珠鳞，中间的 2 对珠鳞各有 1～2 颗胚珠。球果卵形，长 1.5～2.5 cm，熟前绿色，肉质。种鳞顶端反曲，尖头，成熟后变木质，开裂，红褐色。种子长卵圆形，无翅或几无翅。花期为 3—4 月份，果当年 10—11 月份成熟。

品种很多，国内外应用较多的有：

1. 千头柏（cv. Sieboldii）（子孙柏、凤尾柏、扫帚柏）：丛生灌木，无明显主干，高 3～5 m。枝密生，树冠紧密，卵圆形或球形。叶鲜绿色。球果略长圆形。种鳞有锐尖头，被极多白粉。

千头柏是一种稳定品种，播种繁殖时遗传特点稳定。在中国及日本等地久行栽培，长江流域及华北南部多栽作绿篱或园景树，也可作造林用。

2. 洒金千头柏（cv. Aurea Nana）：矮生密丛，树冠呈圆形至卵圆形，高 1.5 m。叶淡黄绿色，入冬略转褐绿。

【习性】喜光，但有一定耐阴力。喜温暖湿润气候，但亦耐多湿，耐旱，较耐寒，能耐－25℃低温。喜排水良好而湿润的深厚土壤，但对土壤要求不严格，无论酸性土、中性土还是碱性土均能生长，在土壤瘠薄处、干燥的山岩石路旁亦可生长。抗盐性很强，可在含盐 0.2%的土壤上生长。生长速度中等而偏慢。

【观赏特性与园林用途】自古以来常栽植于寺庙、陵墓和庭园中。北京中山公园有辽代古柏，树龄已达千年左右，枝干苍劲，气魄雄伟。侧柏在夏季虽碧翠可爱，但是自当年 11 月至次年 3 月下旬的近 5 个月期间为土褐色。

八、圆柏（桧柏、刺柏）【*Sabina chinensis*（L.）Ant.（*Juniperus chinensis* L.）】（见彩图 5—11）

【科属】柏科，圆柏属。

【分布】原产中国东北南部及华北等地，北自内蒙古，南至两广北部，东自滨海省份，西至四川、云南均有分布。朝鲜、日本也有分布。

【形态】常绿乔木或灌木，高可达 20 m，胸径可达 3～5 m。树冠尖塔形或圆锥形，老树则呈广卵形、球形或钟形。树皮灰褐色，呈浅纵条剥离；有时呈扭转状。小枝直立或斜生，亦有略下垂的。冬芽不显著。叶有两种，鳞叶交互对生，多见于老树或老枝上；刺叶常 3 枚轮生，长 0.6～1.2 cm，上面略凹，有 2 条白色气孔带。雌雄异株，极少同株；雄球花黄色，有雄蕊 5～7 对，对生；雌球花有珠鳞 6～8 个，对生或轮生。果球形，径 6～8 mm，次年或第三年成熟；成熟时暗褐色，被白粉；果有 1～4 粒种子，卵圆形。花期为 4 月下旬，果多于次年 10—11 月份成熟。

栽培变型：

1. 金叶桧（*cv. Aurea*）：直立窄圆锥形灌木，高 3～5 m。枝上伸。小枝具刺叶及鳞叶，刺叶叶面有两条灰蓝色气孔带，中脉及边缘黄绿色；鳞叶金黄色。

2. 龙柏（*cv. Kaizuka*）：树形呈圆柱状。小枝略扭曲上伸，密集，在枝端形成几个等长的密簇状。叶几乎全为鳞叶，密生；幼叶淡黄色，后呈翠绿色。球果蓝黑色，略有白粉。华北南部及华东各城市常见栽培。用扦插法或嫁接于侧柏砧木上繁殖。

【习性】喜光，但耐阴性很强，可植于建筑北侧。耐寒、耐热。对土壤要求不严，能生于酸性、中性及石灰质土壤上，对土壤的干旱及过湿均有一定的抗性，但以在中性、深厚而排水良好处生长最佳。为深根性树种，侧根也很发达。生长速度中等，比侧柏略慢，25 年生高 8 m 左右。寿命极长，各地可见到百余年至千年树龄的古树。对多种有害气体有一定抗性，是针叶树中对氯气和氟化氢抗性较强的树种，对二氧化硫的抗性显著胜过油松，能吸收一定数量的硫和汞。阻尘和隔音效果良好。

【观赏特性与园林用途】圆柏树形优美，青年期呈整齐之圆锥形，老树则干枝扭曲，千姿百态，堪为奇景。耐修剪，又有很强的耐阴性，故作绿篱比侧柏优良。下枝不易枯，冬季颜色不变褐色或黄色，我国古来多配植于庙宇、陵墓作墓道树或柏林。该树种为古典民族形式庭园中不可缺少之观赏树，宜与宫殿式建筑相配合。又宜作桩景、盆景材料。但在配植时应勿与苹果、梨园靠近，以免锈病猖獗。

九、罗汉松（罗汉杉、土杉）【*Podocarpus macrophyllus*（Thumb.）D. Don】（见彩图 5—12）

【科属】罗汉松科，罗汉松属。

【分布】产于长江以南，各省均有栽培，日本亦有分布。

【形态】常绿乔木，高可达 20 m，胸径可达 60 cm 以上；树冠广卵形。树皮灰色，浅裂，呈薄鳞片状脱落。枝较短而横斜，密生。叶螺旋状互生，条形，长 5～12 cm，宽 5～10 mm；叶端尖，两面中脉显著而缺侧脉；叶面暗绿色，有光泽，叶背黄绿或灰绿色。花期为 4—5 月份；种子当年 8—10 月份成熟。种子卵形，长约 1 cm，未熟时绿色，熟时有紫色假种皮，外被白粉，着生于膨大的种托上，形成葫芦形的两节。种托肉质，椭圆形，初时为深红色，后变为紫色，略有甜味，可食，有梗。绿色的种子下有红色种托，好似许多披着红色袈裟正在打坐参禅的罗汉，故得名。

变种、变型有：

1. 小叶罗汉松（*Var. maki Endl.*）：小乔木或灌木，枝向上伸展。叶短而密生，长 2～7 cm，较窄，两端略钝圆。原产日本，在我国江南各地园林中常有栽培。

2. 短叶罗汉松（*Var. maki f. condensatus Makino*）：叶特短小。长 3.5 cm 以下，多用于盆景。江浙一带有栽培。

3. 狭叶罗汉松（*var. angustifolius Bl.*）：叶长 5～9 cm，宽 3～6 mm，叶端渐狭成长尖头，基部呈楔形。产于西南各省，广东、江苏有栽培，日本亦有分布。

【习性】较耐阴，为半阴性树；喜排水良好而湿润的砂质壤土，在海边也能生长良好。耐寒性较弱，在华北只能盆栽。抗病虫害能力较强。对多种有毒气体抗性较强。寿命很长。

【观赏特性与园林用途】宜孤植作庭荫树，或对植、散植于厅堂之前。特别适宜海岸边植作美化及防风高篱，也可用于工厂绿化。短叶罗汉松因叶小枝密，作盆栽或一般绿篱很是美观。据报道，鹿不食其叶，故又宜作动物园兽舍绿化用。矮化及斑叶的品种是作桩景、盆景的极好材料。

第3节 落叶阔叶树种

学习单元1 落叶阔叶乔木

学习目标

➤熟悉落叶阔叶乔木的形态

➤了解落叶阔叶乔木的分布区域

➤掌握落叶阔叶乔木的习性

➤掌握落叶阔叶乔木的观赏特性及园林用途

➤能够辨识落叶阔叶乔木

知识要求

一、银杏（白果树、公孙树）【*Ginkgo biloba* L.】（见彩图5—13）

【科属】银杏科，银杏属。

【分布】浙江天目山，湖北宜昌雾渡河、大别山等地有野生银杏；各地均有栽培，而以江南一带较多。

【形态】落叶大乔木，高可达40 m，胸径可达3 m以上；树冠广卵圆形，青壮年期树冠圆锥形。树皮灰褐色，深纵裂。主枝斜出，近轮生，枝有长枝、短枝之分。一年生枝的长枝呈浅棕黄色，后则变为灰白色，并有细纵裂纹；短枝细被叶痕。叶扇形，有二叉状叶脉，顶端常2裂，基部楔形，有长柄；互生于长枝而簇生于短枝上。雌雄异株；风媒花。种子为核果，椭圆形，熟时呈淡黄色或橙黄色，外被白粉；外种皮肉质，有臭味；中种皮白色，骨质；内种皮膜质。花期为4—5月份，种子9—10月份成熟。

【习性】阳性树。喜湿润而又排水良好的深厚砂质壤土，在酸性土（pH值为4.5）和石灰性土（pH值为8.0）中均可生长良好。不耐积水，较耐旱，但在过于干燥及多石山坡或低湿之地生长不良。耐寒性颇强。

银杏为深根性树种，生长发育较慢，用种子繁殖约需 20 年才能开花结果，40 年才进入结实盛期。银杏树寿命极长，可达千年以上。例如，北京西郊大觉寺的银杏已有 900 余年的历史，树高及冠幅达 18 m、胸围达 7.55 m，仍生长健壮。

【观赏特性与园林用途】银杏树姿雄伟壮丽，叶形秀美，寿命长，又少病虫害，最适宜作庭荫树、行道树或独赏树。我国自古以来最常见的配植方法是在寺庙殿前左右对植，故至今在各地寺庙中常可见参天古银杏。目前城市中常用作行道树，秋叶变成金黄色时极为美观。

二、垂柳（倒栽柳、水柳、垂枝柳、垂杨柳、垂丝柳）【*Salix babylonica L.*】（见彩图 5—14）

【科属】杨柳科，柳属。

【分布】主要分布于我国长江流域及其以南地区，华北、东北早有栽培。

【形态】落叶乔木，高可达 10～15 m；树冠倒广卵形。树皮组织厚，纵裂。小枝细长下垂。叶片狭披针形至线状披针形，长 8～16 cm，宽 0.5～1.5 cm；先端长尖，基部楔形，叶缘有细锯齿；叶背有白粉，呈蓝灰绿色；叶柄长约 0.6～1 cm。柔荑花序；雌花子房仅腹面具 1 个腺体，背面无腺体。花期为 3—4 月份，果熟期为当年 4—5 月份。

【习性】喜光，也耐阴。喜温暖湿润气候，较耐寒。对土壤要求不严，能耐碱，最适宜在深厚、湿润的酸性至中性土壤中生长。根系发达，萌芽力强，特耐水湿，在河边、湖岸、堤坝生长最快；耐干旱能力比旱柳稍差，在地势高燥地方也能生长。垂柳适应能力强，能吸收二氧化硫；对氯气等抗性弱，受害后有落叶和枯梢现象。

【观赏特性与园林用途】枝条细长，柔软下垂，随风飘舞，姿态优美潇洒，最适宜在河岸及水边种植，与红花碧桃相配，可形成"桃红柳绿"的景色。也可作庭荫树、行道树、固岸护堤树以及造林和厂区绿化树种。

三、意杨（意大利杨、意大利 214 杨）【*Populus euramericana cv.* I—214】（见彩图 5—15）

【科属】杨柳科，杨属。

【分布】原产意大利。我国 1958 年从东德引入，1965 年又从罗马尼亚引入，1972 年再由意大利引进。江苏泗阳为著名的意杨之乡。

意杨指从意大利引进的美洲黑杨，俗称意杨。现在广为种植的意杨品种实际上主要有三个：I—72 杨、I—69 杨和 I—63 杨，其中最著名的品种是 I—69 杨。

【形态】落叶大乔木，树冠长卵形。树皮灰褐色，浅裂。叶片三角形，基部心形，有

2～4个腺点，叶长略大于宽；叶深绿色，质较厚。叶柄扁平。

【习性】阳性树种。喜温暖环境和湿润、肥沃、深厚的砂质土，对杨树褐斑病和硫化物具有很强的抗性。生长快速，树干挺直。

【观赏特性与园林用途】树干耸立，枝条开展，叶大荫浓，宜作防风林、绿荫树和行道树，能很快形成绿化景观。

四、枫杨（元宝树）【*Pterocarya stenoptera* C. DC.】（见彩图5—16）

【科属】胡桃科，枫杨属。

【分布】分布于华北、华中、华南和西南各省，在长江流域和淮河流域最为常见，是上海的乡土树种之一。朝鲜也有分布。

【形态】落叶乔木，高可达30 m，树冠扁球形。树皮幼时为浅灰色，平滑，后呈灰暗褐色，浅裂。小枝有灰黄色皮孔，髓心呈片状分隔。裸芽叠生，密被锈褐色毛。奇数羽状复叶，互生，小叶9～23枚；小叶矩圆形或窄圆形，边缘有细齿；小叶间的叶轴上有狭翅，表面有细小疣状凸起，脉上有星状毛，背面少有盾状腺体。花单性，雌雄同株，柔荑花序，下垂；雄花序生于叶腋，长6～10 cm；雌花序生于枝顶，长约15 cm。坚果长椭圆形，两侧具翅，斜上开展，成串串元宝状果实；果序下垂。花期为5月份，当年10月份果熟。

【习性】喜光，稍耐阴。较耐寒，但喜温暖、湿润环境。对土壤的要求不严，在酸性及微碱性土壤中均可生长。耐水湿，不畏浸淹。播种出芽率高，生长快，萌芽力强。深根性树种，根系发达，有一定的耐旱力。对二氧化硫及氯气的抗性较强，对烟尘等有毒气体有一定抗性。

【观赏特性与园林用途】树冠宽广，枝叶茂密，生长迅速，适应性强，寿命长，在江淮流域多栽为遮阴树及行道树，也适合用于工厂绿化。生长季后期不断落叶，清扫麻烦。枫杨根系发达、较耐水湿，常作水边护岸固堤及防风林树种。

五、白榆（家榆）【*ulmus pumila* L.】（见彩图5—17）

【科属】榆科，榆属。

【分布】产于东北、华北、西北及华东等地区，华北及淮北平原地区栽培尤为普遍，长江流域也有栽培。前苏联地区、蒙古及朝鲜也有分布。

【形态】落叶乔木，高可达25 m，树冠圆球形。树皮灰黑色，粗糙而纵裂。小枝灰白色，细长，常排成二列状，无毛。叶卵状长椭圆形；先端尖，基部稍歪斜；边缘有不规则单锯齿；两面无毛，或背面脉腋有毛；侧脉9～16对。叶长2～6 cm，宽1.5～2.5 cm。

早春先叶开花；聚伞花序，簇生于一年生枝上；花被钟形，4～5 裂。翅果近圆形（俗称榆钱），长 1.3～1.5 cm，无毛，顶端凹缺。种子位于翅果中部，很少接近凹缺处。花期为 3—4 月份，果当年 4—5 月份成熟。

【习性】喜光，耐寒、耐旱，不耐水湿，能适应干凉气候；喜肥沃、湿润而排水良好的土壤，在干旱、瘠薄和轻盐碱土壤中也能生长。如土壤肥沃，耐盐能力上限达 0.63%，尤其对氯离子的适应能力很强。生长较快，30 年生树高 17 m，胸径 42 cm。寿命可长达百年以上。萌芽力强，耐修剪。主根深，侧根发达，抗风、保土力强。对二氧化碳、氯气、烟尘、氟化氢等的抗性较强。

【观赏特性与园林用途】树干通直，树形高大，绿荫较浓，适应性强，生长快，可在庭园孤植或群植，或作行道树和庭荫树。适植于水滨、池畔，也可用于营造防护林。在干瘠、严寒之地常呈灌木状，叮用做绿篱。

六、朴树【*Celtis sinesis* Pers.】（见彩图 5—18）

【科属】榆科，朴属。

【分布】原产淮河流域、秦岭以南至华南各省，散生于平原及低海拔山区。

【形态】落叶乔木，高可达 20 m，树冠扁球形。树皮灰色，光滑。当年生小枝密生毛，后渐脱落。叶质较厚，阔卵形或圆形，表面有光泽；长 4～8 cm；先端短，渐尖，基部不对称，中上部边缘有钝锯齿；三出脉，背脉隆起，叶脉处疏生毛。叶柄长约 1 cm。花雌雄同株；雄花簇生于当年生枝下部叶腋；雌花单生于枝上部叶腋，1～3 朵聚生。核果近球形，单生叶腋，红褐色，果柄等长或稍长于叶柄；表面有网纹或棱脊。花期为 4—5 月份，果熟期为当年 9—10 月份。

【习性】喜光，稍耐阴，喜温暖气候及肥沃、湿润、深厚之中性黏质壤土，能耐轻盐碱土。深根性树种，抗风力强。寿命较长，可抗烟尘及有毒气体。

【观赏特性与园林用途】树形美观，树冠宽广，绿荫浓郁，可作庭荫树、行道树，亦可以制作盆景。

七、榉树（大叶榉）【*Zelkova schneideriana* Hand-Mazz.】（见彩图 5—19）

【科属】榆科，榉属。

【分布】原产于我国黄河流域以南，淮河及秦岭以南，长江中下游至华南、西南各省。多散生或混生于阔叶林中。垂直分布在海拔 500 m 以下丘陵及平原，云南可达海拔 1 000 m。江南园林常见。

【形态】落叶乔木，高可达 25 m，树干通直，树冠呈倒卵状或伞形。树皮棕褐色，不开裂；老时呈薄鳞片状不规则地剥落，小枝细，当年生枝密生柔毛。叶椭圆状卵形，长2～10 cm；先端渐尖，基部广楔形；叶缘有桃形锯齿，排列整齐；羽状脉10～14对；表面粗糙，具脱落性硬毛，下面被密柔毛，叶柄长1～4 mm。花单性（稀杂性），雌雄同株；雄花簇生于新枝下部的叶腋或苞腋，雌花单生于新枝上部的叶腋。果实为坚果，圆盘形，上部小，歪斜且有皱纹，直径2.5～4 mm。花期为3—4月份，当年10—11月果实成熟。

【习性】喜光，略耐阴，喜温暖气候及肥沃、湿润土壤，在酸性、中性及石灰性土壤上均可生长。忌积水，也不耐干旱、贫瘠。耐烟尘，抗污染，抗有毒气体。抗病虫害能力较强。榉树是深根性树种，侧根广展，抗风力强。生长速度中等偏慢，尤其是幼年期生长慢，10年后生长逐渐加快。寿命较长。

【观赏特性与园林用途】树干通直，树形优美，秋叶红色，观赏价值远比一般榆树高，可孤植或丛植、列植在公园和广场的草坪、建筑旁作庭荫树，或三五株点缀于亭台池边。与常绿树种混植可作风景林，还可列植于人行道、公路旁作行道树。榉树还是良好的造林树种和制作树桩盆景的好材料。

八、构树（古名楮，又名谷浆树）【*Broussonetia papyrifera* (L.) Vent.】（见彩图5—20）

【科属】桑科，构属。

【分布】分布于中国黄河、长江和珠江流域地区，也见于越南、日本、朝鲜等国。欧洲及美洲东部有少量栽培。

【形态】落叶乔木，干直立，高可达16 m，树冠开张，卵形至广卵圆形，树体含有乳白汁液。树皮平滑，浅灰色或灰褐色。小枝粗壮，平展，灰褐色或红褐色，密生白色绒毛。叶互生，有时近对生，阔卵形，长8～20 cm，宽6～15 cm，不分裂或3～5深裂（幼枝上的叶更为明显）；表面暗绿色，叶背灰绿色，两面有厚柔毛；基部圆形或近心形，边缘有粗齿，叶柄长3～5 cm，密生绒毛。

花期为5月份。雌雄异株；雄花为下垂的柔荑花序，圆柱形，着生于新生嫩枝的叶腋，长6～8 cm；雌花为头状花序，有棒状苞片；顶端圆锥形，有毛；花柱基部不分枝。

聚花果球形，肉质，直径约3 cm，有长柄，熟时红色。果熟期为9月份。

【习性】适应性强，速生。喜光，稍耐阴。耐寒性强，耐旱，也耐水湿、瘠薄土壤，喜钙质土，但在酸性土、中性土上也可生长，能耐盐碱。抗污染，尤其是抗烟尘能力很强。萌芽力和萌蘖力均较强。

【观赏特性与园林用途】观赏价值一般，但抗逆性强，抗污染，阻滞尘埃能力强，能耐二氧化硫、氟化氢和氯气等，适宜在有气体污染的工矿区和荒山作绿化树种栽植。

九、白玉兰（玉兰、望春花、木花树）【*Magnolia denudata* Desr.】（见彩图 5—21）

【科属】木兰科，木兰属。

【分布】原产我国安徽、浙江、江西、湖北、贵州、湖南及广东北部海拔 500～1 000 m 的山地，目前江西庐山、安徽天柱山、浙江天目山、贵州雷公山、湖南骑田岭等处有野生。

【形态】落叶乔木，高可达 15 m。树冠卵形或近球形。幼枝及芽均有毛。单叶互生，宽倒卵形至倒卵形，长 10～18 cm，宽 6～12 cm；先端圆宽，平截或微凹，具短突尖，中部以下渐狭呈楔形；全缘，幼时背面有毛。托叶脱落后幼枝上残存环状托叶痕，此为木兰科的识别特征。顶芽与花梗密被灰黄色长绢毛，冬态更显。花朵硕大，先于叶开放；顶生，直立枝头，呈钟状；盛开时如玉碟形，直径 10～16 cm；花被 9 片，偶有 12～15 片；花萼、花瓣相似，花瓣为倒卵形，玉白色，芳香，有时基部带红晕；花丝为紫红色，无毛。

果实为聚合蓇葖果，9—10 月份成熟；木质，圆柱形，青绿色，成熟时转红褐色；单果成熟时有柔丝下垂，红果弱丝，迎风摇曳，为时不长即落。

【习性】喜温暖、向阳、湿润而排水良好的地方。根肉质，要求土壤肥沃。忌水淹，在低洼与地下水位高的地区都不宜种植。稍耐阴，颇耐寒，在 −20℃ 的条件下可安全越冬。喜弱酸性土壤（pH 值为 5～6），但在碱性土（pH 值为 7～8）中亦能生长。不耐干燥及石灰质土，在土壤干燥处生长变慢且叶易变黄，在排水不良的黏性土和碱性土中也生长不良。抗风，抗烟尘。生长速度较慢。花先叶开放。长江流域 3 月份开花，花期约 10 天。花谢后展叶，霜降后开始落叶。

【观赏特性与园林用途】白玉兰花朵硕大、洁白而芳香，是我国著名的早春花木，最宜列植堂前、点缀中庭。民间传统的宅院配植中讲究"玉棠春富贵"，其中的"玉"即玉兰。玉兰盛开之际有"莹洁清丽，恍疑冰雪"之美。如配植于纪念性建筑之前，则有"玉洁冰清"的寓意，象征着品格的高尚和超凡脱俗的情趣。如丛植于草坪或针叶树丛之前，则能形成春光明媚的景境，给人以青春、喜悦和充满生气的感受。玉兰除了是庭园中名贵的观赏树外，还可用于室内瓶插观赏。

十、鹅掌楸（马褂木）【*Liriodendron chinense*（Hemsl.）Sarg.】（见彩图 5—22）

【科属】木兰科，鹅掌楸属。

【分布】原产我国长江流域以南海拔 500～1 700 m 的山区，常与各种阔叶树混生。

【形态】落叶乔木，高可达 40 m，胸径可达 1 m 以上，树冠圆锥状阔卵形。一年生枝灰色或灰褐色。叶马褂形，各边 1 裂，向中腰部缩入，上部平截；长 12～15 cm；老叶背部苍白色，有白色乳状突点。

花为杯状，黄绿色，外面绿色较多而内方黄色较多；花被 9 片，清香；花瓣长 3～4 cm；花丝短，约 0.5 cm。

聚合果纺锤形，长 7～9 cm；小坚果钝尖，有翅。花期为 5—6 月份，果熟期为 10—11 月份。

【习性】性喜光，喜温暖、湿润的气候，有一定的耐寒性，可耐 −15℃ 的低温。在湿润、深厚、肥沃、疏松的酸性、微酸性土壤中生长良好。不耐干旱、贫瘠，忌积水。对二氧化硫有一定抗性。生长较快，寿命较长。

【观赏特性与园林用途】树形端正，叶形奇特，秋叶呈黄色，是优美的庭荫树和行道树种。可独栽或群植。在江南自然风景区中可与木荷、山核桃、板栗等进行混交林式种植。最宜植于园林中休息区的草坪上。

十一、枫香（枫仔树、台湾香胶树）【*Liquidambar formosana* Hance.】（见彩图 5—23）

【科属】金缕梅科，枫香属。

【分布】原产广东、广西、福建、湖北、四川、河南及海南岛等地。在国外，朝鲜、越南、老挝也有分布。

【形态】落叶大乔木，高可达 40 m。树皮幼时平滑，灰白色；老时变为黑褐色，有不规则深纵裂。单叶互生，具托叶；叶掌状，浅 3 裂，先端渐尖，基部心形或截形，边缘有锯齿。揉搓叶片有香味。冬季叶子由绿转黄再转红，干燥后常被用来作为植物叶书签。

花为单性，雌雄同株，雌花为头状花序，雄花为短穗状花序；靠蜜蜂传播花粉。

蒴果球形，具星芒刺状物，灰褐色，内有带扁平狭翅的种子。花期为 3 月下旬，果熟期为 10 月份。

【习性】喜阳，幼树稍耐阴。喜湿润、肥沃而深厚的红黄壤土。主根粗长，能抗风。耐干旱、瘠薄，不耐水淹。萌蘖性强。

【观赏特性与园林用途】枫香作为风景林已见营造，但作为行道树未见栽培。树干可用作栽培香菇的段木，也常被用来作为盆景的材料。

十二、二球悬铃木（英国梧桐）【*Platanus acerifolia* Willd.】（见彩图 5—24）

【科属】悬铃木科，悬铃木属。

【分布】原产欧洲，印度、小亚细亚亦有分布，现广植于世界各地。

【形态】落叶大乔木，高可达 35 m，枝条开展，树冠为阔钟形。干皮灰褐色至灰白色，呈薄片状剥落，剥落后呈粉绿色。幼枝、幼叶密生褐色星状毛。

柄下芽，单叶互生；叶片较大，掌状，5～7 裂，深裂达中部，裂片卵形，长大于宽，叶基近心形或截形；叶缘有齿牙，掌状脉；嫩时有星状毛，后近于无毛。托叶圆领状。

花为头状花序，黄绿色，直径 2.5～3.5 cm；通常 2 个一串，状如悬挂着的铃。

球果下垂，宿存花柱长，呈刺毛状；果柄长而下垂，通常 2 球一串；坚果基部有长毛。花期为 4—5 月份，9—10 月份果熟。

【习性】喜光，喜温暖湿润气候，较耐寒。能适应城市街道透气性差的土壤条件，但因根系分布较浅，刮风时易受害而倒斜。对土壤要求不严，以湿润、肥沃的微酸性或中性土壤生长最盛。微碱性或石灰性土也能生长，但易发生黄叶病。短期水淹后能恢复生长。萌芽力强，耐修剪。抗空气污染能力较强，叶片具吸收有毒气体和滞积灰尘的作用。

【观赏特性与园林用途】世界著名的优良庭荫树和行道树，有"行道树之王"之称。适应性强，又耐修剪整形，是优良的行道树种，广泛应用于城市绿化。在园林中可孤植于草坪或旷地，或列植于通道两旁。又因其对二氧化硫、氯气等多种有毒气体抗性较强，并能吸收有害气体，作为居民区、厂矿绿化树种颇为合适。

十三、刺槐（洋槐）【*Robinia pseudoacacia* L.】（见彩图 5—25）

【科属】豆科，蝶形花亚科，刺槐属。

【分布】原产北美，现欧、亚各国广泛栽培。19 世纪末先在我国青岛引种，后渐扩大栽培范围，现已遍布全国，尤以黄、淮流域最常见，多植于平原及丘陵。

【形态】落叶乔木，高可达 25 m；树冠为椭圆状倒卵形。树皮灰褐色，纵裂；枝条具托叶刺，冬芽小。奇数羽状复叶互生，小叶为椭圆形至卵圆形，长 2～5 cm，叶端钝或微凹，有小尖头，基部圆形。

花期为 4—6 月份；花白色，蝶形，芳香，花萼筒上有红色斑纹；总状花序，腋生。

荚果扁平，长 4～10 cm；种子肾形，黑色。果当年 10—11 月份成熟。

【习性】强阳性树种，不耐荫。喜较干燥、凉爽的气候，尤以在空气湿度较大的沿海地区生长为佳。刺槐较耐干旱、瘠薄，但在土层浅的土壤中如遇大旱之年也会旱死。能在石灰性土、酸性土、中性土以及轻度盐碱土中正常生长，但在肥沃、湿润、排水良好的砂质土壤中生长最佳。不耐涝，在土壤水分过多处易烂根和发生紫纹羽病，常致全株死亡。地下水位不足 0.5 m 的地方不宜种植。

刺槐为浅根性树种，侧根发达，但多分布于 20～30 cm 深的表土层中。萌蘖性强，寿命较短，截干的萌蘖条 1 年可高 2～3 m，8～10 年即可成材，30～50 年后逐渐衰老。枝条的抗风能力较弱，雨后遇大风易引起倾斜、偏冠、风倒或折干现象，故不宜植于风口处。

【观赏特性与园林用途】可作庭荫树或行道树。因其抗性强、生长迅速，是工矿、荒山、荒地绿化的优良树种。

十四、臭椿（樗）【*Ailanthus altissima*（mill.）Swingle】（见彩图 5—26）

【科属】苦木科，臭椿属。

【分布】我国东北南部、华北、西北至广东、广西、云南等 22 个省区均有分布，朝鲜、日本也有。

【形态】落叶乔木，高可达 30 m；树干通直而高大，树冠扁球形或伞形。树皮灰褐色，平滑而具浅直纹。小枝粗壮，缺顶茅，褐黄色至红褐色；初被细毛，后脱落；皮孔点状疏生，灰黄色，或呈周围高、中央低的水溅状环形点。叶痕大，倒卵形，内具 9 个维管束痕。

叶为奇数羽状复叶，互生，小叶 13～25 cm；小叶为卵状披针形，长 4～15 cm；先端渐长尖，基部圆形、截形或宽楔形，略偏斜；表面鲜绿色，背面灰绿色，背面稍有白粉，无毛或沿中脉有毛。叶缘中上部全缘或为波状，近基部叶缘 1/4 处常有 1～2 对粗锯齿，齿顶有腺点。小叶柄短，长 0.4～1.2 cm，叶总柄基部膨大，有臭味。花杂性异株，成圆锥花序顶生。翅果扁平，纺锤形，长 3～5 cm，宽 0.8～1.2 cm；两端钝圆，熟时淡黄褐色或淡红褐色。花期为 4—5 月份；果熟期为 9—10 月份。

【习性】喜光，不耐荫，适应性强。很耐干旱、瘠薄，但不耐水湿，长期积水会烂根致死。能耐中度盐碱土，在土壤含盐量达 0.3% 的情况下，幼树可生长良好，在含盐量达 0.6% 处亦可成活生长。对微酸性、中性和石灰质土壤都能适应，喜排水良好的砂壤土。有一定的耐寒能力。对烟尘和二氧化硫抗性较强。根系发达，为深根性树种，萌蘖性强，生长较快。

【观赏特性与园林用途】观赏和庭荫树种，在国外常作行道树用，被称为"天堂树"，中国用做行道树的则不多见。因为有较强的抗烟尘及抗二氧化硫能力，所以是工矿区绿化的良好树种；又因适应性强、萌蘖力强，故而又是盐碱地的水土保持和土壤改良树种。

十五、苦楝（楝、楝树）【*Melia azedarach* L.】（见彩图 5—27）

【科属】楝科，楝属。

【分布】产于华北南部至华南各省区，甘肃、四川、云南也有分布；印度、巴基斯坦及缅甸等国亦产。多生于低山及平原地区。

【形态】落叶乔木，高可达 20 m，树冠近于平顶。树皮暗褐色，浅纵裂。枝条开展；小枝粗壮，具有大的叶痕和皮孔；老枝紫色，有细点状皮孔，皮孔多而明显；幼枝有星状毛。

叶为 2～3 回奇数羽状复叶；小叶对生，卵形至卵状长椭圆形，长 3～8 cm；先端渐尖，基部楔形或圆形，叶缘有锯齿或裂。花淡紫色，长约 1 cm，有香味，成腋生圆锥状复聚伞花序，长 25～30 cm。核果近球形，直径为 1～1.5 cm；熟时黄色，宿存树枝，经冬不落。花期为 4—5 月份；果当年 10—11 月份成熟。

【习性】喜光，不耐荫；喜温暖、湿润的气候，耐寒力不强，华北地区幼树易遭冻害，但 3～4 年以上树龄的大树抗寒力明显增强。对土壤要求不严，在酸性、中性、钙质土及盐碱土中均可生长。稍耐干旱、瘠薄，也能生于水边，但以在深厚、肥沃、湿润处生长最好。萌芽力强，生长快，抗风。对二氧化硫抗性较强，但对氯气抗性较弱。

【观赏特性与园林用途】耐烟尘、二氧化硫，是良好的城市及工矿区绿化树种，宜作庭荫树及行道树。在草坪孤植、丛植，或配植于池边、路旁、坡地都很合适。

十六、三角枫【*Acer buergerianum* Miq.】（见彩图 5—28）

【科属】槭树科，槭属。

【分布】主产于我国长江中下游地区，北达山东，南至广东，东南至台湾均有分布。日本也有分布。

【形态】落叶乔木，一般高达 5～10 m，少数可高达 20 m。树皮暗褐色，薄条片状剥落。小枝细，幼时有短柔毛，后变无毛，稍有白粉。叶常 3 浅裂，3 主脉，长 4～10 cm，基部圆形或广楔形，裂片全缘或上部疏生浅齿；背面有白粉，幼时有毛。花杂性同株，黄绿色，顶生伞房花序，有短柔毛。翅果，两果翅张开成锐角或近于平行，果核部分两面凸起。花期为 4 月份；果当年 9 月份成熟。

【习性】弱阳性，稍耐阴。喜温暖湿润气候及酸性、中性土壤，较耐水湿；有一定耐寒能力，在北京可露地越冬。萌芽力强，耐修剪；根系发达，根萌性强。在适生地区生长尚快，寿命 100 年左右。

【观赏特性与园林用途】树姿优雅，干皮美丽，春季花色黄绿，入秋叶片变红，是良好的园林绿化和观叶树种。宜作庭荫树、行道树及护岸树栽植。在湖岸、溪边、谷地、草坪配植，或点缀于亭廊、山石间都很合适。耐修剪，可盘扎造型，用做树桩盆景。

十七、无患子（洗手果）【*Sapindus mukorossi* Gaertn.】（见彩图 5—29）

【科属】无患子科，无患子属。

【分布】我国境内原产于长江流域及以南各省区，越南、老挝、印度、日本亦产。无患子为低山、丘陵及石灰岩山地习见树种，垂直分布在西南可高达海拔 2 000 m 左右。

【形态】落叶或半常绿乔木，高可达 25 m。枝开展，成广卵形或扁球形树冠。树皮灰白色，平滑不裂。小枝无毛，芽两个叠生。叶为羽状复叶，互生，一个总叶柄上着生小叶 8～14 枚；小叶为卵状披针形或卵状长椭圆形，长 7～15 cm；先端尖，基部不对称，全缘；薄革质，无毛；秋叶金黄色。花黄白色或淡紫色，成圆锥花序顶生。核果近球形，直径 1.5～2 cm；熟时黄色或橙黄色。种子球形，黑色，坚硬。花期为 5—6 月份；果 9—10 月份成熟。

【习性】喜光，稍耐阴。喜温暖湿润气候，耐寒性不强；对土壤要求不严，在酸性、中性、微碱性及钙质土中均能生长，在土层深厚、肥沃而排水良好之地生长良好。深根性树种，抗风力强。萌芽力弱，不耐修剪。生长较快，寿命长。对二氧化硫抗性较强。

【观赏特性与园林用途】宜作庭荫树及行道树。孤植、丛植在草坪、路旁或建筑物附近均可。若与其他秋色叶树种及常绿树种配植，可为园林秋景增色。

十八、栾树（灯笼树、摇钱树）【*Koelreuteria paniculata* Laxm.】（见彩图 5—30）

【科属】无患子科，栾树属。

【分布】原产我国北部及中部，北自东北南部，南到长江流域及福建，西至甘肃东南部及四川中部均有分布，以华北较为常见。日本、朝鲜亦产。多分布于海拔 1 500 m 以下的低山及平原，最高可达海拔 2 600 m 处。

【形态】落叶乔木，高可达 15 m；树冠近圆球形。树皮灰褐色，细纵裂。小枝稍有棱，无顶芽，皮孔明显。奇数羽状复叶，部分小叶深裂为不完全的 2 回羽状复叶，长达 40 cm。每柄着生小叶 7～15 枚。小叶为卵形或卵状椭圆形，边缘有不规则粗齿，近基部常有深裂片，背面沿脉有毛。春季嫩叶多为红色，入秋叶色变黄。花朵较小，金黄色，顶生为圆锥花序。蒴果为三角状卵形，长 4～5 cm，顶端尖；成熟时红褐色或橘红色。花期为 6—7 月份；果当年 9—10 月份成熟。

【习性】喜光，耐半阴。耐寒，耐干旱、瘠薄，也能耐盐渍及短期水涝，喜生于石灰质土壤。深根性树种，萌蘖力强。生长速度中等，幼树生长较慢，以后渐快。有较强的抗烟尘能力。繁殖以播种为主，分蘖、根插也可。

【观赏特性与园林用途】宜作庭荫树、行道树及园景树，也可用作防护林、水土保持及荒山绿化树种。

十九、毛泡桐【*Paulownia tomentosa*（Thunb.）Steud. var. *tomentosa*】（见彩图5—31）

【科属】玄参科，泡桐属。

【分布】分布于辽宁南部、河北、河南、山东、江苏、安徽、湖北、江西等地，西部地区有野生。海拔可达1 800 m。日本、朝鲜、欧洲和北美洲也有引种栽培。

【形态】乔木，高可达20 m，树冠宽大伞形。树干耸直，树皮褐灰色。小枝粗壮，有明显皮孔，幼时常具黏质短腺毛，后渐脱落。叶阔心形，长达40 cm，先端渐尖或锐尖，基部心形，全缘（稀浅裂），表面毛稀疏，背面被星状绒毛。花萼倒圆锥状钟形，浅裂（约为萼的1/4~1/3），毛脱落；花冠漏斗状，紫色，蒴果卵圆形，长3~4.5 cm。花期为4—5月份；果当年9—10月份成熟。

【习性】强阳性树种，极喜光。喜温暖气候，耐寒性稍差，根系近肉质，怕积水而较耐干旱。在土壤深厚、肥沃、湿润、疏松的条件下，才能充分发挥其速生的特性；土壤pH值以6~7.5为宜，不耐盐碱，喜肥。对二氧化硫（SO_2）、氯气（Cl_2）、氧化氢（HCl）、硝酸雾（HNO_3）的抗性均强。

【观赏特性与园林用途】树干端直，树冠宽大，叶大荫浓，花大而美，宜作行道树、庭荫树；也是重要的速生用材、"四旁"绿化的优良树种。

二十、合欢（绒花树、合昏、夜合花、洗手粉）【*Albizzia julibrissin*】（见彩图5—32）

【科属】豆科，含羞草亚科，合欢属。

【分布】原产亚洲及非洲，我国国内分布于自黄河流域至珠江流域之广大地区。

【形态】落叶乔木，高可达16 m；树冠扁圆形，常呈伞状，常偏斜。树皮褐灰色，枝条开展，分枝点（主枝）较低。叶为2回羽状复叶，羽片4~12对，各有小叶10~30对；小叶镰刀状，长6~12 mm，宽1~4 mm；中脉明显偏于一边，叶背中脉处有毛。

花为头状花序，细长之总柄排成伞房状，腋生或顶生；萼及花瓣均黄绿色；雄蕊多，如绒缨状，花丝粉红色。荚果扁条形，长9~17 cm。花期为6—7月份。果当年9—10月份成熟。

【习性】性喜光，但树干皮薄，畏暴晒，否则易开裂。耐寒性略差，在华北宜选平原或低山区之小气候较好处栽植。生长迅速，对土壤要求不严，能耐干旱、瘠薄，但不耐水涝。

【观赏特性与园林用途】宜作庭荫树、行道树，植于林缘、房前、草坪、山坡等地。

二十一、樱花（樱、山樱花）【*Prunus lannesiana Wils．（P. donarium Sleb．，P. Serrulata var. lannesiana Rehd．*）】（见彩图5—33）

【科属】蔷薇科，李亚科，李属。

【分布】原产北半球温带，我国西南山区品种最为丰富。以日本樱花最为著名。

【形态】落叶乔木，高5～25 m，树冠卵圆形至圆形。树皮暗栗褐色，光滑而有光泽，具横纹。小枝无毛。叶卵形至卵状椭圆形，边缘具芒齿，两面无毛。花单生枝顶或3～6朵簇生为伞形或伞房状花序，与叶同时生出或先叶后花；花萼钟状或筒状。栽培品种多为重瓣，花期为4月份。核果球形，红色或黑色，5～6月份成熟。

【习性】对气候、土壤适应范围较宽。无论野生种还是栽培种，都表现出喜光、耐寒、抗旱的习性。在排水良好的土壤中生长良好。

【观赏特性与园林用途】樱花为重要的观花树种，可大片栽植造成"花海"景观，可三五成丛点缀于绿地，也可孤植形成"万绿丛中一点红"之画意。樱花还可作行道树、绿篱或制作盆景。

1. 樱花（*P. serrulata*）：落叶乔木，高15～25 m，树皮暗栗褐色，光滑。叶卵形或卵状椭圆形，叶缘具芒状尖细锯齿。花白色或粉红色，直径2～5 cm。花期为4月份。

2. 日本晚樱（*P. lannesiana*）：高约10 m，树皮淡灰色。叶倒卵形，叶缘具长芒状齿。花单或重瓣，下垂，粉红或近白色，芳香，2～5朵聚生。花期为4月份。

3. 日本早樱（*P. subhirtella*）：小乔木，高约5 m。树皮横纹状，老树皮纵裂。小枝褐色。叶倒卵形至卵状披针形。花粉红色，2～3朵呈伞形花序聚生；春季叶前开花。

4. 大山樱（*P. sargentii*）：落叶大乔木，高12～20 m，树皮褐色，小枝紫褐色。叶椭圆状卵形。花粉红色，2～4朵簇生，直径3～5 cm。花期为3～4月份。

二十二、红叶李（紫叶李）【*Prunus cerasifera Ehrh. cv. Atropurpurea Jacq．*】（见彩图5—34）

【科属】蔷薇科，李亚科，李属。

【分布】原产亚洲西南部，我国西北、东部、南部、中部、西南与台湾山区等均有栽植。

【形态】落叶小乔木，株高可达 8 m，植株各部分均呈暗紫红色，小枝光滑。叶卵形至倒卵形，长 4.5～6 cm；先端尖，基部圆形，有尖细重锯齿；暗绿或紫红色，两面无毛或背面中脉基部有柔毛。花期为 4—5 月份。花单生叶腋或 2～3 朵聚生，单瓣，淡粉红色。果球形，暗酒红色。

【习性】喜光，喜温暖湿润气候。对土壤要求不严，但在肥沃、深厚而排水良好的中性或酸性土壤中生长良好。

【观赏特性与园林用途】红叶李是园林中重要的观叶树种，宜在建筑物前及园路旁或草坪角隅处栽植。栽植时应慎选背景色彩，尽量使绿树红叶相映成趣，充分衬托出红叶李的色彩美。

二十三、乌桕【*Sapium sebiferum* (L.) Roxb】（见彩图 5—35）

【科属】大戟科，乌桕属。

【分布】主产长江流域及珠江流域，浙江、湖北、四川等省栽培较集中。日本、印度亦有分布。垂直分布一般多在海拔 1 000 m 以下，在云南可达海拔 2 000 m 左右。

【形态】落叶乔木，常含白色有毒乳液，高可达 15 m；树冠圆球形。树皮暗灰色，浅纵裂。小枝纤细。叶互生，纸质，菱状广卵形，长 3～8 cm；先端尾状，基部广楔形，全缘；两面均光滑无毛；叶柄细长，顶端有 2 腺体；入秋叶色红艳。穗状花序，顶生，长 6～12 cm，黄绿色。蒴果三棱状球形，直径约 1.5 cm；熟时黑色，3 裂，果皮脱落。种子黑色，外被白蜡，固着于果轴上，经冬不落。花期为 4—8 月份；果当年 10—11 月份成熟。

【习性】喜光，喜温暖气候及深厚、肥沃、水分丰富的土壤，有一定的耐旱、耐水湿及抗风能力。多生于田边、溪畔，并能耐间歇性水淹，也能在江南山区当风处栽种。对土壤适应范围较广，无论砂壤、黏壤、砾质壤土均能生长，对酸性土、钙土及含盐在 0.25% 以下的盐碱地均能适应，但过于干燥和瘠薄的地方不宜栽种。乌桕一年能发几次梢，但秋梢常易枯干。主根发达，抗风力强。生长速度中等偏快，寿命较长。乌桕能抗火烧，并对二氧化硫及氯化氢抗性强。

【观赏特性与园林用途】植于水边、池畔、坡谷、草坪都很合适，与亭廊、花墙、山石等相配也甚协调。乌桕在园林绿化中可栽作护堤树、庭荫树及行道树。

学习单元 2　落叶阔叶灌木及藤本

 学习目标

➢熟悉落叶阔叶灌木及藤本的形态

➢了解落叶阔叶灌木及藤本的分布区域

➢掌握落叶阔叶灌木及藤本的习性

➢掌握落叶阔叶灌木及藤本的观赏特性及园林用途

➢能够辨识落叶阔叶灌木及藤本

 知识要求

一、垂丝海棠（解语花）【*Malus halliana*（Voss.）Koehne】（见彩图5—36）

【科属】蔷薇科，苹果亚科，苹果属。

【分布】原产我国，山东、四川、浙江、陕西等省均有分布，西南各省尚有野生。

【形态】落叶灌木或小乔木，树冠疏散，广卵形，枝干峭立；高可达8 m。树皮灰褐色，光滑。幼枝褐色，有疏生短柔毛，后变为赤褐色。叶为单叶，互生，卵形或椭圆形；先端渐尖，基部楔形，边缘有平钝细锯齿；表面深绿色而有光泽，背面灰绿色并有短柔毛；叶柄细长，基部有两个披针形托叶。花4月份开放，5～7朵簇生枝端，伞形总状花序；未开时红色；开后渐变为粉红色；多为半重瓣，也有单瓣花；萼片5枚，三角状卵形；花瓣5片，倒卵形；雄蕊20～25枚，花药黄色；花梗紫色，细长而下垂。梨果球状，先黄绿色，后转红色；果实先端肥厚，内含种子4～10粒。

【习性】喜光，喜温暖、湿润环境，较耐旱。不甚耐寒，宜栽植于背风向阳之处。对土壤的适应性较强，但以深厚、肥沃而排水良好的土壤为好。忌过湿，否则易烂根死亡。

【观赏特性与园林用途】可在门庭两侧对植，或在亭台周围、丛林边缘、水滨布置。若在观花树丛中作主体树种，其下宜配植春花灌木，其后以常绿树为背景，则绰约多姿，妩媚动人。在草坪边缘、水边成片群植，或在公园游步道旁两侧列植或丛植，亦具特色。

对二氧化硫有较强的抗性，故适用于城市街道绿地和厂矿区绿化。垂丝海棠还是制作盆景的材料。若挖取古老树桩盆栽，通过艺术加工，可形成苍老古雅的桩景珍品。水养花枝可供瓶插及其他装饰之用。

二、桃【*Prunus persica*（L.）Batsch.】（见彩图5—37）

【科属】蔷薇科，李亚科，李属。

【分布】原产我国北部和中部，分布在西北、华北、华东、西南等地。在陕西、甘肃和西藏东部海拔1 200 m的高原上，河南南部，黄河及长江分水岭，以及云南西部都发现有野生桃树，这些地方都是桃的发源地。

【形态】落叶乔木或灌木，树高可达8 m，一般整形后控制在3～4 m；树冠宽广或平展。幼树皮为横向绢丝状，老树皮暗红褐色，粗糙，呈鳞片状。枝条髓部坚实，平展，有时俯垂；嫩枝细长，无毛，绿色，向光面有时红色，具大量唇形皮孔。具顶芽；冬芽为钝圆锥形，外被短柔毛，常2～3个并生；中间为叶芽，两侧为花芽。叶片为椭圆披针形，先端渐尖，基部宽楔形，叶边具细锯齿或粗锯齿；上面无毛，下面在脉腋间具少数短柔毛或无毛；叶柄粗壮，长1～2 cm，常具1枚或数枚腺体，有时无腺体。

花期为3—4月份。花为单生，两性花，先叶开放，花梗极短或几乎无梗；花瓣长圆状椭圆形至宽倒卵形，粉红色，罕为白色；雄蕊多，花药绯红色；雌蕊花柱与雄蕊等长或稍短，子房被短柔毛。

核果卵形、宽椭圆形或扁圆形，常在向阳面具红晕，外面密被短柔毛，腹缝明显；核大，离核或粘核，椭圆形或近圆形，两侧扁平，顶端渐尖，表面具纵、横沟纹和孔穴。果熟期因品种而异，通常为8—9月份。

【习性】喜光，对光照反应敏感。耐旱忌涝，忌积水洼地栽培。根系好氧性强，适宜土质疏松、排水良好的肥沃砂质壤土，在黏重土壤中易发生流胶病。

对气候条件要求不严，除极热、极冷地区外均可栽培，以冷凉、温暖气候生长最佳。生长适温为18～23℃，果实成熟适温24.5℃；夏季土温高于26℃，新根生长不良。

桃为浅根性树种，主要集中在10～40 cm的土层中，根在一年间有2个生长高峰。潜伏芽寿命较长，多用来更新老树。

【观赏特性与园林用途】在园林中常大量片植，构成桃园、桃溪、桃花坞、桃花峰、桃花洞、桃花源、桃花山、桃花林等景观。将桃树与垂柳相配植于湖边、溪畔、河旁，开花时桃红柳绿，春意盎然，可以营造出"癫狂柳絮随风舞，轻薄桃花逐水流"的艺术气氛。由于花后叶色暗绿，容易凋落，故在庭院中最好与其他树种配植。在小型院落一角散植数株，桃竹混栽，可形成"竹外桃花三两枝"的景观。

古人常将桃、李比喻为学生，称之为"桃李满天下"，因而校园内多植桃、李也颇有情趣。桃树还可盆栽观赏。盆栽可选寿星桃、垂枝桃等种类，取其株形矮小、紧凑之特点，亦别具一格。桃花还常用于切花和制作盆景。

常见种类：

碧桃（*Prunus persica*）：观赏桃花类的重瓣品种统称为碧桃，都是果桃的变型。碧桃品种很多，如白碧桃、红碧桃、洒金碧桃、两色碧桃等。花期为3—4月份。

紫叶桃（*P. persica atropurpurea*）：新叶紫红，花亮红色。花形似梅花，花瓣20～30枚。果实球形。花期为4月中下旬。

红雨垂枝（*P. persica* 'Hong Yu Chui Zhi'）：花亮红色；碟状，似梅花，花径2.5～3 cm；花瓣平展，5～15枚。花期为4月下旬。

朱粉垂枝（*P. percica* 'Zhu Fen Chui Zhi'）：花粉色与红色跳枝，花形若牡丹，花径3～4 cm；花瓣25～30枚。花期为4月中下旬。

寿星桃（*P. persica var. densa*）：植株矮小，高30～100 cm，节间特短，花芽密集，重瓣花。

菊花桃（*Prunus persica Chrysanthemoides*）：花单生，粉红色，花瓣32～36枚；花瓣边缘反卷成长筒形，酷似菊花。花期为4月中下旬。

三、紫叶小檗（红叶小檗）【*Berberis thunbergii var. atropurpurea* Rehd.】（见彩图5—38）

【科属】小檗科，小檗属。

【分布】原产中国秦岭地区和日本，现在全国各地均有引种栽培。

【形态】落叶丛生灌木，株高约1～2 m，多分枝。幼枝带红色或紫红色，枝节有锐刺，细小、单一；老枝紫褐色，有槽，具刺。叶1～5枚簇生或互生，菱状倒卵形或匙状矩圆形，长0.5～2.0 cm，全缘；新生叶暗绿色，后逐步变为紫红色或深紫色。在阳光充足情况下，当年生小叶更加红艳。花序为伞形花序或簇生，黄白色，春天成串小花挂满枝条。浆果长椭圆形，成熟时亮红色。花期为4—5月份。果熟期为8—10月份。

【习性】喜光，需种植在阳光充足的地方。喜温暖、湿润环境，耐寒，耐旱且耐瘠薄，忌水涝，在排水良好的砂壤土里生长最佳。萌蘖能力极强，极耐修剪。彩色栽培种需日照充足，过分蔽荫叶色不明艳。

【观赏特性与园林用途】春日黄花簇簇，深秋叶色紫红，红果满枝。在阳光充足的地段，叶片的颜色会随阳光强弱而呈现出不同的变化。冬季落叶后，褐色枝头缀满椭圆形的亮红色浆果，蔚为壮观。紫叶小檗是观叶、观花、观果、观形的优良树种，为园林色块布置的主要材料之一。宜丛植草坪、池畔、岩石旁、墙隅、树下，也可栽作刺篱。在园林中常与金叶女贞、小叶黄杨、圆柏等配植成红、黄、绿相间的色块色带彩篱，图案优美。也可盆栽制作盆景或剪取果枝插瓶观赏。

四、蜡梅（腊梅、黄梅花）【*Chimonanthus praecox*（L.）Link】（见彩图 5—39）

【科属】蜡梅科，蜡梅属。

【分布】原产我国，陕西秦岭南坡、湖北省西部山区海拔 1 100 m 以下山谷、岩缝、峡谷都有野生。

【形态】落叶大灌木，高可达 5 m。丛生，根颈部发达呈块状，江南称其为"蜡盘"。小枝四棱形，皮孔明显；老枝灰褐色，近圆柱形。

蜡梅有两种树冠形状，即实生苗的丛生型及嫁接苗的单干型。前者分枝多，开花多，通风透光差，有杂乱感，宜适当疏枝整形；后者开花少，通风透光好，姿态美观，修剪时则需注意保持树冠原有的特点。

叶为单叶，对生，半革质，卵状椭圆形；先端渐尖，基部圆形或楔形，7~15 cm，全缘；叶面绿色有光泽，粗糙硬毛倒生；背面灰色，光滑无毛。

花两性，单生于一年生枝条两侧叶腋；花被片蜡质，有光泽，外轮黄色，内轮常有紫褐色条纹；具浓郁香味，叶前开放。花期为 12 月至翌年 2 月。

瘦果栗褐色，花托发育成蒴果状，内含褐色种子数粒。果次年 6—9 月份成熟。

【习性】喜阳光，略耐侧荫。耐寒。喜疏松、肥沃、深厚、排水良好的中性或微酸性砂质土壤，黏土、碱土生长不良。耐干旱，忌水湿，有"旱不死的蜡梅"之说。怕风，在风口处种植花苞不易开放，花瓣易焦枯，宜植于避风向阳之处。发枝力强，耐修剪，有"砍不死的蜡梅"之说。抗氯气、二氧化硫污染能力强，病虫害少，寿命可达百年以上。

【观赏特性与园林用途】一般孤植、对植、丛植、群植于园林与建筑物的入口处两侧和厅前、亭周、窗前、屋后、墙隅、水畔、路旁及林缘或草坪一角等处。若与天竺葵相配，冬天时红果、黄花、绿叶交相辉映，更具中国园林的特色。如与红梅混植，则娇黄嫩红，别有情趣。与松、竹等常绿植物配植，更可体现冬季景色。花枝是切花的上等材料。

常见品种：

素心蜡梅（*C. Var. conclor* Mak.）：花被纯黄，花瓣先端略尖，盛开后反卷，香味略淡。为蜡梅中最名贵的品种。

磬口蜡梅（*C. Var. grandiflorus* Mak.）：叶宽大，长可达 20 cm；花亦大，花径可达 3.5 cm。花瓣圆形，外轮花被黄色，内轮黄色上有紫色条纹；香味浓，为名贵品种。盛开时如磬口状，香气最浓。

狗蝇蜡梅（*C. Var. intermedius* Mak.）：也叫狗牙蜡梅或红心蜡梅。叶狭花小，花被狭长而尖，外轮暗黄色，内轮有紫斑，香气淡；抗性强，为半野生类型。多为实生苗。

小花蜡梅（*C. Var. parviflorus* Mak.）：花朵特小，径约 0.9 cm，外轮花被片黄白色，内轮有浓红紫色条纹。香气浓。

亮叶蜡梅（*C. nitens* Oliv.）：别名山蜡梅。常绿灌木，株高 1～3 m。叶卵状披针形，小于蜡梅；先端渐尖或尾尖；叶面深绿色，有光泽，较粗糙，叶背有白粉，具香味。花较小，花瓣窄尖，淡黄色。花期为 9—11 月份。

五、八仙花（紫绣球、紫阳花、粉团花、草绣球）【*Hydrangea macrophylla* (Thunb.) Ser.】（见彩图 5—40）

【科属】八仙花科，八仙花属。

【分布】原产我国长江流域以及西南地区，日本、朝鲜亦有分布。

【形态】落叶灌木（温暖地区或温室盆栽不落叶），地栽高可达 1～4 m，盆栽 30～50 cm。树干暗褐色，条片状剥裂。小枝粗壮，平滑无毛，绿色；老枝皮孔明显。叶大而稍厚，长 10～25 cm，宽 5～10 cm，对生，倒卵形或椭圆形；先端短而渐尖，基部广楔形，边缘具三角形粗钝锯齿；叶面鲜绿色，有光泽，叶背黄绿色；叶柄粗壮。花大，近球型，直径 8～20 cm；由许多不孕花组成伞房花序，顶生；花色多变，初时白色，渐转粉红色或蓝紫色。花期为 6—8 月份。

【习性】喜半阴、湿润环境，忌烈日。不耐寒，冬季地上部分枯死，翌年春季重新萌发新枝。适应性较强，喜肥沃、排水良好的酸性轻壤土。土壤酸碱度对花色的影响很大，酸性土花色多呈蓝色，碱性土则为红色。

【观赏特性与园林用途】八仙花有许多园艺品种，耐阴性较强，可配植于稀疏的树荫下及林荫道旁，也可片植于背阴山坡。最适宜栽植于光照度较差的小面积庭院中。建筑物入口处对植两株，沿建筑物列植一排，丛植于庭院一角，都很理想。也可栽植于路缘、棚架边及建筑物之北面。更适于植为花篱、花境。

盆栽八仙花常作室内布置花卉，是窗台绿化和家庭养花的好材料。如将整个花球剪下瓶插，也是上等点缀品。将花球悬挂于床帐之内，更具雅趣。

六、棣棠（地棠、黄棣棠、棣棠花）【*Kerria japonica* (L.) DC.】（见彩图 5—41）

【科属】蔷薇科，蔷薇亚科，棣棠属。

【分布】原产中国河南、陕西、甘肃、湖南、四川、云南等省，分布于海拔 800～

1 500 m 的沟谷、溪畔湿润沙壤土地。日本也有分布。

【形态】落叶丛生灌木，株高 1～2 m，冠幅约 2 m。小枝绿色，光滑，有纵棱，无毛。叶为单叶，互生，卵形至卵状披针形，长 2～10 cm，宽 1.5～4 cm；顶端渐尖，基部圆形或微心形，边缘有锐重锯齿；叶面鲜绿色，无毛或疏生短柔毛，背面或沿叶脉、脉间有短柔毛，有托叶。

花金黄色，单生于侧枝顶端，直径 3～4.5 cm；花瓣卵状三角形或椭圆形，边缘有极细齿；花柱与雄蕊等长。花期为 4—5 月份。

瘦果黑色，扁球形。果期为 7—8 月份。

【习性】喜光，稍耐阴。喜温暖、湿润环境。较耐湿，不耐严寒。对土壤要求不高。根蘖萌发力强，能自然更新植株。

【观赏特性与园林用途】适宜栽植花境、花篱或在建筑物周围作基础种植材料，墙际、水边、坡地、路隅、草坪、山石旁丛植或成片配植均可。可作切花。

七、紫荆（满条红）【*Cercis chinensis* Bunge】（见彩图 5—42）

【科属】豆科，云实亚科，紫荆属。

【分布】原产中国，现分布于湖北西部、辽宁南部、河北、陕西、河南、甘肃、广东、云南、四川等省。

【形态】落叶乔木，高可达 15 m，胸径 50 cm，但在栽培情况下多呈灌木状。叶互生，近圆形或心形，长 6～14 cm；叶端急尖，叶基心形，全缘，两面无毛。花紫红色，4～10 朵簇生于老枝或老干上。荚果长 5～14 cm，沿腹缝线有窄翅。花期为 4 月份，叶前开放；果 10 月份成熟。

还有一种变型白花紫荆（*f. alba* P. S. Hsu），花为纯白色。

【习性】喜光，有一定耐寒性。喜肥沃、排水良好的土壤，不耐淹。萌蘖性强，耐修剪。

【观赏特性与园林用途】宜丛植庭院、建筑物前及草坪边缘。因开花时叶尚未发出，故宜与常绿之松柏配植，或植于浅色的物体前面（如白粉墙之前或岩石旁）。

八、山麻杆【*Alchornea davidii* Franch.】（见彩图 5—43）

【科属】大戟科，山麻杆属。

【分布】主产长江流域及陕西，常生于山野阳坡灌丛中。

【形态】落叶丛生灌木，高 1～2 m。茎直而少分枝，常呈紫红色。有绒毛。叶圆形至广卵形，长 7～17 cm；缘有锯齿，先端急尖或钝圆，基部心形，3 主脉；表面绿色，疏生短毛，背面紫色，密生绒毛；早春嫩叶紫红色。花雌雄同株；雄花密生，成短穗状花序，萼4裂，雄蕊8条，花丝分离；雌花疏生，成总状花序。蒴果为扁球形，密生短柔毛。种子球形。花期为4—6月份，果7—8月份成熟。

【习性】喜光，稍耐阴。喜温暖、湿润气候，不耐寒。对土壤要求不严，在微酸性及中性土壤均能生长。萌蘖性强。

【观赏特性与园林用途】是园林中常见的观叶树种之一。适宜丛植在庭前、路边、草坪或山石旁等。山麻杆是观嫩叶树种，对其茎秆要进行定期更新。

九、木槿（篱障花、朝开暮落花）【*Hibiscus syriacus* L.】（见彩图5—44）

【科属】锦葵科，木槿属。

【分布】原产东亚，中国自东北南部至华南各地均有栽培，以长江流域为多。

【形态】落叶灌木或小乔木，高可达6 m。株形直立，分枝多。小枝幼时密被绒毛，后渐脱落。叶卵形或菱状卵形，先端尖，端部常3裂，裂片缺刻为圆形或尖形齿状，基部楔形；边缘有钝齿，仅背面脉上稍有毛。花为钟状，较大，单生叶腋，直径5~8 cm；有单瓣或重瓣之分，有淡紫、红、白等色。蒴果卵圆形，密生星状绒毛。花期为6—9月份，朝开暮落，但连续花期长。果9—10月份成熟。

【习性】喜光，耐半阴。喜温暖、湿润气候，也颇耐寒。适应性强，耐瘠薄土壤。虽较耐旱，但仍需给予充足的水分。萌蘖性强，耐修剪。抗烟尘，对二氧化硫、氯气等抗性较强。

【观赏特性与园林用途】常用于庭园中地栽观赏，也宜丛植于草坪、路边或林缘。因具有较强抗性，也是工厂绿化的好树种。

十、金丝桃（照月莲、土连翘）【*Hypericum monogynum* L.】（见彩图5—45）

【科属】金丝桃科（藤黄科），金丝桃属。

【分布】河北、河南、陕西、江苏、浙江、台湾、福建、江西、湖北、四川、广东等省均有分布，日本也有。

【形态】常绿、半常绿或落叶小灌木，高0.6~1 m。多分枝，小枝圆柱形，红褐色，光滑无毛。单叶对生，叶无柄，长椭圆形，长4~8 cm；先端钝，基部渐狭而稍抱茎；表面绿色，背面粉绿色。花顶生，鲜黄色，单生或3~7朵成聚伞花序；萼片5，卵状矩圆形，顶端微钝；花瓣5，宽倒卵形；雄蕊比花瓣长，散露花冠之外，灿若金丝；花柱细长，顶端5裂。蒴果卵圆形。花期为6—7月份；果熟期为8—9月份。

【习性】性喜光，略耐荫，喜生于湿润的河谷或半阴坡地砂壤土中。耐寒性不强。

【观赏特性与园林用途】可植于庭院、假山旁及路边、草坪等处。华北多进行盆栽观赏。也可作为切花材料。

十一、结香【*Edgeworthia chrysantha* Lindl.】（见彩图5—46）

【科属】瑞香科，结香属。

【分布】北自河南、陕西，南至长江流域以南各省区均有分布。

【形态】落叶灌木，高1~2 m。枝通常三叉状，棕红色。叶长椭圆形至倒披针形，长6~15 cm；先端急尖，基部楔形并下延；表面疏生柔毛，背面被长硬毛；常簇生枝端；具短柄。花黄色，芳香；花被圆筒形，长约1.5 cm，外被绢状长柔毛；常40~50朵聚生成下垂的假头状花序。核果卵形。花期为3—4月份，先叶开放。

【习性】喜半阴，喜温暖、湿润气候及肥沃而排水良好的砂质壤土。耐寒性不强。过干和积水处都不相宜。

【观赏特性与园林用途】多栽于庭园观赏，水边、石间栽种尤为适宜。北方多盆栽观赏。枝条柔软，弯之可打结而不断，常整成各种形状。

十二、紫薇（痒痒树、百日红）【*Lagerstroemia indica* L.】（见彩图5—47）

【科属】千屈菜科，紫薇属。

【分布】原产亚洲南部及澳洲北部。中国华北、华中、华南及西南均有分布，各地普遍栽培。

【形态】落叶灌木或小乔木，高可达7 m。树冠不整齐，枝干多扭曲；树皮淡褐色，薄片状剥落后特别光滑。小枝四棱，无毛。叶对生或近对生，椭圆形至倒卵状椭圆形，长3~7 cm；先端尖或钝，基部楔形或圆形；全缘，无毛或背脉有毛，具短柄。花淡红色，直径3~4 cm，成顶生圆锥花序。蒴果近球形，直径约1.2 cm，6瓣裂，基部有宿存花萼。花期为6—9月份；果10—11月份成熟。

变种：

银薇（*var. alba* Nichols.）：花白色或微带紫堇色；叶色淡绿。

【习性】喜光，稍耐阴。喜温暖气候，耐寒性不强，北京地区需良好小气候条件方能露地越冬。喜肥沃、湿润而排水良好的石灰性土壤，耐旱，怕涝。生长较慢，寿命长。

【观赏特性与园林用途】最适宜种在庭院及建筑前，也宜栽在池畔、路边及草坪上。在昆明的金殿有明朝栽植的古树，高7 m，干径粗约1 m。在美国有的作为小型行道树。

又可盆栽观赏及作桩景用。

十三、石榴（安石榴、海榴）【*Punica granatum* L.】（见彩图 5—48）

【科属】石榴科，石榴属。

【分布】原产伊朗和阿富汗。汉代张骞通西域时引入我国，黄河流域及其以南地区均有栽培，已有 2 000 余年的栽培历史。

【形态】落叶灌木或小乔木，高可达 7 m，树冠常不整齐。树干上有瘤状突起；分枝多；嫩枝有棱，略呈方形，成长后变为圆形；枝端常呈刺状。叶在长枝上对生，在短枝上簇生；倒卵状长椭圆形，长 2～8 cm；全缘，叶面和叶背均光滑无毛，有光泽。花为两性花，着生于新梢顶端或其下的叶腋中；花单瓣或重瓣，朱红色、淡黄色或白色；花萼钟形，紫红色，质厚。浆果近球形，直径 6～8 cm，古铜色或红色，具宿存花萼。种子很多，有肉质外种皮，多汁液；内种皮为角质，坚硬，也有退化变软的。花期为 5—7 月份，果 9—10 月份成熟。

变种：

白石榴（*var. albescens* DC）：花白色，单瓣。

黄石榴（*var. flavescens* Sweet）：花黄色。

玛瑙石榴（*var. legrellei* Vanh.）：花重瓣，红色，有黄白色条纹。

重瓣白石榴（*var. multiplex* Sweet）：花白色，重瓣。

月季石榴（*var. nana* Pers）：植株矮小，枝条细密而上升，叶、花皆小，重瓣或单瓣，花期长达 5～7 个月，陆续开花不绝，故又称"四季石榴"。

墨石榴（*var. nigra* Hort.）：枝细柔，叶狭小；花也小，多单瓣；果熟时呈紫黑色，果皮薄。

重瓣红石榴（*var. pleniflora* Hayne）：花红色，重瓣。

除上述观赏变种外，尚有许多优良食用品种。

【习性】喜光，喜温暖干燥的气候，有一定耐寒能力。冬季低温在－15℃以下常有冻害，遇－20℃左右低温则枝干冻死（盆栽石榴不能低于－10℃）。对土壤要求不严，在 pH 值 4.5～8.2 之间的酸性至微碱性土壤均可生长，但以土层深厚、肥沃湿润、排水良好的砂壤土或壤土为宜。有一定的耐旱能力。生长速度中等，寿命较长，可达 200 年以上。石榴在气候温暖的江南一带一年有 2～3 次生长，故有头花、二花和三花之别。

【观赏特性与园林用途】初春嫩叶如柳，婀娜多姿；仲夏繁花似锦，鲜红如火；深秋硕果高悬，吉祥喜人；寒冬铁干虬枝如梅，苍劲古雅。最宜成丛配植于茶室、剧场及游廊外或民族形式建筑所形成的庭院中，又可大量配植于自然风景区。石榴还宜盆栽观赏，亦宜制作成各种桩景和供瓶插花观赏。

十四、锦带花（五色海棠）【*Weigela florida*（Bunge）A. DC.】（见彩图 5—49）

【科属】忍冬科，锦带花属。

【分布】原产华北、东北及华东北部。

【形态】落叶灌木，高可达 3 m。枝条开展，小枝细弱，幼时有 2 列柔毛。叶椭圆形或卵状椭圆形，长 5～10 cm；先端锐尖，基部圆形至楔形；缘有锯齿；表面脉上有毛，背面尤密。花 1～4 朵成聚伞花序聚生；萼片 5 裂，披针形，下半部联合；花冠漏斗状钟形，玫瑰红色，裂为 5 片。蒴果柱形；种子无翅。花期为 4—6 月份。

【习性】喜光，稍耐阴。喜温暖，也耐寒。对土壤要求不严，能耐瘠薄土壤，但以深厚、湿润、腐殖质丰富的土壤生长最好。怕水湿。对氯化氢抗性较强。萌芽力强，生长迅速。

【观赏特性与园林用途】适合于庭院角落、湖畔群植；也可在树丛、林缘作花篱、花丛配植；点缀于假山、坡地，也甚适宜。

十五、紫藤（藤萝、朱藤、紫金藤）【*Wisteria sinensis* Sweet】（见彩图 5—50）

【科属】豆科，蝶形花亚科，紫藤属。

【分布】原产中国，辽宁、内蒙古、河北、河南、江西、山东、江苏、浙江、湖北、湖南、陕西、甘肃、四川、广东等省区均有栽培。国外亦有栽培。

【形态】落叶大藤本，茎枝为左旋性。叶为一回奇数羽状复叶，小叶对生，顶端 1 枚较大；卵状长圆形至卵状披针形，长 4.5～11 cm；叶基阔楔形；幼叶密生，平贴白色细毛，成长后无毛。花顶生或侧生，总状花序，下垂，长 15～30 cm；花为紫色，密集，有芳香。花期为 4 月份；与叶同时开放或稍早于叶。荚果长 10～25 cm，表面密生黄色绒毛。种子扁圆形，黑色。

【习性】喜光，略耐阴。较耐寒，但在北方仍以植于避风向阳之处为好。喜深厚、肥沃而排水良好的土壤，但亦有一定的耐干旱、瘠薄和水湿的能力。主根深，侧根少，不耐移植。生长快，寿命长，苏州有文征明手植藤，仍年年开花。对城市环境的适应性较强。

【观赏特性与园林用途】是优良的棚架、门廊、枯树及山面绿化材料，亦可利用整形修剪方法培养成大灌木状（独本紫藤）。可盆栽或制成盆景。因其寿命很长，能形成盘曲古老之态。若以人工整枝造型，更可透出千年古藤之趣味。

十六、爬山虎（地锦）【*Parthenocissus tricuspidata*（Sieb. et Zucc.）Planch.】（见彩图 5—51）

【科属】葡萄科，爬山虎属。

【分布】中国分布很广，北起吉林、南到广东均有。日本也产。

【形态】落叶木质藤本。卷须短而多分枝，顶端有吸盘。单叶互生，变异大，通常为广卵形，长 8～18 cm，宽 6～16 cm；先端通常 3 裂（或深裂成 3 小叶），基部心形；缘有粗齿；表面不毛，背面脉上有柔毛；入秋叶色变红。花为聚伞花序，生于短枝顶端的两叶之间，淡黄绿色。浆果球形，熟时蓝黑色，有白粉。花期为 6 月份，果 10 月份成熟。

【习性】喜阴，也不惧强光，在阴湿、肥沃的土壤中生长最好。耐寒，耐旱，对土壤及气候适应能力很强。对氯气抗性强。常攀附于岩壁、墙垣和树干上。

【观赏特性与园林用途】常攀附于建筑物的墙壁、围墙、假山、老树干等处，短期内能收到良好的垂直绿化效果。夏季对墙面的降温效果显著。

十七、野蔷薇（多花蔷薇、蔷薇、刺蘼、刺红、买笑）【*Rosa multiflora* Thunb.】（见彩图 5—52）

【科属】蔷薇科，蔷薇亚科，蔷薇属。

【分布】原产我国黄河流域及以南地区的低山丘陵、溪边、林缘及灌木丛中，现遍及全国。

【形态】落叶灌木，植株丛生，蔓延或攀缘。枝细长，上伸或平卧蔓生，多皮刺，无毛。

叶为奇数羽状复叶，互生，小叶 5～9（11）片；小叶片为倒卵形至椭圆形，边缘有尖锐锯齿；叶两面有短柔毛，叶轴与柄有短柔毛或腺毛；托叶与叶轴基部合生，边缘齿状分裂，有腺毛。花为圆锥状伞房花序，白色或微有红晕，花瓣 5 枚，芳香，直径 2～3 cm。一年开花 1 次，花期为 4—5 月份。果球形，暗红色。

栽培变种、变型和相近种很多，常见的有：

1. 白玉棠：枝上刺较少，小叶倒广卵形。花白色重瓣，多朵簇生，有微香。

2. 荷花蔷薇：花粉色至桃红色，重瓣，多朵成簇；花瓣大而开张，形似荷花瓣，甚美。

3. 粉团蔷薇：小叶较大，常 5～7 片。花较大，粉红色至玫瑰红色，单瓣，多花簇生为平顶伞房花序。

【习性】喜阳光，亦耐半阴。较耐寒。对土壤要求不严，可在黏重土壤中正常生长，在疏松、肥沃、排水良好的土壤生长更好。不耐湿，忌积水。萌蘖性强，耐修剪，抗污染。

【观赏特性与园林用途】可用于垂直绿化，以篱墙为架、以竹为屏；可布置花墙、花门、花廊、花架、花柱、花格、绿廊、绿亭，可点缀斜坡、水池坡岸，可装饰建筑物墙面或植花篱。蔷薇还是嫁接月季的砧木。

十八、月季（月月红）【*Rosa chinensis*】（见彩图5—53）

【科属】蔷薇科，蔷薇亚科，蔷薇属。

【分布】原产我国湖北、四川、云南、湖南、江苏、广东等地，现除高寒地区外各地普遍栽种。

【形态】常绿或落叶小灌木，或呈蔓状与攀缘状藤本。枝干直立，也有枝条平卧和攀援的品种。老枝灰褐色，小枝青绿色，粗壮，圆柱形，近无毛，上有短粗弯曲的倒钩状皮刺（或无刺）。叶为奇数羽状复叶，互生，小叶3～5枚（稀7）；叶较厚，较大而有光泽，宽卵形至卵状椭圆形，长2.5～6 cm，宽1～4 cm；先端渐尖，基部近圆形或宽楔形；叶缘有锐锯齿，叶片光滑；上面暗绿色，常带光泽，下面颜色较浅，无毛；顶生小叶片有柄，侧生小叶片近无柄，总叶柄较长，有散生皮刺和腺毛；托叶大部贴生于叶柄，仅顶端分离部分呈耳状，边缘常有短腺毛。

花单生或数朵簇生，排成伞房花序或圆锥花序，直径4～5 cm；花梗长2.5～6 cm，近无毛或有腺毛；萼片卵形，先端尾状，渐尖，有时呈叶状，边缘常有羽状裂片，外面无毛，内面密被长柔毛；花瓣有单瓣也有重瓣，倒卵形，先端有凹缺，基部楔形；花色各异，有红、粉、白、黄、紫、绿等单色或复色；花柱离生，伸出萼筒口外，约与雄蕊等长；不少品种具浓郁的香味。花期为4—11月份，多次开花。

果实近球形或梨形，长1～2 cm，成熟时橙红色。果熟期为9—11月份。

【习性】喜阳光充足、空气流通的环境，忌蔽荫，但侧方蔽荫对开花最为有利。生长最适温度为白天15～26℃，夜间10～15℃。气温低于5℃时休眠，持续高于30℃时半休眠。一般品种可耐−15℃低温，不耐严寒。对土壤要求不严，适应性强，喜肥沃、疏松和微酸性土壤。耐旱，怕涝，耐修剪，在生长季可多次开花，但夏季高温对开花不利，故春、秋两季开花多而质量好。

【观赏特性与园林用途】在花坛、花境、花带、草坪、庭园、路边、园角路隅、假山等处配植很合适。藤本月季适于垂直绿化，可布置花门、花篱、攀悬花廊；也可将各品种栽植在一起，形成月季园。微型月季最适于盆栽。

月季品种繁多，目前园艺栽培品种已达三万余个，通常分为杂交茶香月季、丰花月季、壮花月季、微型月季、藤本月季等类型。

第4节 常绿阔叶树种

 学习单元1 常绿阔叶乔木

 学习目标

➤熟悉常绿阔叶乔木的形态
➤了解常绿阔叶乔木的分布区域
➤掌握常绿阔叶乔木的习性
➤掌握常绿阔叶乔木的观赏特性及园林用途
➤能够辨识常绿阔叶乔木

 知识要求

一、广玉兰（洋玉兰、大花玉兰、荷花玉兰）【*Magnolia grandiflora* L.】（见彩图5—54）

【科属】木兰科，木兰属。

【分布】原产北美洲东部，在我国的主要栽培地为长江流域至珠江流域。

【形态】常绿大乔木，高可达30 m，树冠卵状圆锥形。树皮淡褐色或灰色，不裂；小枝、叶下面、叶柄密被褐色短绒毛。叶为单叶，互生，厚革质，倒卵状长椭圆形，长10～20 cm；叶表面深绿色且有光泽，叶背面为浅绿色，有铁锈色短柔毛，有时具灰毛，叶缘稍稍微波状反卷；叶端钝，叶基楔形，叶柄粗，长约2 cm。花为白色，极大，径达20～30 cm，有芳香；花瓣通常6枚，厚肉质，倒卵形，少有达9～12枚的；萼片花瓣状，3枚；花丝紫色。花期为5—7月份。聚合果为圆柱状卵形，密被锈色毛，长7～10 cm。种子外皮红色。果于当年10月成熟。

【习性】喜光，但幼树颇能耐荫，可谓弱阴性树种。不耐强阳光或直晒，否则易引起树干灼伤。喜温暖、湿润气候。有一定的耐寒力，能经受短期−19℃的低温而叶部无显著损害，但在长期－12℃的低温下叶会受冻害。要求深厚、肥沃、排水良好的酸性黄土或砂质壤土，不耐干燥及石灰质土，在排水不良的黏性土和碱性土上也生长不良。病虫害少，抗烟尘、毒气的能力较强。广玉兰生长速度中等，但幼年生长缓慢，10 年后可逐渐加速，每年加高 0.5 m 以上。

【观赏特性与园林用途】树形高大，树姿雄伟壮丽，枝叶浓密，叶质厚而有光泽，花大而芳香，为优良的观赏树种。其聚合果成熟后蓇葖开裂，露出鲜红色的种子，也颇美观。最宜单植在宽广开阔的草坪上或配植成观花的树丛，也可作行道树。由于树冠庞大，花开于枝顶，故不宜植于狭小的庭院内，否则不能充分发挥其观赏效果。

对多种有毒气体及烟尘的抗性强，可在大气污染严重地区栽植，适用于城市园林。

二、香樟（樟树）【*Cinnamomum camphora*（L.）Presl.】（见彩图 5—55）

【科属】樟科，樟属。

【分布】原产我国，是我国特产的经济树种与亚热带常绿阔叶林代表树种，也是华东地区主要栽培的常绿阔叶乔木之一。樟树的分布大体以长江为界，南至两广及西南，尤以江西、浙江、福建、台湾等省份为多。在自然界多见于低山、丘陵及村庄附近，垂直分布多在海拔 500～1 000 m。台湾中北部海拔 1 800 m 的高山上也有樟树天然林分布。朝鲜、日本亦产。其他各国常有引种栽培。

【形态】常绿大乔木，一般高 20～30 m，最高可达 50 m，胸径可达 5 m；树冠庞大，广卵形或近球形。树皮灰褐色，纵裂。小枝绿色，光滑无毛。叶为单叶，互生，卵状椭圆形，长 5～10 cm，薄革质；叶面深绿色，有光泽，背面灰绿色，有白粉；两面无毛；先端渐短尖，基部楔形或宽楔形；离基三出脉，脉腋有腺体，全缘或叶缘波状。花小，圆锥花序，腋生于新枝；淡黄绿色，6 裂。浆果球形，熟时紫黑色，果托盘状或杯状。花期为 5 月份，果 9—11 月份成熟。

【习性】喜光，幼苗幼树耐阴。喜温暖、湿润气候，耐寒性不强，在－10℃低温下幼树、嫩枝受冻害。

对土壤的要求不高，但在碱性土壤种植时易发生黄化。在深厚、肥沃、湿润的酸性或中性土壤中生长良好，不耐干旱、瘠薄和盐碱土，较耐湿。抗二氧化硫、臭氧、烟尘污染能力强，能吸收多种有毒气体。较适应城市环境。

主根发达，深根性，能抗风。但在地下水位高的平原生长扎根浅，易遭风害，且多早衰。萌芽力强，耐修剪。生长速度中等偏慢，幼年较快，中年后转慢。

【观赏特性与园林用途】广泛用做庭荫树、行道树、防护林及风景林。配植于池畔、水边、山坡、平地，无不相宜。若孤植于空旷地带，让树冠充分发展，浓荫覆地，效果更佳。在草地中丛植、群植或作背景树都很合适。樟树的吸毒、抗毒性能较强，也可选作厂矿区绿化树种。

三、枇杷（芦橘）【*Eriobotrya japonica* Lindl.】（见彩图 5—56）

【科属】蔷薇科，苹果亚科，枇杷属。

【分布】原产中国，现在四川、湖北等地尚有野生。在日本、印度、以色列、美国、意大利、阿尔及利亚、智利、阿根廷、墨西哥、澳大利亚等有分布。

【形态】常绿小乔木，高可达 10 m。树干灰褐色，有密毛，粗糙。幼树主枝顶端优势明显，仅顶芽及邻近几个腋芽抽发成长枝，故树冠层性明显。一年抽梢 3～4 次，新梢密被茸毛。

叶为单叶，互生，革质，多皱褶，倒卵形或长椭圆形；叶缘有锯齿状缺刻，叶背密被锈色茸毛；叶片侧脉直出，羽状网脉明显；托叶早落。

花为圆锥花序，顶生，每个花穗朦朦胧胧，密生白而香的小花，常有绒毛；萼片 5，宿存；花瓣 5，倒卵形或圆形，无毛或有毛；雄蕊多数，花柱 2～5，基部合生，常有毛；子房下位，合生。

梨果圆形、扁圆形、椭圆形至广倒卵形；果皮橙红或淡黄色；果肉白色、淡黄色至橙红色；肉质致密，柔软多汁；内果皮膜质，有 1 粒或数粒大种子。

【习性】生长发育要求较高温度，一般年均温 12℃ 以上即能生长，15℃ 以上更适，低温应不低于−3℃。对土壤适应性广，以土层深厚、土质疏松、不易积水为佳，pH 值 5～6.5 的土壤均可栽培。根系分布较浅，易受风害。

【观赏特性与园林用途】多数木材硬重坚韧，可供制农具柄及器物之用。有些种类果实可供生食或加工。

四、女贞（冬青、蜡树）【*Ligustrum lucidum* Ait.】（见彩图 5—57）

【科属】木犀科，女贞属。

【分布】原产于中国，分布于长江流域及以南各省区。甘肃南部及华北南部多有栽培。

【形态】常绿乔木，高可达 15 m；树皮灰色，平滑。枝开展，无毛，具皮孔。叶革质，宽卵形至披针形，长 6～12 cm；顶端尖，基部圆形或阔楔形；全缘，无毛。花为圆锥花序，顶生，长 10～20 cm；花白色，几无柄，花冠裂片与花冠筒几乎等长。核果长圆形，蓝黑色。花期为 6—7 月份。

【习性】喜光，稍耐阴。喜温暖，稍耐寒；喜湿润，不耐干旱。适生于微酸性至微碱性的湿润土壤，不耐瘠薄。对二氧化硫、氯气、氟化氢等有毒气体有较强的抗性。生长快，萌芽力强，耐修剪。

【观赏特性与园林用途】女贞枝叶清秀，终年常绿，夏日满树白花，又适应城市气候环境，是长江流域常见的绿化树种。广泛栽植于街道、宅院，或作园路树，或修剪作绿篱用。对多种有毒气体抗性较强，可作为工矿区的抗污染树种。

五、棕榈（棕树、山棕）【*Trachycarpus fortunei*（Hook. f.）H. Wendl.】（见彩图5—58）

【科属】棕榈科，棕榈属。

【分布】原产中国，日本、印度、缅甸也有。棕榈在我国分布很广，北起陕西南部，南到广东、广西和云南，西达西藏，东至上海和浙江都有，从长江出海口沿着长江上溯500 km两岸的广阔地带分布最广。

【形态】常绿乔木。树干圆柱形，粗硬，无分枝，高可达10 m，干径可达24 cm；主干外裹棕色丝毛，错综如织，粗犷挺拔。叶簇竖干顶，近圆形，径50～70 cm，掌状裂深达中下部，形如葵扇；叶柄长40～100 cm，两侧细齿明显。花雌雄异株，黄色，花朵较小，圆锥状肉穗花序，腋生。核果肾状球形，径约1 cm，蓝褐色，被白粉。花期为4—5月份，10—11月份果熟。

【习性】棕榈是棕榈科中最耐寒的植物，在上海可耐－8℃低温，但喜温暖、湿润气候。野生棕榈往往生长在林下和林缘，有较强的耐阴能力，幼苗更为耐阴，苗圃中常将其幼苗间作在大苗下层，但在阳光充足处生长更好。喜排水良好、湿润、肥沃之中性、石灰性或微酸性的黏质壤土，耐轻盐碱土，也能耐一定的干旱与水湿。喜肥。耐烟尘，抗二氧化硫及氟化氢，有很强的吸毒能力。

棕榈根系浅，须根发达。生长缓慢，寿命长，四川灌县青城山天师洞一株"古山棕"据说已有数百年高龄。自播繁衍能力强。

【观赏特性与园林用途】棕榈适应性强，能抗多种有毒气体，是工厂绿化的优良树种。可列植、丛植或成片栽植，也常盆栽或桶栽作室内或建筑前装饰及布置会场之用。

 **学习单元2 常绿阔叶灌木**

 学习目标

➤熟悉常绿阔叶灌木的形态

➤了解常绿阔叶灌木的分布区域

➤掌握常绿阔叶灌木的习性

➤掌握常绿阔叶灌木的观赏特性及园林用途

➤能够辨识常绿阔叶灌木

 知识要求

一、杜鹃【*Rhododendron simsii* Planch.】（见彩图 5—59）

【科属】杜鹃花科，杜鹃花属。

【分布】广布于长江流域及珠江流域各省，东至台湾，西至四川、云南。黑龙江、吉林、辽宁、内蒙古也有分布。

【形态】落叶或常绿灌木，高可达 3 m。分枝多，枝细而直，有亮棕色或褐色扁平糙伏毛。叶纸质，卵状椭圆形或椭圆状披针形，长 3～5 cm；叶表之糙伏毛较稀，叶背较密。花蔷薇色、鲜红色或深红色，有紫斑，2～6 朵簇生枝端；雄蕊 7～10 枚，花药紫色；萼片小，有毛；子房密被伏毛，卵形。蒴果卵形，密被糙伏毛。花期为 4—6 月份；果 10 月份成熟。

【习性】既不耐热也不耐寒，12～35℃为最佳生长环境。杜鹃是典型的酸性土植物，故露地种植或盆栽均应特别注意土质，最忌碱性及黏质土，土壤反应以 pH 值 4.5～6.5 为佳，但亦视种类而有变化。由于杜鹃根极纤细，施用浓肥或浇水过多易烂根。

【观赏特性与园林用途】杜鹃类最宜成丛配植于林下、溪旁、池畔、岩边、缓坡、陡壁，又宜在庭院或与园林建筑配植（如洞门前、阶石旁、粉墙前）。如设计成杜鹃专类园，一定会形成令人流连忘返的美景。此外，杜鹃还可盆栽，或加以整形修剪，培养成各式桩景。

二、珊瑚树（法国冬青）【*Viburnum awabuki* K. Koch】（见彩图 5—60）

【科属】忍冬科，荚蒾属。

【分布】原产华南、华东、西南等地省区，日本、印度也产。长江流域城市都有栽培。

【形态】常绿灌木或小乔木，高可达 10 m。树皮灰色；枝有小瘤状凸起的皮孔。叶长椭圆形，长 7～15 cm；端急尖或钝，基部阔楔形，全缘或近顶部有不规则的浅波状钝齿；革质，表面深绿而有光泽，背面浅绿色。圆锥状聚伞花序，顶生，长 5～10 cm；萼筒钟状，5 小裂；花冠辐状，白色，芳香，5 裂。核果倒卵形，先红后黑。花期为 5—6 月份；果 9—10 月份成熟。

【习性】喜光，稍能耐阴。喜温暖，不耐寒。喜湿润、肥沃土壤，喜中性土，在酸性和微碱性土中也能适应。耐旱，不耐水湿。对有毒气体氯气、二氧化硫的抗性较强，对汞和氟有一定的吸收能力。耐烟尘，抗风，抗病虫害。浅根性，根系发达，萌蘖力强。易整形，耐修剪，耐移植，生长较快。

【观赏特性与园林用途】江南城市及园林中普遍列植作绿篱或绿墙；可丛植装饰墙角，或群植作防风、防火、防尘、隔音绿带以及抗污染植被。

三、十大功劳（猫儿刺、黄天竹）【*Mahonia fortunei*（Lindl.）Fedde】（见彩图5—61）

【科属】小檗科，十大功劳属。

【分布】原产中国四川、西藏、湖北和浙江等省山坡、树林或灌木丛中。长江流域广为栽培。

【形态】常绿灌木，高可达 2 m。叶互生，一回奇数羽状复叶，长 15～30 cm，小叶 5～9 枚；革质，坚硬，平滑而有光泽。小叶狭披针形，长 5～12 cm，宽 1～2.5 cm；侧生小叶几等长，顶生小叶最大，均无柄；顶端急尖或略渐尖，基部楔形，边缘有 6～13 刺状锐齿。秋后叶色转红，艳丽悦目。花为直立总状花序，腋生，长 3～5 cm；小花黄色，有短梗。花期为 7—8 月份。果期为 11—12 月份。浆果圆形或长圆形，长 4～5 mm，蓝黑色，外有白粉。

【习性】喜温暖湿润气候，较耐寒，也耐阴。对土壤要求不严，但在湿润、排水良好、肥沃的砂质壤土生长最好。

【观赏特性与园林用途】城市的公园常作观赏植物栽培，是庭院花境、花篱的好材料。可点缀于假山上或岩隙、溪边，也可在门口、窗下种植及林荫下配植，还可丛植、孤植或盆栽观赏（盆栽可用于会场布置、室内装饰）。

四、南天竹（天竺）【*Nandina domestica* Thunb.】（见彩图5—62）

【科属】小檗科，南天竹属。

【分布】原产我国长江流域，陕西、江苏、安徽、湖北、湖南、四川、江西、浙江、福建、广西等省区皆有分布，日本、印度也有。南北各地园林均有栽培。

【形态】常绿灌木，一般为多干丛生，高约 2 m，干直立，少分枝。老枝浅褐色，幼枝红色。叶为 2～3 回奇数羽状复叶，互生，总叶柄基部有褐色抱茎的鞘；小叶对生，最小羽片有小叶 3～5 片，其中 3 片的较多，小叶全缘革质，长 3～10 cm，近无柄，椭圆状披针形；顶端渐尖，基部阔楔形；深绿色，冬季常变红色，两面光滑无毛。花期为 5—7

月份。圆锥花序顶生，长 20～35 cm；小花白色；萼片和花瓣多轮，每轮 3 片，外轮较小，卵状三角形，内轮较大，卵圆形。浆果球形，鲜红色（偶有黄色），宿存至翌年 2 月。种子半球形。

【习性】喜半阴环境，在烈日暴晒时嫩叶易焦枯，幼苗犹忌暴晒。阳光不足长势弱，生长较慢，结果少。喜温暖、多湿及通风良好的半阴及湿润环境，较耐寒。土壤以排水良好的中性砂质壤土最适合，能耐微碱性土壤。不耐贫瘠、干燥，是钙质土的指示植物。萌芽、萌蘗性强，寿命长。

【观赏特性与园林用途】南天竹树姿秀丽，翠绿扶疏，红果累累，圆润光洁，果实成熟后留于枝上，是常用的观叶、观果、观姿态植物。在园林中常与山石、沿阶草、杜鹃配植成小品。特别是在古建筑前，配植粉墙一角或假山旁最为协调。也可丛植草坪边缘、园路转角、林荫道旁、常绿或落叶树丛前、山石、墙隅、小桥旁。由于其耐阴，故常配植在树下、楼北。无论地栽、盆栽还是制作盆景，都具有很高的观赏价值，常用来装饰厅堂、居室，布置大型会场。南天竹果枝常与盛开的蜡梅、松枝一起瓶插，比喻松竹梅岁寒三友，是春节插花的佳品。

五、含笑（香蕉花、含笑梅）【*Michelia figo* (Lour.) Spreng.】（见彩图 5—63）

【科属】木兰科，含笑属。

【分布】原产北美东部以及中国长江流域至珠江流域，现在从华南至长江流域各省均有栽培。

【形态】常绿灌木或小乔木，高可达 5 m；树皮灰褐色，分枝紧密，组成圆形树冠。小枝和叶柄上均密被褐色茸毛。叶革质，椭圆形或倒卵状椭圆形，长 4～10 cm，宽 2～4 cm；全缘，叶面光滑，嫩绿色，叶背中脉有褐色毛；叶柄极短，长仅 4 mm，密被粗毛。4—6 月份开花。花单生于叶腋间，小而直立，乳黄色或乳白色，直径 2～3 cm；肉质，香味浓郁，有香蕉香味。菁葖果卵圆形，先端呈鸟嘴状，外有疣点。9 月果熟。

【习性】喜弱荫，不耐暴晒和干燥，否则叶易变黄。性喜温暖、湿润的气候及酸性土壤，不耐石灰质土壤及干旱。有一定耐寒力，在 −13℃ 左右之低温下虽然会掉落叶子，但不会冻死。

【观赏特性与园林用途】含笑为著名芳香花木，适于在小游园、花园、公园或街道上成丛种植，可配植于草坪边缘或稀疏林丛之下，使游人在休息之中得到享受。由于其抗氯气，也是工矿区绿化的良好树种。由于其性耐阴，可植于楼北、树下、疏林旁，或盆栽室内观赏。

六、海桐（山矾）【*Pittosporum tobira*（Thunb.）Ait.】（见彩图 5—64）

【科属】海桐科，海桐属。

【分布】原产我国江苏南部、浙江、福建、台湾、广东等地；朝鲜、日本亦有分布。

【形态】常绿灌木或小乔木，高可达 6 m；树冠球形。干灰褐色，枝条近轮生，嫩枝绿色。叶为单叶，互生，有时聚生枝顶；狭倒卵形或椭圆形，长 5～12 cm，宽 1～4 cm；先端圆钝或内凹，基部楔形；全缘，边缘反卷；厚革质，表面浓绿，有光泽。5 月开花。花白色或淡黄色，有芳香，聚伞花序，顶生，萼片、花瓣、雄蕊各 5 个，子房上位，密生短柔毛。10 月果熟。蒴果卵形或球形，有棱角，长达 1.5 cm；成熟时三瓣裂，露出鲜红色种子；果瓣木质。

【习性】中性树种，在阳光下及半阴处均能良好生长。适应性强，有一定的抗旱、抗寒力，喜温暖、湿润环境。耐盐碱，对土壤的要求不严，喜肥沃、排水良好的土壤。耐修剪，萌芽力强。

【观赏特性及园林用途】自然生长呈圆球形，可供观赏；可孤植或丛植于草坪边缘或路旁、河边，也可群植组成色块。对二氧化硫等有毒气体有较强的抗性，为海岸防潮林、防风林及厂矿区绿化树种，并宜作城市隔噪声和防火林带之下层树种。

七、蚊母树【*Distylium racemosum Sieb.* et *Zucc.*】（见彩图 5—65）

【科属】金缕梅科，蚊母树属。

【分布】原产我国广东、福建、浙江、台湾等省，多生于海拔 100～300 m 之丘陵地带；日本亦有分布。长江流域城市园林中常有栽培。

【形态】常绿小乔木或灌木，高可达 5 m，树冠开展，栽培后常为灌木状。嫩枝端和芽具星状鳞毛；顶芽歪斜，暗褐色。叶为单叶，互生，厚革质，光滑，椭圆形或倒卵形，长 3～7 cm，宽 1.5～3 cm；顶端钝或稍圆，基部宽楔形；全缘，侧脉 5～6 对，在表面不显著，背面略隆起；叶边缘和叶面常有虫瘿。

花为总状花序，长约 2 cm；苞片披针形；萼筒极短，花后脱落，萼齿大小不等，有鳞毛；无花瓣。

蒴果卵圆形，无萼筒，密生星状毛。4—5 月份开花，8—10 月份果熟。

【习性】喜光，稍耐阴，对烟尘及多种有毒气体抗性很强。喜温暖、湿润气候，对土壤要求不严，酸性、中性土壤均能适应，但排水必须良好，以肥沃、湿润土壤最好。萌芽、发枝力强，耐修剪。

【观赏特性与园林用途】植于路旁、庭前草坪上及大树下都很合适；成丛、成片栽植分隔空间或作为其他花木之背景效果亦佳。防尘及隔音效果好，可修剪成球形，栽作绿篱和防护林带。抗性强，能耐二氧化硫、氯气，抗烟尘，可种在工矿地区。

八、红花檵木（红桎木、红檵木）【*Loropetalum chinense*（R. Br.）Oliv. var. *rubum* Yieh】（见彩图5—66）

【科属】金缕梅科，檵木属。

【分布】原产湖南等地。

【形态】常绿灌木或小乔木，高可达9 m。树皮暗灰或浅灰褐色，多分枝。嫩枝红褐色，小枝、嫩叶及花萼均有锈色星状短柔毛。

叶革质，互生，卵圆形或椭圆形，长2～5 cm；先端短尖，基部圆而偏斜，不对称，两面均有星状毛；全缘；越冬老叶暗红色，嫩叶淡红色。

4—5月间开淡紫色花，花期长（约30～40天），国庆节能再次开花。花瓣4枚，紫红色，线形，长1～2 cm；花3～8朵簇生，呈顶生头状花序。蒴果木质，近卵形。

【习性】喜光，稍耐阴，但在背阴处叶色容易变绿。适应性强，耐旱。喜温暖，耐寒冷。耐瘠薄，但适宜在肥沃、湿润的微酸性土壤中生长。萌芽力和发枝力强，耐修剪。

【观赏特性与园林用途】春季观花观叶植物，常用于色块布置或修剪成球形，是美化公园、庭院、道路的名贵观赏树种。木质柔韧，耐修剪蟠扎，是制作树桩盆景的好材料。

九、火棘（火把果、吉祥果、救军粮）【*Pyracantha fortuneana*（Maxim）L.】（见彩图5—67）

【科属】蔷薇科，苹果亚科，火棘属。

【分布】原产陕西、江苏、浙江、福建、湖北、湖南、广西、四川、云南、贵州等省区。生于海拔500～2 800 m的山地灌丛中或河沟。

【形态】常绿灌木或小乔木，株高可达4 m。枝条暗褐色，拱曲下垂；幼枝有锈色短柔毛；侧枝短，先端常呈刺状。叶为单叶，互生，亮绿色，倒卵状矩圆形或倒卵状长椭圆形，长1.5～6 cm；前端钝圆或微凹（有时有短尖头），基部楔形，边缘有钝锯齿；两面无毛。5—6月份开白色小花。花由多数花集成复伞房花序。9—12月份果熟。梨果近球形，橘红或鲜红色；果实经久不落，可在枝上存留至翌年3月。

【习性】喜阳光，稍耐阴，但偏阴时会引起严重的落花落果。耐旱，耐瘠，对土壤要求不严，适生于湿润、疏松、肥沃的壤土。萌芽力强，耐修剪，较耐寒。为保证结果丰满，应栽培在阳光充足、土壤肥沃之地。

【观赏特性与园林用途】入夏白花点点，入秋红果累累，是观花观果的优良树种，在园林中可丛植、孤植，可修成球形或绿篱，可用作绿篱及盆景材料，也可植于草地及林缘。果枝还是瓶插的好材料，红果可经久不落。

十、石楠（千年红、端正树、扇骨木）【*Photinia serrulata* Lindl.】（见彩图 5—68）

【科属】蔷薇科，苹果亚科，石楠属。

【分布】原产我国秦岭以南各地，日本、印度尼西亚和菲律宾也有分布。

【形态】常绿小乔木或灌木，株高 4～6 m，有的可高达 12 m；树冠球形，树形端正。小枝灰褐色，无毛。叶为单叶，互生，革质，长椭圆形或倒卵状椭圆形；先端尖，基部圆形或宽楔形；边缘具细锯齿，近基部全缘；叶柄短，幼时有毛，有托叶；幼叶紫红色。

花期为 4—5 月份。花小，白色，复伞房花序，顶生；花轴及花梗无毛；萼片 5，宿存。

梨果球形，熟时红色或紫褐色，状若珊瑚，红果累累。10 月份果熟。

【习性】喜光，稍耐阴。喜温暖、湿润环境，能耐短期的－15℃低温。能耐干旱、瘠薄，能生长在石缝中。喜深厚、肥沃的砂质壤土，忌水涝，忌排水不良的黏土。生长较慢。萌芽力强，耐修剪。

【观赏特性与园林用途】园林中孤植、丛植及基础栽植都甚为合适，尤宜配植于园林中。

十一、黄杨【*Buxus sinica*（Rehd. et Wils.）Cheng】（见彩图 5—69）

【科属】黄杨科，黄杨属。

【分布】原产中国中部，现长江流域及广西、广东、四川、贵州、甘肃等地均有栽培。

【形态】常绿灌木或小乔木，高可达 7 m。枝叶较疏散，小枝及冬芽外鳞均有短柔毛。叶倒卵形、倒卵状椭圆形至广卵形，长 2～3.5 cm；先端圆或微凹，基部楔形；叶柄及叶背中脉基部有毛。花簇生叶腋或枝端，黄绿色。花期为 3—4 月份，果 5—7 月份成熟。

【习性】喜半阴，在无庇荫处生长叶常发黄。喜温暖、湿润气候及肥沃的中性及微酸性土。生长缓慢，耐修剪。对多种有毒气体抗性强。

【观赏特性与园林用途】在草坪、庭前孤植、丛植，或于路旁列植、点缀山石都很合适，也可用做绿篱及基础种植材料。

十二、枸骨（鸟不宿、猫儿刺）【*Ilex cornuta* Lindl.】（见彩图 5—70）

【科属】冬青科，冬青属。

【分布】原产我国长江中下游各省，多生于山坡、谷地、灌木丛中；现各地庭园常有栽培。朝鲜亦有分布。

【形态】常绿灌木或小乔木，一般高 3～4 m，最高可达 10 m。树皮灰白色，平滑，不裂。枝开展而密生。叶硬革质，矩圆形，长 4～8 cm，宽 2～4 cm；顶端扩大并有 3 枚尖硬刺齿，中央一枚向背面弯，基部两侧各有 1～2 枚大刺齿；叶有时全缘，基部圆形（这样的叶往往长在大树的树冠上部）。花小，黄绿色，簇生于二年生枝叶腋。核果球形，鲜红色，具 4 核。花期为 4—5 月份，果 9—11 月份成熟。

【习性】喜光，稍耐阴。喜温暖气候及肥沃、湿润、排水良好之微酸性土壤，耐寒性不强。颇能适应城市环境，对有害气体有较强抗性。生长缓慢。萌蘖力强，耐修剪。

【观赏特性与园林用途】宜作基础种植及岩石园材料，也可孤植于花坛中心或对植于前庭、路口，或丛植于草坪边缘，同时又是很好的绿篱（兼有果篱、刺篱的效果）材料。选其老桩制作盆景亦饶有风趣。果枝可供瓶插，经久不凋。

十三、大叶黄杨（正木、冬青卫矛）【*Euonymus japonicus* Thunb.】（见彩图 5—71）

【科属】卫矛科，卫矛属。

【分布】原产日本南部；中国南北各省均有栽培，长江流域各城市尤多。

【形态】常绿灌木或小乔木，高可达 8 m。小枝绿色，稍呈四棱形。叶革质，有光泽，椭圆形至倒卵形，长 3～6 cm；先端尖或钝，基部广楔形；缘有细钝齿，两面无毛。花绿白色。蒴果近球形，淡粉红色，熟时 4 瓣裂；假种皮橘红色。花期为 5—7 月份，果 9—10 月份成熟。

栽培变种很多，常见有以下几种：

1. 金边大叶黄杨（cv. Ovatus Aureus）：叶缘金黄色。

2. 金心大叶黄杨（cv. Aureus）：叶中脉附近金黄色，有时叶柄及枝端也变为黄色。

3. 银边大叶黄杨（cv. Albo-marginatus）：叶缘有窄白条边。

4. 银斑大叶黄杨（cv. Latifolius Albo-marginatus）：叶阔椭圆形，银边甚宽。

5. 斑叶大叶黄杨（cv. Duc d'Anjou）：叶较大，深绿色，有灰色和黄色斑。

【习性】喜光，但也能耐荫。喜温暖湿润的海洋性气候及肥沃、湿润的土壤，也能耐干旱瘠薄。耐寒性不强，温度低达 −17℃ 左右即受冻害。极耐修剪。生长较慢，寿命长。对各种有毒气体及烟尘有很强的抗性。

【观赏特性与园林用途】常作绿篱及背景材料，亦可丛植于草地边缘或列植于园路两旁；若加以修剪，更适合用于规则式对称配植，或用于花坛中心，或对植于门旁。

十四、茶梅【*Camellia sasanqua* Thunb.】（见彩图 5—72）

【科属】山茶科，山茶属。

【分布】主产于长江以南地区。日本有分布。

【形态】小乔木或灌木，高可达 12 m。分枝稀疏，嫩枝有粗毛。芽鳞表面有倒生柔毛。叶椭圆形至长卵形，长 4～8 cm；叶端短尖，叶缘有齿；叶表有光泽，中脉上略有毛。花白色或红色，径 3.5～7 cm，略有芳香，无柄；子房密被白色毛。蒴果直径 2.5～3 cm，略有毛，无宿存花萼；内有种子 3 粒。花期 10 月下旬至次年 4 月。

变种及品种达百余种，大都为白花，红花者较少。

【习性】性强健，喜光，也稍耐阴，但以在阳光充足处花朵更为繁茂。喜温暖气候及富含腐殖质、排水良好的微酸性土壤。有一定抗旱性。

【观赏特性与园林用途】茶梅可作基础种植及常绿篱垣材料，开花时为花篱，落花后又为常绿绿篱，故很受欢迎。也可盆栽观赏。

十五、八角金盘【*Fatsia japonica*（Thunb.）Decne. et Planch.】（见彩图 5—73）

【科属】五加科，八角金盘属。

【分布】原产日本及我国台湾；我国南方庭院中有栽培。

【形态】常绿灌木，高 4～5 cm，常数干丛生。叶大，掌状，7～9 裂，径 20～40 cm；基部心形或截形，裂片卵状长椭圆形，缘有齿；表面有光泽；叶柄长 10～30 cm，基部膨大。花小，白色，伞形花序集成圆锥花序，顶生。浆果近球形，紫黑色。

【形态】性喜阴，喜温暖、湿润气候，畏酷热和强光暴晒，在庇荫的环境和湿润、疏松、肥沃的土壤中生长良好。较耐湿，不耐干旱，耐寒性不强。萌蘖性强。

【观赏特性与园林用途】适宜配植于庭前、门旁、窗边、栏下、墙隅，或群植作疏林的下层植被。可盆栽供室内绿化观赏。

十六、洒金东瀛珊瑚（洒金桃叶珊瑚、花叶青木）【*Aucuba japonica var. variegata*】（见彩图 5—74）

【科属】山茱萸科，桃叶珊瑚属。

【分布】原产日本及我国台湾，长江中下游地区广泛栽培，华北地区多为盆栽。

【形态】常绿灌木，小枝粗圆，丛生。树皮初时绿色，平滑，后转为灰绿色。叶对生，椭圆形至长椭圆形，革质；缘疏生粗齿牙；先端尖；两面油绿而富光泽，叶面散生大小不等的黄色或淡黄色斑点，酷似洒金。花小，单性，雌雄异株，紫褐色，圆锥花序，顶生。浆果状核果，鲜红色。花期为3～4月份，果熟期为11月至翌年2月。

【习性】适应性强，性喜温暖、阴湿环境，不甚耐寒，在林下疏松、肥沃的微酸性土或中性壤土中生长繁茂。阳光直射而无蔽荫之处则生长缓慢，发育不良。耐修剪，病虫害极少，对烟尘和有害气体的抗性很强。

【观赏特性与园林用途】枝繁叶茂，凌冬不凋，是珍贵的耐阴灌木。宜配植于门庭两侧树下、庭院墙隅、池畔、湖边和溪流林下，凡阴湿之处无不适宜。若配植于假山上作花灌木的陪衬，或作树丛林缘的下层基调树种，亦协调得体。可盆栽供室内布置厅堂、会场用。枝叶常用于瓶插。

十七、桂花（木犀、岩桂）【*Osmanthus fragrans* (Thunb.) Lour.】（见彩图5—75）

【科属】木犀科，木犀属。

【分布】原产我国西南部，现广泛栽培于长江流域各省区，华北多行盆栽。

【形态】常绿灌木至小乔木，高可达12 m。树皮灰色，不裂。芽叠生。叶为单叶，对生，革质，椭圆形或长椭圆形，长5～12 cm；基楔形；叶缘有稀疏锯齿（或偶有全缘）。花小，黄白色，簇生叶腋或聚伞状；浓香。核果椭圆形，紫黑色。花期为9—10月份。

变种：

丹桂：（*var. aurantiacus* Makino）：又名朱色桂。生长健壮，树形中等。枝叶稀疏，枝条粗壮，嫩枝紫红色。叶狭长，呈长椭圆形；叶面粗糙浓绿，叶背红色，叶缘锯齿稀疏。花橘红色或橙黄色，香味比银桂淡，花期9月下旬。适合盆栽。

金桂：（*var. thunbergii* Makino）：俗称大叶黄。树体高大而直立，树冠呈圆球形。枝叶茂盛，叶大，呈阔椭圆形，花黄色至深黄色，有浓香；花中等，5～7朵一簇，花梗短。花期一般在9月下旬至10月上旬。

银桂：（*var. latifolius* Makino）：树枝稀疏而粗壮。幼年树枝比金桂短，枝光滑色淡。叶大，宽而短，呈椭圆形；新梢叶片为古铜色。花淡黄色至白色；花朵大，7～8朵一簇。花期一般在9月中旬至下旬。

四季桂：（*var. semperflorens* Hort.）：树形短小而呈丛生状态，树冠圆球形。枝条发育健壮。叶片阔椭圆形，其色较淡，叶缘锯齿明显。花朵小，花色浅黄，香味淡；5～7朵一簇。着花少，花期长，一年中除严寒、酷暑无花外，其他季节均能陆续不断开少量花朵，但以秋季着花较多。

【习性】喜光，稍耐阴。喜温暖和通风良好的环境，不耐寒。喜湿润、排水良好的砂质壤土，忌涝地、碱地和黏重土壤；对二氧化硫、氯气等有中等抵抗力。

【观赏特性与园林用途】桂花树干端直，树冠圆整，四季常青，花期正值仲秋，香飘数里，是我国人民喜爱的传统园林花木。于庭前对植两株，即"两桂当庭"，是传统的配植手法；道路两侧、假山、草坪、院落等地多有栽植。如大面积栽植，形成"桂花山""桂花岭"，秋末浓香四溢，香飘十里，也是极好的景观。与秋色叶树种同植，有色有香，是点缀秋景的极好树种。淮河以北地区多桶栽、盆栽，用于布置会场、大门。

十八、黄馨（云南黄馨、南迎春）【*Jasminum mesnyi* Hance】（见彩图5—76）

【科属】木犀科，茉莉属。

【分布】原产云南，南方庭园中颇常见。耐寒性不强，北方常温室盆栽。

【形态】常绿灌木，高可达3 m；树形圆整。枝细长拱形，柔软下垂，绿色，有4棱。叶为三出复叶，对生；小叶纸质，叶面光滑。花单生于有总苞状单叶的小枝顶端；萼片叶状，披针形；花冠黄色，径3.5～4 cm，多为重瓣。花期为3—4月份，延续时间长。

【习性】喜光，稍耐阴，不耐寒，我国南方园林常见，北方常温室盆栽。

【观赏特性与园林用途】云南黄馨枝条细长拱形，四季常青，春季黄花绿叶相衬，艳丽可爱。最宜植于水边驳岸，细枝拱形下垂水面，倒影清晰，还可遮蔽驳岸平直呆板等不足之处。植于路缘、坡地及石隙等处均极优美。温室盆栽常编扎成各种形状。

十九、夹竹桃（柳叶桃、半年红、红花夹竹桃）【*Nerium indicum* Mill】（见彩图5—77）

【科属】夹竹桃科，夹竹桃属。

【分布】原产于伊朗、印度、阿富汗、尼泊尔，现广植于世界热带地区。我国长江以南各省区广为栽植，北方各省栽培需在温室越冬。

【形态】常绿直立大灌木，高可达6 m。嫩枝具棱，被微毛，老时脱落。叶革质，3～4枚轮生，枝条下部为对生；窄披针形，长11～15 cm；顶端急尖，基部楔形，叶缘反卷。花红色，芳香；花冠裂片5枚（有时重瓣，则为15～18枚，组成3轮），每裂片基部有长圆形、顶端丝裂的鳞片。蓇葖果细长。花期6—10月份。

品种："白花"夹竹桃（cv.Paihua）：花白色。

【习性】喜光。喜温暖湿润气候，不耐寒。耐旱力强。抗烟尘及有毒气体能力强。对土壤适应性强，碱性土上也能正常生长。性强健，管理粗放，萌蘖性强，病虫害少，生命力强。

【观赏特性与园林用途】夹竹桃植株姿态潇洒，花色艳丽，兼有桃竹之胜；自初夏开花，经秋乃止，有特殊香气；又适应城市自然条件，是城市绿化的极好树种。常植于公园、庭院、街头、绿地等处，也是极好的背景树种。性强健，耐烟尘，抗污染，是工矿区等生长条件较差的地区绿化的好树种。

二十、栀子花（黄栀子、山栀）【*Gardenia jasminoides* Ellis.】（见彩图5—78）

【科属】茜草科，栀子属。

【分布】产于长江流域，我国中部及中南部都有分布。

【形态】常绿灌木，高可达3 m。干灰色，小枝绿色，有垢状毛。叶长椭圆形，长5～14 cm；端渐尖，基部宽楔形；全缘，革质而有光泽；有鞘状托叶。花单生枝端或叶腋；花冠高脚碟状，端常6列，白色，浓香；花丝短，花药线形。果卵形至长椭圆形，具5～9条纵棱，顶端有宿存萼片。花期为5—8月份。

变型、变种：

1. 大花栀子（*f. grandiflora* Makino）：叶较大，花大而重瓣，直径7～10 cm。园林中应用更为普遍。

2. 水栀子（*var. radicans* Makino）：又名雀舌栀子。植株较小，枝常平展匍地，叶小而狭长，花也较小。

【习性】喜光，也能耐阴，在庇荫条件下叶色浓绿，但开花稍差。喜温暖湿润气候，耐热，也稍耐寒（－3℃）。喜肥沃、排水良好、酸性的轻黏壤土，也耐干旱瘠薄，但植株易衰老。抗二氧化硫能力较强。萌蘖力、萌芽力均强，耐修剪更新。

【观赏特性与园林用途】栀子叶色亮绿，四季常青，花大而洁白，芳香馥郁，有一定耐应和抗有毒气体的能力，故为良好的绿化、美化、香化的材料。可成片丛植，或配植于林缘、庭前、院隅、路旁；植作花篱也极适宜。作阳台绿化、盆花、切花或盆景都十分相宜。也可用于街道和厂矿绿化。

二十一、凤尾兰【*Yucca gloriosa* L.】（见彩图5—79）

【科属】百合科，丝兰属。

【分布】原产北美洲东部及东南部，现长江流域各地普遍栽植。

【形态】常绿灌木或小乔木，干短，有时分枝，高可达5 m。叶密集，螺旋排列茎端；质坚硬，有白粉，剑形，长40～70 cm；顶端硬尖，边缘光滑；老叶有时具疏丝。花为圆锥花序，高1 m多；花大而下垂，乳白色，常带红晕。蒴果干质，下垂，椭圆状卵形，不开裂。花期为6—10月份。

【习性】适应性强，耐水湿。扦插或分株繁殖。喜温暖湿润和阳光充足环境，性强健，耐寒、耐旱、耐湿、耐瘠薄，对土壤肥料要求不高，但喜排水良好的沙土。根肉质，易产生不定芽，萌芽力强，抗污染。对二氧化硫、氯化氢、氟化氢等有很强抗性，除盐碱地外均能生长。

【观赏特性与园林用途】凤尾兰花大、树美、叶绿，是良好的庭园观赏树木，常植于花坛中央、建筑前、草坪中、路旁，也可作绿篱。

二十二、孝顺竹（凤凰竹、蓬莱竹、慈孝竹）【*Bambusa multiplex* (Lour.) Raeusch.】（见彩图 5—80）

【科属】禾本科，竹亚科，箣竹属。

【分布】原产中国，主产于广东、广西、福建等省区。长江流域及以南栽培能正常生长。山东青岛有栽培，是丛生竹中分布最北缘的竹种。

【形态】地下茎合轴丛生。竹竿密集生长，高 2~7 m，径 1~3 cm；节间圆柱形，长 30~50 cm；幼时薄被白蜡粉，上半部被棕色至暗棕色小刺毛，老时则光滑无毛。枝条多数簇生于一节，末级小枝着叶 5~12 片。叶片线状披针形或披针形，长 5~16 cm；顶端渐尖，基部近圆形或宽楔形；叶表面深绿色，叶背粉白色，密被短柔毛；叶质薄。

变型：

花孝顺竹（*f. alphonsekarri* Sasaki）：竿金黄色，夹有显著绿色纵条纹。

【习性】喜光，稍耐阴。喜温暖湿润气候及深厚、肥沃、排水良好、湿润的土壤，不甚耐寒。是丛生竹类中分布最广、适应性最强的竹种之一，可以引种北移。

【观赏特性与园林用途】竹竿丛生，四季青翠，姿态秀美，多栽培于庭院供观赏。在庭院中可孤植、群植，或作划分空间的高篱；也可在大门内外入口角道两侧列植、对植；或散植于宽阔的庭院绿地；还可以种植于宅旁基础绿地中作缘篱用。也常见在湖边、河岸或草坪角隅栽植。若配植于假山旁侧，则竹石相映，更富情趣。

二十三、凤尾竹（观音竹、米竹、筋头竹、蓬莱竹）【*Bambusa multiplex* cv. Fernleaf.】（见彩图 5—81）

【科属】禾本科，竹亚科，箣竹属。

【分布】原产中国广东、广西、四川、福建等地，江浙一带也有栽培。

【形态】常绿小型丛生竹，叶色浓密，呈球状，为孝顺竹的一种变异。株型矮小，竿密，纤细；竹竿上端由于枝繁叶茂，加之负担过重，故而向下低垂。竿高 1~3 m，径 0.5~1.0 cm；具叶小枝下垂，每小枝具 9~20 枚叶片。叶细，纤柔，线状披针形至披针形，叶长 2.5～7.5 cm，宽 5～8 mm。

【习性】喜光，稍耐阴，不耐强光暴晒。喜温暖湿润气候，耐寒性稍差。喜湿，怕积水，宜肥沃、疏松和排水良好的酸性、微酸性或中性的砂质壤土，以 pH 值 4.5～7.0 为宜，忌黏重、碱性土壤。凤尾竹可用分株和种子繁殖，分株是主要的繁殖方法。

【观赏特性与园林用途】体态潇洒，绿叶细密婆娑，好似凤尾。茎略弯曲下垂，状似少女含羞，观赏价值较高。宜作庭院丛栽，也可作盆景植物，配以山石、摆件，很有雅趣。

二十四、紫竹【*Phyllostachys nigra*（Lodd. ex Lindl.）Munro】（见彩图 5—82）

【科属】禾本科，竹亚科，刚竹属。

【分布】原产于长江流域，较耐寒，可耐−20℃低温，北京可露地栽培。

【形态】地下茎单轴散生，竿高 3～8 m。竿幼时淡绿色，密被细绒毛，有白粉，一年后渐变为紫色至紫黑色。节处两环较隆起，箨环下有白粉。叶 2～3 枚生于顶端，窄披针形；先端渐长尖，基部有细毛；边缘有小齿，背面有白粉。

【习性】阳性，喜温暖湿润气候，稍耐寒。需微酸性、湿润但不可积水土壤。环境干燥、不通风、暴晒、受冻、土壤偏碱性等原因都会造成叶片发黄。

【观赏特性与园林用途】傲雪凌霜，四季常青，紫色的竹竿与绿色的叶片交互相映，十分别致，自古至今广泛配植于庭园。宜与观赏竹种配植，或植于山石之间、园路两侧、池畔水边、书斋和厅堂四周。亦可盆栽供观赏。

第 5 节　树木的种植与养护

 学习单元 1　园林树木的种植

 学习目标

➤了解园林树木栽植成活的原理
➤掌握落叶植物与常绿植物的栽植时间

➤熟悉园林树木栽植的各道工序
➤能够进行树木移植（带土球小掘）

 **知识要求**

一、成活原理

园林树木的种植从狭义上理解仅为树木的栽种，从广义上来说，应该包括"挖（掘）苗""搬运""种植"三个基本作业。

在一定的环境条件下，一株正常生长的树木地上与地下部分存在着一定的平衡关系（如树体的养分和水分代谢的平衡）。在挖（掘）起过程中，植株大量根系因挖掘而受损，在其后的搬运过程又易受风吹日晒和搬运损伤等影响，根系与地上部分以水分代谢为主的平衡关系或多或少会遭到破坏。虽然植物的根系在适宜的环境条件下具有一定的再生能力，但是新根的发生需要经过一定的时间，在这段时间内，只有维持树体水分代谢的平衡，才能保证树体的正常生命活动。由此可见，要使树体在整个栽种过程中减少根系受伤，降低风干失水风险，促使其迅速发生新根是最为重要的。

减少树冠的枝叶量，保证充足的水分供应或者提供较高的空气湿度条件，是维持以水分代谢为主的平衡和恢复树体最常用的方法，也是栽植成活的关键。这种平衡关系的维持与恢复，除了与"起掘""搬运""种植""栽后管理"这四个主要环节的技术直接有关，还与影响生根和蒸腾的内外因素有关。比如，树种根系的再生能力，苗木的质量、年龄，栽植的季节都与树体水分代谢平衡关系的恢复有着相当密切的关系。

二、栽植时间

落叶乔木和灌木的挖掘和栽植，应在春季解冻以后、发芽以前，或在秋季落叶后、冰冻以前（常绿乔灌木可以在秋季新梢停止生长后、降霜以前）进行。因为此时树体所储存的营养比较丰富，土温适合根系生长；并且气温较低，地上部分生长量小，蒸腾较少，容易保持和恢复以水分代谢为主的平衡。在一般情况下，冬季寒冷地区或在当地不甚耐寒的树种宜春栽（如香樟、含笑在上海地区最好在春季栽植），否则易受冻害。而在冬季较温暖或在当地可以耐寒的树种宜秋栽。夏季由于气温较高，植株生命活动旺盛，属于不适合树木栽植的季节。如果是夏季多雨地区，由于供水充足，土温较高，有利根系再生，再加上空气湿度大，地上蒸腾少，在这种条件下也可以移植，但必须选择春梢停止生长的树木，在连阴雨时期抓紧时间进行，或配合其他减少蒸腾的措施（如遮阴等）。

三、栽植施工

绝大多数树木的栽植都包含了掘（起）苗、运输、定植、栽后管理四大环节。这四个环节一定要密切配合，尽量缩短操作时间，最好是随挖随运随栽。

1. 起苗

苗木挖掘的质量与原有苗木状况、操作技术、土壤干湿、工具锋利与否等有着直接的关系。因此，在苗木起掘前应做好相关的准备工作，起掘时严格按照操作规程进行。

（1）掘前准备：按设计要求至苗圃选择合用的苗木，并作出标记（称为"号苗"）。对枝条分布较低的常绿针叶树或冠丛较大的灌木、带刺灌木等，应先用草绳将树冠适度捆绕（扎），以便操作。为有利于挖掘操作和少伤根系，起苗时土壤不宜过湿或过干。起苗还应准备好锋利的起苗工具和包装运输所需的材料。

（2）挖掘裸根树木根系直径与及带土球树木土球直径及深度规定如下：

1）树木地径①3～4 cm，根系或土球直径取 45 cm。

2）树木地径大于 4 cm，地径每增加 1 cm，根系或土球直径增加 5 cm［如地径为 8 cm，根系或土球直径为（8－4）×5 ＋45＝65 cm］。

3）树木地径大于 19 cm 时，以地径的 2π 倍（约 6.3 倍）为根系或土球的直径。

4）无主干树木的根系或土球直径取根丛的 1.5 倍。

5）根系或土球的纵向深度取根系或土球直径的 2/3。

（3）挖掘方法：挖掘树木需采用锐利的铁锹进行。裸根树木遇直径 3 cm 以上的主根，需用锯锯断；小根可用剪枝剪剪断，不能用工具劈断或强力拉断。带土球挖掘时，不得掘碎土球；铲除土球上部的表土及下部的底土时，必须先扎好腰箍。土球需包扎结实，包扎方法应根据树种、规格、土壤紧密度、运输距离等具体条件而定，土球底部直径应不大于土球直径的 1/3。

2. 运苗

在装运前，应核对苗木的种类与规格，此外还需仔细检查起掘后的苗木质量。对损伤不合要求的苗木应及时淘汰，并补足苗数。装运树木时，必须轻吊、轻放、不可拖拉。吊运带土球树木时，绳束应扎在土球下端，不可结在主干基部，更不得结在主干上。车厢内应先垫上草袋等物，以防车板磨损苗木。乔木苗装车应根系向前，树梢向后，按顺序安放，不要压得太紧；上不超高（地面车轮到苗最高处不许超过 4 m），树梢不得拖地（必要时可垫蒲包用绳吊拢）；根部应用苦布盖严，并用绳捆好。

---

① 地径指树木离地面 20 cm 左右处树干的直径。

带土球苗装运时，苗高不足 2 m 者可立放；苗高 2 m 以上的应使土球在前，梢向后，斜放或平放，并用木架将树冠架稳。土球直径小于 20 cm 的，可装 2～3 层，并应装紧，以防车开时晃动；土球直径大于 20 cm 者，只许放一层。运苗时，土球上不许站人和压放重物。

树苗应有专人跟车押运，经常注意苫布是否被风吹开。短途运苗中途最好不停留；长途运苗应注意洒水。休息时，车应停在荫凉处。苗木运到应及时卸车。卸车时要轻拿轻放，对裸根苗不应抽取，更不许整车推下。经长途运输的裸根苗木，根系较干者应浸水 1～2 天。带土球小苗应抱球轻放，不应提拉树干。土球较大的苗木，可用长而厚的木板斜搭于车厢，将土球移到板上，顺势慢滑卸下，不能滚卸，以免散球。

苗木运到栽植地点后应及时定植，对不能及时栽种的裸根植物要进行假植或培土，对带土球苗木应保护土球。

苗木在栽植前需加以检查，如在运输中有损伤的树枝和树根，必须加以修剪。大的修剪口应作防腐处理。

3. 挖穴

挖穴（刨坑）：栽植坑（穴）位置确定之后，即可根据树种系特点（或土球大小）、土壤情况来决定挖坑（穴）（或绿篱沟）的规格。

（1）树坑的直径（或正方形树穴的边）一般应比规定根幅的范围或土球大 40 cm。

（2）树坑的深度应与根系或土球直径相等，底下垫松软种植土。

（3）乔木种植穴的有效土层至少为 1.0 m，灌木种植穴的有效土层至少为 0.8 m。

（4）种植穴内土质不符合栽植要求的需更换。种植穴内土质符合栽植要求的，土球（或主根端）以下的土只需翻松，不必取出。

（5）种植穴必须垂直下掘，上下口径相等，切忌挖成上大下小的锥表或锅底形。

（6）在斜坡上挖穴，深度以坡的下沿为准。施工人员挖穴时，如发现电缆、管道，应停止操作，及时找设计人员与有关部门商讨解决。坑穴挖好后，要有专人按规格验收，不合格的应返工。

4. 栽植

种植树木以阴而无风的天气最佳；晴天宜在上午 11 时前或下午 3 时以后进行栽植。栽植前先检查树穴，土有塌落的坑穴应适当清理。在种植穴内用种植土填至放土球底面的高度，将土球放置在填土面上，定向后（树木栽植时应使丰满、完整的树相朝向主要视线，孤植树木应冠幅完整）方可打开土球包装物，取出包装物，（如土球的土质松软，土球底部的包装物可不取出），然后从种植穴边缘向土球四周培土，分层捣实。培土高度到土球深度的 2/3 时，做围堰，浇足水，水分渗透后整平。如泥土下沉，应在三天内补填种植土，再浇水整平。树木栽植深度应保证在土壤下沉后根颈①和地表面等高。

裸根树木应按根系情况先在种植穴内填适当厚度的种植土，将根系舒展在种植穴内，周围均匀培土，并将树干稍向上提动或左右移动，扶正后边培土边分层捣实，然后沿树木种植穴外缘做围堰，并浇水，以水分不再向下渗透为度。

树木自挖掘至栽植的整个过程中，若遇高温，应适当稀疏枝叶或搭棚遮阴以保持树木湿润；天寒风大时，应采取防风保温措施。

为防灌水后土塌树歪（尤其在多风地区），摇动树根，影响成活，乔木或大灌木在栽植后应立好支柱作支撑。一般可用十字支撑、扁担支撑、三角支撑或单柱支撑。支柱应于种植时埋入。也可栽后打入，但应注意不要打在根上或损坏土球。成排树木或栽植较近的树木，可用绳索相互连接，在两端或中间适当位置设置支撑柱。

胸径在 12 cm 以下的树木，尤其是行道树，可用单柱支撑。支柱一般长 3.5 m，于栽植前埋深 1.1 m（从地面起）。支柱应设在盛行风向的一面。支柱中心和树木中心距离一般为 35 cm。支柱要牢固，常用通直的木棍、竹竿作支柱，长度视苗高而异，能支撑树的 1/3～1/2 处即可。可以用 10～14 号铅丝将支柱绑缚于树干，绑缚处应夹垫软质物，绑扎后树干必须保持正直。

非栽植季节栽植，应按不同树种采取相应的技术措施：

（1）最大程度的强修剪应至少保留树冠的 1/3。

（2）凡可摘叶的应摘去部分树叶，但不可伤害幼芽。

（3）夏季要搭棚遮阴、喷雾、浇水，保持二、三级分叉以下的树干湿润；冬季要防寒。

凡列为工程的树木栽植以及非栽植季节的栽植均应做好记录，作为验收资料。记录内容包括：栽植时间、土壤特性、气象情况、栽植材料的质量、环境条件、种植位置、栽植后植物生长情况、采取措施、栽植人工、栽植单位、栽植者的姓名等。

5. 假植

对裸根苗，如不能及时运走，应在原穴用湿土将根覆盖好，做好短期假植；如较长时间不能栽植，则应集中假植。干旱多风地区应在栽植地附近挖宽 1.5～2 m，深 30～50 cm 的浅沟，然后按树种或品种分别集中假植并做好标记。假植需将树木根系依次倾斜放于沟内，树梢迎风，然后覆细土于根部。临时放置可用苫布或草袋盖好。干旱季节还应设法保持覆土的湿度。土壤过干应适量浇水，但也不可过湿，以免影响日后的操作。

带土球苗 1～2 天内能栽完的不必假植；1～2 天内栽不完的，应集中放好，四周培土，

① 根颈系树木主干和根系的交点。

树冠用绳拢好。如囤放时间较长，土球间隙中也应加细土培好。假植期间应对常绿树进行叶面喷水。

6. 栽后管理

树木栽后管理包括灌水、封堰等操作。栽后应立即灌水。无雨天不超过一昼夜就应浇头遍水；干旱或多风地区则应连夜浇水。水一定要浇透，使土壤吸足水分，并有助根系与土壤密接，方可保证成活。浇水时应防止冲垮水堰。每次浇水渗入后，应将歪斜树木扶直，并将塌陷处填实。为保墒，最好覆一层细干土（或待表土稍干后中耕）。第三遍水渗入之后，可将水堰铲去，将土堆于干基，稍高出原地面。北方干旱多风地区，秋植树木干基还应堆成 30 cm 高的土堆，以有利防风、保墒和保护根系。

在土壤干燥、灌水困难地区，为节省水分，可采用"水植法"，即在树木入穴填土达一半时先灌足水，然后填满土，并进行覆盖保墒。

树木封堰后应清理现场，做到整洁美观。树木栽植后应设专人巡查，防止人畜破坏。对受伤枝条或原修剪不理想的树木应进行复剪。

7. 栽植修剪

园林树木栽植修剪的目的主要是提高成活率和培养树形，同时减少自然伤害，因此，在不影响树形美观的前提下需进行适当的重剪。

无论树木出圃时是否对苗木进行修剪，栽植时都必须修剪。起苗、运输后树木根系的好坏，可以直接影响成活。如根系损伤过多，因为保证栽植成活是首要任务，所以在整体上应适当重剪甚至截干平茬，通过在低水平下维持水分代谢的平衡来保证成活，这是带有补救性的整形任务。但这样难以保持树形和绿化效果，因此对这种苗木，如在设计上有树形要求时，应予以淘汰。

对不同的树木，修剪要求也有不同。对干性强又必须保留中干优势的树种，应采用削枝保干的修剪法：应对领导枝截于饱满芽处（可适当长留），要控制竞争枝；对主枝适当重截至饱满芽处（约剪短 1/3）；对其他侧生枝条可重截（可剪短 1/2～1/3）或疏除。这样既可做到保证成活，又可保证日后形成具有明显中干的树形。对无中干的树种，按上述类似办法修剪，以保持数个主枝优势为主，适当保留二级枝，重截或疏去小侧枝。对萌芽率强的可重截，反之宜轻截。对灌木类的修剪可较重（尤其是丛木类），宜做到中高外低，内疏外密。对带土球苗宜轻剪，其中常绿树可用疏枝、剪半叶或疏去部分叶片的办法来减少蒸腾。其中有潜伏芽的也可适当短截；对无潜伏芽的（如某些松树），只能用疏枝、疏叶的办法。较高的树冠应于种植前修剪；低矮树可栽后修剪。

 **技能要求**

树木移植（带土球小掘）

一、操作准备

1. 移植场地与植株（灌木）。
2. 挖掘与栽植工具（铁锹、冲棍）。
3. 浇水工具（皮管或浇水壶）。
4. 绑扎材料（草绳）。

二、操作步骤

1. 根据操作规程确定泥球范围。
2. 去表土。
3. 挖球，掏底；绑扎，起坨。
4. 挖种植穴及栽植。
5. 做围堰、浇水。

三、注意事项

1. 根据规范确定泥球大小、深度以及球底大小。
2. 绑扎规范。
3. 浇水必须浇透。

 学习单元 2 园林树木的养护

 学习目标

➤熟悉园林树木的肥水管理
➤掌握园林树木的整形修剪
➤能够修剪绿篱与球类植物

 知识要求

一、水肥管理

土壤是树木生长的基地，也是树木生命活动所需的水分、各种营养元素以及微量元素的源泉，因此，土壤的好坏直接关系着树木的生长。虽然不同的树种对土壤的要求有所不同，但就一般而言，树木都要求保水保肥能力好的土壤。但是，在雨水过多或积水（耐水湿的除外）时，树木容易烂根，故土层的排水良好是非常重要的。

1. 浇水与排水

园林树木在园林绿化中数量大，种类多，目前要全面普遍浇水是不太容易做到的，因此对不同的树木要区别对待。例如，观花树种（特别是花灌木）的浇水量和浇水次数应当比一般的树种多。但不同树种的耐干旱与耐湿性是不同的（如最抗旱的紫穗槐，其耐水湿能力也很强；又如经常种在湖边的柽柳，还可以作为沙漠、荒地的先锋树种。而刺槐同样耐旱，却不耐水湿），浇水与否还应考虑不同树种的不同习性。

（1）浇水。新栽种的树一定要多次浇水方可保证成活，一般要到树木扎根较深后，即使不再灌水也能正常生长时为止。而对于定植多年，能正常生长、开花的树木，除非遇上大旱，树木表现迫切需水，否则不予浇水。

判断树木是否缺水，是否需要浇水，比较科学的方法是进行土壤含水量的测定，但目前这种方法在我国还没有普遍应用，一些园艺工人凭借多年的经验也可以进行判定。例如，早晨看树叶上翘还是下垂，中午看叶片萎蔫与否及其程度轻重，傍晚看叶片恢复的快慢等。还可以看树木的生长状况，比如是否徒长或新梢极短，叶片的叶色、大小及厚薄有没有出现异常变化等。再比如，生长季节绿叶与花蕾脱落可能是土壤过湿，枯黄叶挂树则有可能是根系吸水出了问题。

由于砂土很容易漏水，保水力较差，所以砂地栽植的树木浇水次数应当适当增加，一般可以采用小水勤浇，并施有机肥增加保水性。对于低洼地的树木也要"小水勤浇"，但要注意不要积水，并注意排水防碱。黏重的土壤保水力较强，浇水次数和浇水量应适当减少，并施入有机肥和河沙，增加通透性。

（2）排水。排水是防涝保树的主要措施。如果土壤水分过多，氧气不足，会抑制根系呼吸。严重缺氧时，根系进行无氧呼吸，容易积累酒精使蛋白质凝固，引起根系死亡。对耐水力差的树种更应抓紧时间及时排水。如白玉兰、梅花、香樟、雪松等均为耐水力较弱的树种，上海地区地下水位较高，所以需要适当起坡栽植。若遇水涝淹没地表，必须尽快排出积水，否则这类树木很容易死亡。

排水的方法主要有以下几种：

1）明沟排水。在园内及树旁纵横开浅沟，内外联通，以排积水。这是园林中经常采用的排水方法，关键在于做好全园排水系统，使多余的水有个总出口。

2）暗管沟排水。在地下设暗管或用砖石砌沟，借以排除积水。暗管沟排水的优点是不占地面，但设备费用较高，一般较少应用。

3）地面排水。目前大部分绿地采用的是地面排水至道路边沟的办法。这是最经济的办法，但需要设计者的精心安排。

2. 施肥

在全年的栽培养护工作中，浇水应与其他技术措施密切结合，这样才能更好地发挥每个措施的积极作用。例如，浇水结合施肥，特别是在施化肥的前后浇透水，既可避免肥力过大、过猛，影响根系吸收或遭毒害，又可满足树木对水分的正常要求。

树木在不同生长期内对肥料的需求各不相同。在充足的水分条件下，新梢的生长很大程度取决于氮的供应，因此，树木的需氮量是从生长初期到生长盛期逐渐提高的。随着新梢生长的结束，树木对氮的需求虽然有很大程度的降低，但蛋白质的合成仍在进行，树干的加粗生长可以一直延续到秋季。所以，树木在整个生长期都需要氮肥，但需求量的多少是有所不同的。

在新梢缓慢生长期，除需要氮肥、磷肥外，还需要一定数量的钾肥。在保证氮、钾肥供应的情况下，多施磷肥可以促使花芽分化。

根据施肥方法和肥料种类，一般可将施肥分成施基肥和追肥两种类型。基肥的施用时期一般在秋季（也有在早春施用的），追肥则可以贯穿于整个生长季节。

（1）基肥。树木早春萌芽、开花和生长主要是消耗树体储存的养分。树体储存的养分丰富，可提高开花质量和坐果率，使叶茂花繁，增加观赏效果。树木落叶前是积累有机养分的时期，这时为了提高树体的营养水平，促进养分的储藏，一般在秋分前后施入基肥。此时施肥时间宜早不宜迟，尤其是对观花、观果以及从南方引入的树种，更应早施。施得过迟，树木生长不能及时停止，降低树木的越冬能力。

基肥是在较长时期内供给树木养分的基本肥料，所以宜施迟效性的有机肥料，如腐殖酸类肥料，堆肥、厩肥、圈肥、鱼肥以及作物秸秆、树枝、落叶等，使其逐渐分解，供树木较长时间地吸收利用大量元素和微量元素。

（2）追肥。根据树木一年中各个时期的需肥特点及时追肥，可以调解树木生长和发育之间的矛盾。根据施用时期分类，追肥主要分为花前追肥、花后追肥、花芽分化期追肥等类型。具体的追肥时期与地区、树种、品种及树龄等有关。对观花、观果树木而言，花后追肥与花芽分化期追肥比较重要，尤其以花后追肥为重要。

1) 土壤追肥。土壤追肥要与树木根系的分布特点相适应。把肥料施在距根系集中分布层较深、较远的地方，有利于根系向纵深扩展，形成更强大的根系，扩大吸收面积，提高吸收能力。施肥的深度和范围与树种、树龄、砧木、土壤和肥料性质有关。如胡桃、银杏等树木根系强大，分布较深远，施肥宜深，范围也要大一些；对根系浅的悬铃木、洋槐及矮化砧木，施肥则应较浅。幼树根系浅，根系分布范围也小，一般施肥范围较小而浅；随树龄增大，施肥时要逐年加深和扩大施肥范围，以满足树木根系不断扩大的需要。追肥应在树木需肥的关键时期及时施入，每次少施，适当增加次数，既可满足树木的需要，又能减少肥料的流失。各种肥料元素在土壤中移动的情况不同，施肥深度也不一样。如氮肥在土壤中的移动性较强，即使浅施也可渗透到根系分布层内，被树木吸收，则不必深施；钾肥的移动性较差，磷的移动性更差，宜深施至根系分布最多处；同时，由于磷在土壤中易被固定，为了充分发挥肥效，施用磷酸钙或骨粉时，与圈肥、厩肥、人粪尿等混合堆积腐熟然后施用，效果较好。基肥因发挥肥效较慢，应深施；追肥肥效较快，则宜浅施，供树木及时吸收。

2) 根外追肥。根外追肥也叫叶面喷肥，简单易行，用肥量小，发挥作用快，可及时满足树木的急需，并可避免某些肥料元素在土壤中的化学和生物固定作用，在缺水季节、缺水地区以及不便施肥的地方，均可采用此法。但叶面喷肥并不能代替土壤施肥。

叶面喷肥主要通过叶片上的气孔和角质层进入叶片，而后运送到树体内和各个器官。一般喷后 15 min 到 2 h 即可被吸收利用，但吸收强度和速度与叶龄、肥料成分，溶液浓度等有关。幼叶生理机能旺盛，气孔所占面积较老叶大，因此较老叶吸收快。叶背比叶面气孔多，叶背表皮下还具有较松散的海绵组织，细胞间隙大而多，有利于渗透和吸收，因此，一般叶背比叶面吸水快，吸收率也高。所以在实际喷肥时一定要把叶背均匀喷到，使之被迅速吸收。叶面喷肥最好在上午 10 时以前和下午 4 时以后进行，以免气温过高使溶液很快浓缩，影响喷肥效果或导致药害。

3) 肥料的用量。施肥量往往受树种、土壤的肥瘠、肥料的种类以及树木各个生长期的需肥情况等多方面的影响，因此很难确定统一的施肥量。一般开花结果多的大树比开花、结果少的小树要多施肥，树势衰弱的也应多施肥。

二、整形修剪

整形与修剪是既有区别又有联系的两个概念。整形是修整树木的整体外表以使树形符合人们的审美要求；修剪则是将树木的某一部分疏删或短截，以调节树木的长势，使营养集中供应给所需要的枝叶，或促进开花结果，或达到更新复壮的目的。树木的整形常常通过修剪来实现，所以在生产上通常将二者合称为整形修剪。

1. 整形修剪的目的与作用

整形修剪是树木养护管理中一项十分重要的措施。在绿地中的树木，如果长期任其自然生长，常常会使树形杂乱，影响美观。整形修剪不但可以美化树形，使树木在外形上整齐美观，树势平衡，而且可以使树木具有合理骨架，得到主侧枝分布均匀的结构，由此改善树冠的通风透光条件，使光合作用得到加强，减少病虫害的发生。

整形修剪还可以调节树木的生长与发育，使营养物资合理分配，从而促使树木生长苗壮，促进花芽的分化和提早开花，使结果情况良好。

2. 整形修剪的时间

树木的修剪一般可以分为休眠期修剪和生长期修剪两种类型。不同植物由于生长期各不相同，（如梅树为 180 天，桃树为 100 天左右），所以其生长期修剪的时间也各不相同（上海地区一般在 3 月中下旬至 11 月中下旬）。

（1）休眠期修剪。休眠期指树木落叶后至第二年春季树液开始流动前（上海地区一般是在 11 月下旬至翌年 3 月上旬）的时间。大多数夏秋开花的树种在这个季节修剪最为适宜（如紫薇、石榴）。但是，休眠期修剪要尽量注意避开严寒。气温过低时修剪，伤口树液容易受冻，从而影响树木的生长。

（2）生长期修剪。生长期修剪多数是在花后修剪，其目的是抑制营养生长，增加全株光照，促进花芽分化，保证来年开花。生长期修剪根据修剪的季节可以分成春、夏、秋季修剪三种。

1）春季修剪。春季修剪可以抑制树木的高生长。对于垂丝海棠、碧桃、贴梗海棠等第一年 7—8 月份形成花芽，第二年春天发芽后开花的树木，则应在春季的花后进行修剪。

2）夏季修剪。夏季是树木枝叶生长的旺盛时期，也是那些当年形成花芽并当年开花树种的开花时期。如枝叶生长过多，会影响树体内部通风透光，所以要进行适当的疏剪。对一些初夏开花的树木，花后应及时剪去残花（如月季、紫薇等）。

萌芽力和成枝力强的树种，如桃、月季、火棘等，称为耐修剪树种，这些树种的树冠内部枝条比较集中，容易影响通风透光，修剪时应注意疏剪；对一些（如玉兰、梧桐等）不耐修剪的树种，则应轻剪或不剪。

3）秋季修剪。秋季是树木储存养分的季节，也是根系生长的旺盛期，如果必须修剪，修剪的量不宜过大。特别是阔叶常绿树，修剪过强会导致秋天营养生长过旺，从而降低抗寒的能力。一般只需剪去晚秋萌发的新梢，以此提高树木的御寒能力。

3. 整形修剪的方法

（1）疏剪。又称疏删、删剪，即把一年生枝条从基部全部剪除的方法。疏剪主要是疏去树冠内的枝条，如衰弱枝、病虫枝、枯枝、交叉枝、过密枝、萌蘖枝、徒长枝及扰乱树形的其他枝条。萌蘖枝指从主干或根上的不定芽萌发抽生的枝条，常呈丛生状。徒长枝是从树木基部茎干或大分叉处抽生的直立、粗壮但不充实的枝条。

（2）短截。又称短剪，即把一年生枝条剪去一部分。短截的主要目的是刺激侧芽的萌发和生长，增加枝条数量，使其多发叶、多发芽。一般短截根据其强度可分为：

1）轻截。又称轻剪，即剪去一年生枝条的 1/5～1/4。轻截可刺激枝条下部半饱满芽的萌发，并产生更多的中短枝。

2）中截。又称中剪，即剪去枝条的 1/2～1/3。中截剪口下的芽多为壮芽，短截后侧芽萌发多，成枝率高，而且生长势强。

3）重截。又称重剪，即剪去枝条的 3/4～2/3。由于剪口下的芽多为弱芽，虽然刺激作用大，却仅长出 1～2 个生长旺盛的营养枝，下部可长若干短枝。

4）极重短截。又称极重剪，即在枝条基部留 2～3 个芽，几乎将枝条全部剪除。由于剪口处芽的质量差，极重短截的枝条只能长出 1～2 个中短枝。

短截的刺激作用常常与剪截部分的多少成正比，所以一般对强枝要轻剪，对弱枝要重剪，即强枝弱剪，弱枝强剪。

（3）缩剪。又称回缩修剪，即把二年生以上的枝条从分叉处剪去。缩剪正常情况下仅用于树势衰老树木的更新与复壮。当树木的生长势减弱，影响正常的开花结果，甚至出现枝梢干枯、向心生长等情况时，就应该进行回缩修剪。

（4）疏花与疏果。花蕾和果实过多会影响开花的质量和坐果率，可采取摘蕾的方法来保持数量适当的花果，从而使开花良好，结果丰硕。

（5）剪除残花。当年多次开花的植物应在花后剪除残花，以免消耗更多的养分。

（6）其他方法

1）摘心：在树木生长初期可用摘心的方法促使其更多地分枝。

2）剥芽：在树木生长初期剥去多余或生长位置不当的新芽，可促使养分集中，生长方向合理。

3）摘叶：新种树木可以通过摘叶来达到控制蒸腾作用、减少水分蒸发的目的。

疏剪或短截枝条后造成的伤口称剪口，短截后最接近剪口的芽称剪口芽。疏剪或短截枝条应注意剪口的平整与光滑，以利伤口的愈合。

疏剪枝条时，应把剪枝剪贴近枝条的基部进行剪除，不要留下残桩。短截枝条的剪口应剪成斜面。互生芽的树种剪口斜面应与芽的生长方向相反，斜面的上端应与芽尖相齐，斜面的下端与芽的腰部相平；对生芽的树种剪口的斜面则应与芽的方向垂直。剪口芽一般应选留外向的侧芽，可以扩大树冠。只有在主枝开张角度过大而生长势过弱时，才选留内向芽。

4. 不同类型树木的修剪要点

（1）行道树的修剪与整形。行道树指在道路两旁整齐列植的树木。城市中，干道栽植的行道树的主要作用是美化市容，改善城区的小气候，夏季增湿降温、滞尘和遮阴等。行道树要求枝条伸展、树冠开阔、枝叶浓密，冠形依栽植地点的架空线路及交通状况而定。主干道上及一般干道上采用规则形树冠，修剪整形成杯状、开心形等立体几何形状。在无机动车辆通行的道路或狭窄的巷道内，可采用自然式树冠。

行道树一般使用树体高大的乔木，主干高要求在 2～2.5 m。城郊公路及街道、巷道的行道树，主干高可达 4～6 m 或更高。定植后的行道树要每年修剪扩大树冠，调整枝条的伸出方向，增加遮阴保温效果，同时也应考虑到建筑物的使用与采光。

1）杯状行道树的修剪与整形。杯状形行道树具有典型的三杈六股十二枝的冠形。萌发后选 3～5 个方向不同、分布均匀、与主干成 45°夹角的枝条作主枝，其余分期剥芽或疏枝；冬季对主枝留 80～100 cm 短截，剪口芽留在侧面，并处于同一平面上；第二年夏季再剥芽疏枝，抹芽时可暂时保留直立主枝，促使剪口芽侧向斜上生长；第三年冬季于主枝两侧发生的侧枝中选 1～2 个作延长枝，并在 80～100 cm 处再短剪，剪口芽仍留在枝条侧面，疏除原暂时保留的直立枝、交叉枝等。如此反复修剪，经 3～5 年后即可形成杯状树冠。

骨架构成后，树冠扩大很快，疏去密生枝、直立枝，促发侧生枝，内膛枝可适当保留，增加遮阴效果。上方有架空线路时，勿使枝触及线路，按规定保持一定距离，一般电话线为 0.5 m，高压线为 1 m 以上。近建筑物一侧的行道树，为防止枝条扫瓦、堵门、堵窗，影响室内采光和安全，应随时对过长枝条进行短截修剪。

2）开心形行道树的修剪与整形。开心形树冠多用于无中央主轴或顶芽能自剪的树种，树冠自然展开。定植时，将主干留 3 m 或者截干；春季发芽后，选留 3～5 个位于不同方向、分布均匀的侧枝进行短剪，促进枝条生长成主枝，其余全部抹去；生长季注意将主枝上的芽抹去，保留 3～5 个方向合适、分布均匀的侧枝；来年萌发后选留 3～5 个侧枝，共留侧枝 6～10 个，使其向四方斜生，并进行短截，促发次级侧枝，使冠形丰满、匀称。

3）自然式冠形行道树的修剪与整形。在不妨碍交通和其他公用设施的情况下，树木有任意生长的条件时，行道树多采用自然式冠形，如塔形、卵圆形、扁圆形等。

①有中央领导枝的行道树。有中央领导枝的行道树（如杨树、水杉、侧柏、金钱松、雪松、枫杨等）分枝点的高度按树种特性及树木规格而定，栽培中要保护顶芽向上生长。郊区多用高大树木，分枝点在 4～6 m 以上。主干顶端如受损伤，应选择一直立向上生长的枝条或在壮芽处短剪，并把其下部的侧芽抹去，抽出直立枝条代替，避免形成多头

现象。

阔叶类树种（如毛白杨）不耐重抹头或重截，应以冬季疏剪为主。修剪时应保持冠与树干的适当比例，一般树冠高占 3/5，树干（分枝点以下）高占 2/5。在快车道旁的树木分枝点高至少应在 2.8 m 以上。修剪时注意最下方的三大枝上下位置要错开，方向要匀称，角度要适宜。要及时剪掉三大主枝上最贴近树干的侧枝，并选留好三大主枝以上层枝，以使其萌生后形成圆锥状树冠。成形后，仅对枯枝、病枝、过密枝疏剪，一般修剪量不大。

②无中央领导枝的行道树。选用主干性不强的树种（如旱柳、榆树等），分枝点高度一般为 2～3 m，留 5～6 个主枝。各层主枝间距要短，使其自然长成卵圆形或扁圆形的树冠。每年修剪的主要对象是密生枝、枯死枝、病虫枝和伤残枝等。

行道树定干时，同一条干道上的树木分枝点高度应一致，不可高低错落，影响美观与管理。

（2）花灌木的修剪与整形。首先要观察植株的生长环境、光照条件、植物种类、长势强弱及其在园林中所起的作用，做到心中有数，然后再进行修剪与整形。

1）因树势修剪与整形。幼树生长旺盛，以整形为主，宜轻剪。严格控制直立枝，斜生枝的上位芽冬剪时应剥掉，防止生长直立枝。一切病虫枝、干枯枝、人为破坏枝、徒长枝等用疏剪方法剪去。丛生花灌木的直立枝可选生长健壮的加以摘心，促其早开花。

壮年树应充分利用立体空间，促使多开花。于休眠期修剪时，在秋梢以下适当部位进行短截，同时逐年选留部分根蘖，并疏掉部分老枝，以保证枝条不断更新，保持丰满株形。

老弱树木以更新复壮为主，采用重短截的方法，使营养集中于少数腋芽，萌发壮枝；及时疏删细弱枝、病虫枝、枯死枝。

2）因时修剪与整形。落叶花灌木依修剪时间可分冬季修剪（休眠期修剪）和夏季修剪（花后修剪）。冬季修剪一般在休眠期进行。夏季修剪在花落后进行，目的是抑制营养生长，增加全株光照，促进花芽分化，保证来年开花。夏季修剪宜早不宜迟，这样有利于控制徒长枝的生长。若修剪时间稍晚，直立徒长枝已经形成，如空间条件允许，可用摘心办法促使其生出二次枝，增加开花枝的数量。

3）根据树木生长习性和开花习性进行修剪与整形

①春季开花花灌木的整形与修剪。花芽（或混合芽）着生在二年生枝条上的花灌木（如连翘、榆叶梅、碧桃、迎春、牡丹等）是在前一年的夏季高温时进行花芽分化，经过冬季低温阶段，于第二年春季开花。对于这类花灌木，应在花残后、叶芽开始膨大但尚未萌发时进行修剪。修剪的部位依植物种类及纯花芽或混合芽的不同而有所不同。连翘、榆

叶梅、碧桃、迎春等可在开花枝条基部留 2~4 个饱满芽进行短截，牡丹则仅将残花剪除即可。

②夏秋季开花花灌木的整形与修剪。花芽（或混合芽）着生在当年生枝条上的花灌木（如紫薇、木槿、珍珠梅等）是在当年萌发枝上形成花芽，因此应在休眠期进行修剪。将二年生枝基部留 2~3 个饱满芽或一对对生的芽进行重剪，剪后可萌发出一些苗壮的枝条，花枝会少些，但由于营养集中，会产生较大的花朵。对一些灌木，如希望当年开两次花，可在花后将残花及其下的 2~3 芽剪除，刺激二次枝条的发生，适当增加肥水，则可二次开花。

③花芽（或混合芽）着生在多年生枝上的花灌木的整形与修剪。这类花灌木（如紫荆、贴梗海棠等）虽然花芽大部分着生在二年生枝上，但营养条件适合时多年生的老干亦可分化花芽。对于这类灌木中进入开花年龄的植株，修剪量应较小，在早春可将枝条先端枯干部分剪除。在生长季节，为防止当年生枝条过旺而影响花芽分化，可进行摘心，使营养集中于多年生枝干上。

④花芽（或混合芽）着生在开花短枝上的花灌木的整形与修剪。这类灌木（如西府海棠等）早期生势较强，每年自基部发生许多幼芽，主枝上发生大量直立枝，当植株进入开花年龄时，多数枝条形成开花短枝，在短枝上连年开花。这类灌木一般不大进行修剪，可在花后剪除残花。夏季生长旺时，将生长枝进行适当摘心，抑制其生长，并对过多的直立枝、徒长枝进行疏剪。

⑤一年多次抽梢、开花的花灌木的整形与修剪。对于一年多次抽梢、开花的花灌木（如月季），可于休眠期对当年生枝条进行短剪或回缩强枝，同时剪除交叉枝、病虫枝、并生枝、弱枝及内膛过密枝。寒冷地区可进行强剪，必要时进行埋土防寒。生长期可多次修剪，一般于花后在新梢饱满芽处短剪（通常在花梗下方第二芽至第三芽处）。剪口芽很快萌发、抽梢，形成花蕾，开花，花谢后再剪。如此重复。

5. 修剪程序

（1）园林树木修剪的程序。园林树木的修剪程序可以概括为"一知、二看、三剪、四拿、五处理、六保护"。

一知：修剪人员必须知道修剪的质量要求和操作规范。

二看：每株树修剪前必须看清先剪什么后剪什么，一定要做到心中有数。

三剪：按操作规范和质量要求修剪。

四拿：及时拿走修剪下的枝条。

五处理：及时、恰当地处理剪下的枝条（如烧毁、深埋等）。

六保护：修剪时采取保护性措施。如修剪直径 2 cm 以上的大枝时，截口必须削平，在截口处涂抹防腐剂（如凡士林）。

（2）修剪注意事项

1）先清后剪。在修剪之前先清理树木根基周围的萌蘖枝、杂草和其他杂物，保证修剪范围的清洁，然后再进行树体的修剪。

2）先上后下。先剪截上部枝条，再剪下部枝条。修剪时首先需观察树势是否平衡。枝叶过于外延时，采用短截或缩剪的方法压低树冠高度；如主枝间生长不平衡，则将强势的主枝进行缩剪，以求达到树势的平衡。

3）先大后小。即先剪大枝后剪小枝。疏枝时先将过密的大枝剪掉，然后再剪生长过密的中枝与小枝。

4）先内后外。即先剪去内膛枝，然后再剪外围枝。疏枝时先将树冠内部的过密枝条剪去，再剪去外围的过密枝。

5）留外不留内。可以适当留些强壮枝，但要留外围的，力求平衡分布，有一定距离。修剪后的树木应该力求树势平衡，内部枝条分布均匀，无病虫枝和枯桩烂头。

6）强者少截，弱者多截。对徒长枝、平行枝、下垂枝和已不能开花、过分衰老的老枝可以多截。

7）病虫枝、枯枝、烂头留不得。病虫枝、枯枝、烂桩一定要剪除。

8）切口要倾斜，方向要合理。切口斜切面与芽的方向相反。上端与芽端相齐，下端与芽腰眼相齐。

9）剪除萌蘖枝。根部萌发的过密枝（细弱枝）必须予以剪除。

6. 修剪常用的工具

（1）剪枝剪。又名桑剪、弹簧剪，一般剪截 1 cm 以下的枝条，只要能够含入剪口内，都能被剪断。操作时，用右手握剪，剪刃向下，左手握枝，顺势往剪刃方向猛推。枝条粗硬时可以顺剪刃方向上下剪切，但不允许横向（左右）扭动剪枝剪，否则容易影响剪枝剪的正常使用。

（2）高枝剪。装有一根能够伸缩的铝合金长柄，使用时可根据修剪的高度要求进行调整，用以剪截高处的细枝。

（3）大草剪。又称绿篱剪，主要用于绿篱和球类植物的修剪。它的条形刀片很长，刀片薄，易形成平整的修剪面，但只能用来修剪嫩梢。

（4）手锯。通常用于花灌木、果树以及幼树枝条的剪截。

（5）电动锯。适用于大枝的快速锯截。

三、绿篱与球类植物的修剪时期及方法

绿篱植物大多是萌芽及成枝力强、耐修剪的树种，密集呈带状栽植而成绿篱，起防范、美化、组织交通和分隔功能区的作用。适宜作绿篱的植物很多，如女贞、金叶女贞、大叶黄杨、瓜子黄杨、珊瑚、火棘、海桐、桧柏、侧柏、冬青、野蔷薇等。

绿篱的高度依其防范对象来决定，有绿墙（160 cm 以上）、高篱（120～160 cm）、中篱（50～120 cm）和矮篱（50 cm 以下）之分。对绿篱进行修剪，既为了整齐美观，增添园景，也为了使篱体生长茂盛，长久不衰。高度不同的绿篱，宜采用不同的整形方式：

1. 绿墙、高篱和花篱的修剪与整形

绿墙、高篱和花篱采用较多，对其应适当控制高度，并疏剪病虫枝、干枯枝，任枝条生长，使其枝叶相接，紧密成片，提高阻隔效果。用于防范的绿篱和玫瑰、蔷薇、木香等花篱也以自然式修剪为主，开花后略加修剪，使之继续开花；冬季修去枯枝、病虫枝。对蔷薇等萌发力强的树种，盛花后进行重剪，可使新枝粗壮，篱体高大美观。

2. 中篱和矮篱的修剪与整形

中篱和矮篱常用于草地、花坛镶边，或组织人流的走向。这类绿篱通常比较低矮，为了美观和丰富园景，多采用几何图案式的修剪整形，如矩形、梯形、篱面波浪形等。绿篱种植后剪去高度的 1/3～1/2，修去平侧枝，统一高度和侧向萌发枝，形成紧枝密叶的矮墙，以显示其立体美。从篱体横断面看，以矩形和基大上小的梯形较好，下面和侧面枝叶采光充足，生长茂密。中篱和矮篱每年最好修剪 2～4 次，促使新枝不断发生，更新和替换老枝。绿篱修剪整形时，应顶面与侧面兼顾，不应只修顶面而不修侧面，否则会导致侧枝斜出，影响观赏。

3. 自然式绿篱的修剪与整形

自然式绿篱指不加任何限制，基本上任其自然生长的绿篱。自然式绿篱在一般情况下对修剪没有特殊要求，修剪目的是使树体匀称、整齐。因此，在修剪时可采用打顶、摘心的手法，促使侧枝生长，使绿篱生长茂密并保持基本形状。在生长季节要对一些纤细、瘦弱的枝条进行适当抽稀，以利于通风透光，减少病虫害。

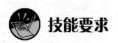

技能要求

绿篱与球类植物修剪

一、操作准备

1. 修剪场地与植株（绿篱或球类植物）。

2. 修剪工具（大草剪）。

二、操作步骤

1. 确定新梢留放高度。

2. 定型修剪。

3. 修正细剪。

4. 注意事项

(1) 线条优美：不凹凸不平。绿篱要求横平竖直，球类要求弧线圆整。

(2) 留放新梢：留放高度合理、均匀，不露硬枝。

(3) 熟练程度：草剪使用具有弹跳力，节奏自然，动作果断。

(4) 文明操作与安全：文明操作，工完场净，严格遵守操作规范。

思 考 题

1. 什么是园林树木的年生长期？落叶植物与常绿植物的年生长期有什么区别？

2. 园林树木的生态条件有哪些？

3. 什么样的植物可以称为监测植物？

4. 银杏是在什么季节变色的？银杏叶变色后是什么颜色的？举例说出 5 种和银杏在同一季节变色的植物及其色彩。

5. 举例说出 5 种不同植物的观赏特点。

6. 举例说出 5 种行道树种。

7. 市花白玉兰在上海地区栽植需要注意哪些方面？

8. 夏秋季开花的植物应在什么时候进行修剪？

9. 树木修剪应注意哪些事项？

10. 绿篱是否可以修剪成上大下小的倒梯形？

第 6 章

园林花卉

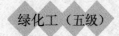
第1节 花卉概述与识别

 学习单元 1 花卉概述

 学习目标

➤ 了解花卉的研究对象和主要用途
➤ 掌握花卉的分类方法
➤ 能够依据生长习性给花卉分类

 知识要求

一、花卉的定义

花卉主要指花器官发达的观花植物，还包括观果、观叶、观芽、观茎的植物以及观赏草类，涉及的科、属、种类范围甚大，从低等到高等，从水生到陆生，从草本植物到木本植物都有。

二、花卉的用途

花卉的应用范围很广，大体可分为室外应用和室内应用两方面。室外应用主要是花坛、花境、花箱、花钵、地被、水景等，室内应用主要有插花、花篮、花圈、摆花、窗台、阳台、盆栽等。

三、花卉的生态习性及分类

园林花卉种类繁多，既包括有花植物，也包括蕨类植物，栽培和利用的方式也有很多种，所以对花卉的分类方式也各不相同（如依照自然科属、生态习性、栽培方式、自然分布、园林及经济用途分类等）。其中，以根据生长习性与形态特征分类的分类方法较为常用，下面即对其进行简述。

依据生长习性和形态特征可分为：

1. 一二年生花卉

一二年生花卉指生长、开花、结籽直至死亡在一年内完成的草本观赏植物。其中，在同一年内完成生活史的草本观赏植物为一年生花卉，如鸡冠花、千日红等；跨年度完成生活史的草本观赏植物为二年生花卉，如三色堇、雏菊等。

2. 多年生花卉

生长、开花、结籽直至死亡在二年以上，整个生活史中多次开花、多次结果的草本观赏植物为多年生花卉。根据它们地下部分形态的差异，又可细分为宿根花卉、球根花卉、水生花卉、多肉花卉、木本类花卉等类型。

（1）宿根花卉。地上部分于开花后枯萎，以地下部正常根系越冬或越夏的多年生花卉，如菊花等。

（2）球根花卉。地下部分具有膨大的变态茎或变态根的多年生花卉称球根花卉，因其茎、根的形态不同又可分为鳞茎类、球茎类、块茎类、根茎类、块根类等。

（3）多肉植物。茎、叶为肉质，肥厚，或叶退化成刺的多年生花卉，如仙人掌、芦荟等。

（4）水生花卉。生长、开花的整个过程在水中或沼泽地中完成的多年生花卉，如荷花、睡莲等。

（5）木本花卉。主要指以观花为主的木本名花和原产南方的盆栽花木，如月季、橡皮树等。

 学习单元 2　花卉识别

 学习目标

➤了解本书介绍的露地花卉和温室花卉的习性

➤掌握各类花卉的主要园林用途和主要繁殖方法

➤能够识别常见的露地花卉和温室花卉

 **知识要求**

一、露地花卉的识别

1. 一二年生花卉

（1）鸡冠花［*Celosia argentea*］（见彩图6—1）

【别名】红鸡冠。

【科属】苋科，青葙属。

【原产地及分布】原产印度，现广为栽培。

【形态特征】一年生草本，高30～90 cm。茎直立，粗壮，有粗糙感，近上部扁平，绿色或红色，有棱纹。单叶互生，有柄，披针形至卵状披针形；先端尖，全缘。花为肉穗状花序，顶生及腋生；花轴扁平肉质，呈鸡冠状，也有的呈圆锥状或长圆形；花被常为红色，也有黄、橙、橘黄相间等色。7—10月份开花。果卵形，成熟时环状开裂，内含种子多数。种子细小，黑色，有光泽。

【习性与栽培】强阳性。喜炎热、干燥的气候，不耐寒。忌涝。不宜过湿过肥。鸡冠花各品种间易杂交，故留种植株要注意隔离。繁殖可用播种法，春季进行。用于花坛、盆栽、切花。

（2）千日红［*Gomphrena globosa*］（见彩图6—2）

【别名】火球花、千年红、杨梅花、滚水花。

【科属】苋科，千日红属。

【原产地及分布】原产我国及亚、非热带地区；现世界各地均栽培。

【形态特征】一年生草本，高40～60 cm。全株被灰白色毛；茎直立，有分枝，具沟纹，节部膨大。叶为单叶，对生，椭圆形至倒卵形，全缘。花小，花序呈球形头状花序，常多个花序顶生于一总梗上；苞片膜质，发亮，呈红、粉红或白色。花期为6—11月份。花谢后不落，仍保持鲜艳，是很好的干花材料。胞果近球形，9—10月份成熟。种子成熟后可一次收割。

【习性与栽培】阳性。喜炎热、干燥气候，不耐寒。对土壤要求不严，在轻肥土上发育良好。通过摘心可扩大株幅。繁殖用播种法，春季进行。种子有毛，易结团，故播时可拌土。用于盆栽、干切花、花坛。

（3）雁来红［*Amaranthus tricolor*］（见彩图6—3）

【别名】老少年、老来少、锦西风。

【科属】苋科，苋属。

【原产地及分布】原产亚洲热带地区，我国各地广为栽培。

【形态特征】一年生草本，株高 60～80 cm。茎直立，光滑，少分枝。叶互生，具长柄，卵圆形至卵状披针形，锯齿明显；初秋顶部叶变为鲜红色。主要观赏期 8—10 月份。花为穗状花序，密集，腋生，不显著。种子细小，黑色，有光泽。

同属其他种：

三色苋：顶部叶有黄、红、绿三色。

【习性】要求阳光充足；光照不足会影响叶色。不耐寒。耐干旱，耐碱性土壤，管理容易。不宜施肥过多，以免徒长而使色泽不鲜艳。繁殖用播种法，春季进行。观叶植物，宜作盆栽或配植于花坛、花境。

（4）凤仙花［*Impatiens balsamina*］（见彩图 6—4）

【别名】指甲花、急性子。

【科属】凤仙花科，凤仙花属。

【原产地及分布】原产我国、印度及东南亚等地，现广为栽培。

【形态特征】一年生草本，高 30～100 cm。茎光滑，肥厚多汁，呈半透明状态；稀有分枝，绿色或红褐色（往往与花色相关）。叶为单叶，互生，披针形，叶缘有锯齿；有腺点。花 1～3 朵腋生，小花梗下垂；萼片呈距，花瓣 5 片，有单瓣或重瓣，有粉红、红、雪青、白等色。花期为 7—9 月份。蒴果黄褐色，纺锤形，密生茸毛；成熟时果爆裂，将种子弹出。

【习性与栽培】阳性，耐阴；不耐寒。对土壤适应性强。有较强的自播习性。繁殖用播种法，春季进行。蒴果果壳从黄绿转白、发亮时采种，置于袋中（以免种子自行弹出，难以收集）。用于花丛或群植于绿地。

（5）银边翠［*Euphorbia marginata*］（见彩图 6—5）

【别名】高山积雪。

【科属】大戟科，大戟属。

【原产地及分布】原产北美，分布极广。

【形态特征】一年生草本，高 60～100 cm。茎直立，分枝多，有乳汁。叶对生，卵形至长圆形；全缘，无柄，灰绿色。成熟植株上部叶的叶缘呈银白色。花小，白色。蒴果。

【习性与栽培】喜阳光充足；不耐寒，生长适温 15～20℃。要求排水良好的土壤栽培。耐干旱。繁殖用播种法，春季进行。观叶植物，用于切叶、花坛边缘。

（6）百日草［*Zinnia elegans*］（见彩图 6—6）

【别名】百日菊、对叶梅。

【科属】菊科，百日草属。

【原产地及分布】原产南美。

【形态特征】一年生草本，高 40～120 cm。茎直立，粗壮，全株具短柔毛。叶对生，卵形至椭圆形，微抱茎；叶面粗糙，有短刺毛，全缘。花为头状花序，单生枝端；花梗长，中空；舌状花倒卵形，总苞片钟状；一般舌状花扁平，也有卷瓣或呈球形；筒状花黄色；花色丰富，有红、橙、黄、白色等。花期为 6—10 月份。瘦果。

栽培品种甚多，因高度不同可分为矮型（30 cm 以下）、中型（30～70 cm）、高型（70 cm 以上）。

【习性与栽培】要求阳光充足。不耐寒。不耐高温，夏季生长不良，或只开花不结籽。侧根较少，移植后恢复慢，应于苗期定植。移植尽量带泥球，否则枝叶干枯，影响观赏。繁殖用播种法，一般春季进行。多用于花坛，中、高型作切花。

（7）一串红［*Salvia splendens*］（见彩图 6—7）

【别名】墙下红、爆竹红。

【科属】唇形科，鼠尾草属。

【原产地及分布】原产南美巴西，现世界各地广为分布。

【形态特征】多年生宿根草本，作一年生栽培。株高 20～80cm。方茎，直立，光滑。叶对生，卵形，有锯齿。花为总状花序，萼筒钟形，花冠唇形，伸出萼筒；花冠与萼筒同色，有白、粉、红、紫等色。果为小坚果，四枚着生于萼筒基部；卵形，有三棱，平滑，黑褐色。花期为 8 月至 11 月，温室栽培也可春季开花。

【习性与栽培】喜阳光充足。喜温暖，不耐寒，怕霜。喜疏松、肥沃土壤。雨季注意排水。从幼苗期开始摘心，可促进分枝，扩大冠幅，增加开花，控制花期。繁殖以春播为主，也可扦插。播种宜在 3—6 月份，扦插宜在 6—8 月份。花坛应用为主。

（8）半支莲［*Portulaca grandiflora*］（见彩图 6—8）

【别名】太阳花、午时花。

【科属】马齿苋科，半支莲属。

【原产地及分布】原产巴西，分布极广，世界各地均有栽培。

【形态特征】一年生草本，株高 15～20 cm。茎匍匐生长，枝梢向上。叶互生或略集生，肉质，圆柱形；上部叶较密。花单生或数朵簇生枝端；花瓣 5 片，倒卵形。花色极多，有白、粉红、紫、黄、橙等，深浅不一，单色或复色；单瓣或重瓣。花期为 5—9 月份。蒴果，种子细小，银灰色。

【习性与栽培】阳性，在阳光直射下开花，日阴时闭合。不耐寒。耐干旱，忌湿，喜透气的砂质土。果实成熟期不一，熟后开裂，故应及时采收。异花授粉，必须注意选种、隔离。播种繁殖春季进行；扦插容易成活，生长季节进行。通过扦插可获得纯色种。用于花坛或盆栽。

(9) 槭叶茑萝［*Ipomoea mutifida*］（见彩图 6—9）

【科属】旋花科，番薯属。

【原产地及分布】原产热带，现各地均有栽培。

【形态特征】一年生蔓性草本，茎光滑，缠绕状。叶互生，掌状深裂，似槭树叶。花小，腋生，漏斗状；花瓣边缘五裂，有大红、白等色；花期为 6—8 月份。

【习性与栽培】喜阳光充足、温暖的环境，不耐寒。生长期间注意设立支架帮助其生长。繁殖用播种法，春季进行。用于棚架、篱笆绿化。

(10) 万寿菊［*Tagetes erecta*］（见彩图 6—10）

【别名】臭芙蓉。

【科属】菊科，万寿菊属。

【原产地及分布】原产墨西哥，现广为分布。

【形态特征】一年生草本，株高 25～100 cm。茎光滑而粗壮，绿色。叶为单叶，对生，羽状深裂，裂片披针形；先端细尖，芒状，具明显之腺点，微臭。头状花序，顶生，总梗较长，向上渐粗，近花序处肿大；花重瓣；颜色有深黄、橙黄、淡黄等。花期为 7—9 月份。果实为狭长瘦果。

依植株高度不同有矮型（25～30 cm）、中型（40～60 cm）、高型（80～100 cm）之分。

【习性与栽培】阳性。不耐寒。夏季高温、多雨，生长不良，株形变松、变高。对土壤要求不严，喜肥沃、排水良好的土壤。摘心能促进分枝，扩大冠幅。播种繁殖一般春季进行；扦插繁殖一般在夏季结合摘心进行，略遮阴极易成活。扦插成的植株较矮，宜布置花坛。用于花坛、花境、盆栽。

(11) 孔雀草［*Tagetes patula*］（见彩图 6—11）

【科属】菊科，万寿菊属。

【原产地及分布】原产墨西哥，我国很多地方有分布。

【形态特征】一年生草本，株高 20～40 cm。茎多分枝，易倾卧铺于地面；紫红色，较细。叶为单叶，对生，羽状深裂；小裂片线形至披针形，边缘锯齿不规则；先端成芒状，叶色较深。花为头状花序，较小，有长花梗，有单瓣、半重瓣和重瓣种；花色以红黄相间为主，也有黄、橘红等纯色种。花期 6—11 月，瘦果。

【习性与栽培】阳性，略耐阴。不耐寒。夏季高温、多雨，生长不良，株形变松，变高。对土壤要求不严，喜肥沃、排水良好的土壤。摘心能促进分枝，扩大冠幅。繁殖用播种法，一般春季进行。用于花坛、花境、盆栽。

(12) 地肤 [*Kochia scoparia*] （见彩图 6—12）

【别名】绿帚、扫帚草。

【科属】藜科，地肤属。

【原产地及分布】原产欧亚二洲，现广为分布。

【形态特征】一年生草本。株高 30～50 cm。茎直立，多分枝，整个植株呈椭圆形、圆形、卵形或倒卵形。叶为单叶，互生，线状披针形；叶色鲜绿，入秋变暗红色。花小，不明显。胞果，扁球形。

【习性与栽培】喜阳光充足，略耐阴。不耐寒。对土壤要求不严，管理粗放。采收种子只需将植株一起收下，晾干脱粒即可。繁殖用播种法，春季进行。有自播习性。观叶植物，用于盆栽或作为花坛边饰。

(13) 冬珊瑚 [*Solanum pseudocapsicum*] （见彩图 6—13）

【别名】珊瑚樱、辣头。

【科属】茄科，茄属。

【原产地及分布】原产欧洲、亚洲热带地区，我国安徽、江西、广西、广东、云南等地有野生。

【形态特征】多年生草本，作一年生栽培。株高 50～100 cm。茎直立，基部木质化。叶互生，狭矩圆或披针形。花白色，较小。浆果球形，大小如樱桃，有橙黄、橙红等色。

【习性与栽培】阳性。半耐寒，喜温暖、通风环境。宜疏松、肥沃、湿润的土壤。生长期需均匀、充分地供水、供肥。可以摘心促进分枝及挂果。成熟浆果及时采下，取出种子后晾干即可。繁殖用播种法，春季进行。观果植物，盆栽或用于花坛。

(14) 朝天椒 [*Capsicum frutescens*] （见彩图 6—14）

【科属】茄科，辣椒属。

【原产地及分布】原产美洲热带，我国大部分地区有栽培。

【形态特征】亚灌木，作一年生栽培。株高 40～60 cm。叶为单叶，互生，卵形至卵状披针形。花小，白色。浆果圆锥状，果梗直立向上；有红、黄、白、紫等色。

【习性与栽培】阳性。不耐寒。喜疏松、排水良好、肥沃的土壤。用摘心法促进分枝，增加开花、结果。繁殖用播种法，春季进行。观果植物，盆栽或用于花坛。

(15) 四季海棠 [*Begonia semperflorens*] （见彩图 6—15）

【科属】秋海棠科，秋海棠属。

【原产地及分布】原产南美，现广为分布。

【形态特征】多年生草本，作一二年生栽培。株高 20～30 cm。茎直立，半透明，肉质。单叶互生，卵圆形，有锯齿，叶色分绿叶和紫红叶两类。聚伞花序，有单瓣和重瓣种；花色丰富，白、粉红、红；花期全年。蒴果，种子细小。

【习性与栽培】半阴性；喜温暖，上海地区常温室播种、育苗；要求空气及土壤湿润。繁殖用播种法，春秋两季均可进行。用于花坛或盆栽。

（16）雪叶菊［*Senecio cineraria*］（见彩图 6—16）

【科属】菊科，千里光属。

【原产地及分布】原产地中海地区，我国华南地区广泛栽培。

【形态特征】多年生草本，作一二年生栽培。株高 30～60 cm。全株被白色绒毛，多分枝。叶互生，长倒卵形，羽状深裂，裂片长圆形。花为头状花序，黄或乳白色。夏、秋都可以开花。

【习性与栽培】阳性。不耐寒，冬季需保护；不耐夏热；忌涝。播种繁殖，春季进行；也可扦插（冬季保存老根，可作母本）。观叶植物，盆栽或用于花坛陪衬。

（17）长春花［*Vinca rosea*］（见彩图 6—17）

【科属】夹竹桃科，长春花属。

【原产地及分布】原产非洲、亚洲热带及地中海沿岸，我国长江以南地区有栽培。

【形态特征】多年生草本，作一二年生栽培。株高 20～60 cm。茎光滑，有白色或红色晕，与花色相关。叶对生，倒卵形或椭圆形；叶脉浅，全缘。花单生嫩枝顶端或成对腋生；花冠为高脚碟形，5 裂；雌雄蕊着生于花冠筒基部；花色有白、粉红、深红等。花期 8—11 月份。果为蓇葖果，圆柱形。

【习性与栽培】喜阳光充足，略耐阴。半耐寒，喜温暖。冬季常温室栽培。要求排水良好的土壤。摘心可以扩大冠幅。繁殖用播种法，一般春季进行；秋播必须温室越冬。用于花坛或盆栽。

（18）三色堇［*Viola tricolor*］（见彩图 6—18）

【别名】蝴蝶花、猫脸花。

【科属】堇菜科，堇菜属。

【原产地及分布】原产于欧洲，现广为栽培。

【形态特征】多年生草本，作二年生栽培。株高 10～30 cm。全株光滑，茎多分枝，匍匐状丛生。基生叶叶片为圆心脏形；茎生叶叶片为卵状披针形，边缘有稀疏圆锯齿或钝锯齿；托叶大而宿存，基部羽状深裂。花大，1～2 朵腋生，下垂，花梗长；花两性，两侧对称；主要有白、淡黄、淡雪青或堇色、深红等色，通常每朵花有 2～3 种颜色。花期为 3—6 月份，有时 2 月份亦能开。果熟期为 5—8 月份。蒴果易开裂。种子倒卵形，褐色。

【习性与栽培】喜阳光充足，略耐半阴。耐寒，喜凉爽环境，不适应夏季酷热。要求湿润、肥沃、排水良好的土壤。成熟后蒴果开裂，种子极易散失。种子以首批成熟者为优。繁殖用播种法，秋季8—11月份进行。主要用于花坛布置。

(19) 雏菊 [*Bellis perennis*]（见彩图6—19）

【别名】马兰头花、延命菊。

【科属】菊科，雏菊属。

【原产地及分布】原产欧洲及西亚，现广为分布。

【形态特征】多年生草本，作二年生栽培；株高10～20 cm。叶基生，长匙形或倒卵形，叶柄明显，叶缘有圆锯齿。花梗自叶丛中抽出，花顶生，头状花序；舌状花有平瓣和管瓣，呈红、粉红、白等色；管状花黄色。花期为3—6月份。种子小，灰白色。

【习性与栽培】要求阳光充足。耐寒，不耐夏季高温。喜肥沃、湿润的土壤。采种时将整个花序剪下，晾干，收好。繁殖用播种法，秋季进行。主要用于花坛布置。

(20) 金盏菊 [*Calendula officinalis*]（见彩图6—20）

【别名】金盏花、长生花。

【科属】菊科，金盏菊属。

【原产地及分布】原产南欧、地中海地区，现世界各地广为栽培。

【形态特征】二年生草本，株高30～60 cm，全株具毛。基生叶丛生，长圆形至长圆状倒卵形，全缘或具不明显的锯齿，上部叶基部抱茎；茎生叶互生，较小。花为头状花序，单生；舌状花仅平瓣，重瓣性，花色有黄、橘红、橙黄、浅黄等。盛花期为3—6月份。瘦果，船形或爪形。果熟期为5—7月份。

【习性与栽培】要求阳光充足。耐寒，不耐夏季高温。适应性强，耐瘠薄、干旱土壤，在肥沃及阳光充足之地生长显著良好。可以摘心控制高度。繁殖用播种法，秋季进行。主要用于花坛布置。

(21) 矢车菊 [*Centaurea cyanus*]（见彩图6—21）

【别名】翠兰、蓝芙蓉。

【科属】菊科，矢车菊属。

【原产地及分布】原产欧洲东南部，现广为分布。

【形态特征】一二年生草本，高60～80 cm。枝细长，分枝多，整株粗糙，呈灰绿色。叶对生，茎生叶披针形至线形；基生叶大，深齿裂或羽状分裂。头状花序，顶生，梗细长；苞片由外向内为椭圆形、长椭圆形，有附属物；舌状花大，呈喇叭形；筒状花在花序中央；花色有蓝、紫、粉红或白等色。花期为4—5月份。瘦果。

【习性与栽培】要求阳光充足。耐寒性强。要求排水良好、肥沃、湿润的土壤，怕重黏土。直根系，移植时宜带土球。采种可将干枯的花序采下晒干，脱粒即可。繁殖用播种法，秋季进行。有自播习性。用于花境、花丛、切花。

（22）金鱼草［*Antirrhinum majus*］（见彩图 6—22）

【别名】龙口花、龙头花。

【科属】玄参科，金鱼草属。

【原产地及分布】原产地中海沿岸及北非，现广为栽培。

【形态特征】多年生草本，作一二年生栽培。株高 20～80 cm。茎直立，节不明显；颜色深浅与花色相关；微有绒毛。叶对生或上部互生，卵状披针形，全缘。总状花序顶生，小花有短梗；花冠唇形，花冠筒膨大成囊状，上层二裂，下层三裂，喉部往往异色；有粉红、紫红、黄白、橘红等多种颜色。花期为 5—6 月份。蒴果，卵形；先端孔裂。

【习性与栽培】要求阳光充足。耐寒，夏季要求凉爽。以疏松、排水良好的肥沃土壤为佳。花后修剪可再次开花。极易异花授粉，不易保留品种。繁殖用播种法，秋季进行。可用于花坛、切花、花境等。

（23）中国石竹［*Dianthus chinensis*］（见彩图 6—23）

【别名】洛阳石竹、洛阳花。

【科属】石竹科，石竹属。

【原产地及分布】原产中国东北、华北、长江流域及东南亚地区，现国内外普遍栽培。

【形态特征】多年生草本，作二年生栽培。株高 30～50 cm，丛生型。茎纤细，分枝密，光滑无毛，节部膨大。叶为单叶，对生，线状披针形，基部抱茎。花单生或数朵顶生；石竹形花冠，有红、淡红、白或杂色等色；萼片筒状。花期为 4—5 月份。蒴果。种子黑色。

【习性与栽培】要求阳光充足。喜温暖，耐寒，夏季要求冷凉。以排水良好、肥沃的轻质土为宜。可摘心扩大株幅。播种繁殖，秋季进行；也可扦插。用于花坛或盆栽。

（24）美国石竹［*Dianthus barbatus*］（见彩图 6—24）

【别名】五彩石竹、须苞石竹。

【科属】石竹科，石竹属。

【原产地及分布】原产欧洲。现世界各地均有栽培。

【形态特征】多年生草本，作二年生栽培。株高 40～60 cm，茎光滑无毛，稍有四棱，较粗壮；节部膨大，节间长于中国石竹；少分枝。叶为单叶，对生，披针形，无柄。花小而多，顶生，密集成头状聚伞花序，直径达 10 cm 以上；石竹形花冠，苞片须状，故称须苞石竹；花色有白、粉红等，深浅不一，单色或环纹复色；略具香气。花期为 4 月份。蒴果。

【习性与栽培】要求阳光充足。喜温暖，耐寒，夏季要求冷凉。以排水良好、肥沃的轻质土为宜。可摘心扩大株幅。播种繁殖，秋季进行；也可扦插。用于花坛、切花、花境等。

（25）羽衣甘蓝［*Brassica oleracea*（Acephala group）］（见彩图6—25）

【别名】叶牡丹。

【科属】十字花科，甘蓝属。

【原产地及分布】原产西欧，现各地栽培。

【形态特征】二年生草本，株高30～40 cm。茎粗短，直立；无分枝；基部木质化。叶有圆叶、皱叶、裂叶三个品系；宽大，有白粉，边缘细波状皱折；叶片层层重叠，密集成球状。以观叶为主，叶色有白、粉红、紫红、牙黄、黄绿等色。花小，黄色，总状花序。角果，长圆柱形。

【习性与栽培】要求阳光充足。耐寒。喜肥沃、湿润的土壤。较耗肥，苗期肥水要充分。为使植株生长更茂盛，可作数次移植。繁殖用播种法，7—8月份进行。观叶植物，应用于冬季花坛。

（26）矮牵牛［*Petunia hybrida*］（见彩图6—26）

【科属】茄科，矮牵牛属。

【原产地及分布】原产南美，现世界各地广为栽培。

【形态特征】一二年生草本，株高40～60 cm，全株被毛。茎直立或横卧。叶互生，或上部对生；宽卵形至卵形，全缘；几乎无柄。花单生叶腋；花萼筒深5裂，漏斗形花冠；花色丰富，有白、红、紫、蓝、镶边间色等。春秋两季均能开花。蒴果，种子细小。

【习性与栽培】要求阳光充足。不耐寒。土壤要求湿润。繁殖用播种法，秋播需保护幼苗越冬；春播可露地栽培。用于花坛、盆栽。

（27）大花藿香蓟［*Ageratum houstonianum*］（见彩图6—27）

【科属】菊科，藿香蓟属。

【原产地及分布】原产南美墨西哥、秘鲁等热带地区，现广为栽培。

【形态特征】多年生草本，作一二年生栽培。株高30～50 cm，整株被毛。茎丛生，直立性不强；节间易生根，基部木质化。叶对生，卵圆形，有锯齿；叶面有皱褶。花为头状花序，半球形，全为筒状花，呈缨状；花色有蓝、白或淡紫红等。花期7月至霜降或4—5月份。瘦果。

【习性与栽培】要求阳光充足，略耐阴。半耐寒。土壤以排水良好、肥沃的腐叶土为佳。通过摘心可扩大株幅，增加开花。花后修剪可作多年生栽培。繁殖用播种法，春秋均可。用于花坛或盆栽。

（28）红恭菜［*Beta vulgaris cv. Dracaenifolia*］（见彩图6—28）

【科属】藜科，甜菜属。

【原产地及分布】原产欧洲，我国长江流域广为栽培。

【形态特征】二年生草本。茎粗短。叶基生，呈莲座状；叶片为狭长菱形；叶深红色，为主要观赏部位。观赏期为 12 月份至次年 2 月份。花小，春季开花。

【习性与栽培】阳性。耐寒性强。对土壤要求不严。繁殖用播种法，一般 8 月份进行。用于冬季花坛。

(29) 虞美人 [*Papaver rhoeas*]（见彩图 6—29）

【科属】罂粟科，罂粟属。

【原产地及分布】原产欧洲、亚洲及北美，世界各地广泛栽培。

【形态特征】一二年生草本。全株被毛，枝叶内有白色乳汁，株高 30～90 cm。叶前期基生；茎生叶互生，叶椭圆形至条状披针形，有不规则羽裂；叶柄有翼。花单朵顶生；花梗细长，花蕾被毛下垂，开花时挺直；花瓣 4 枚，膜质，较薄，有时基部有黑色斑点；花色有深红、橙红、桃红、白及间色等。花期为 4 月至 5 月中旬。蒴果。

【习性与栽培】要求阳光充足。耐寒性强，不耐热，生长期要求冷凉。喜排水良好、有机质丰富的土壤。繁殖用播种法，秋季进行。种子细小，自播习性强。用于花境、花坛。

(30) 旱金莲 [*Tropaeolum majus*]（见彩图 6—30）

【科属】金莲花科，金莲花属。

【原产地及分布】原产南美洲，我国各地有栽培，河北、山西、内蒙古有野生。

【形态特征】多年生草本，作一二年生栽培。全株光滑。茎直立性不强，半肉质，分枝柔软。叶为单叶，互生，近对生，叶柄长，盾形。花单生或 2～3 朵成聚伞花序；有距花冠，单瓣或重瓣；有黄、橙、橙红等色。花期为春季或秋季。

【习性与栽培】阳性。半耐寒。喜湿润、肥沃的土壤。盆栽需要整形，以提高观赏价值。繁殖用播种法，春秋均可进行。上海地区以一般春播为主。秋播需保护越冬。用于阳台垂挂、花坛。

(31) 何氏凤仙 [*Impatiens wallerana*]（见彩图 6—31）

【别名】玻璃翠。

【科属】凤仙花科，凤仙花属。

【原产地及分布】原产非洲东部，我国广东、香港、天津、河北、北京等地有栽培。

【形态特征】多年生草本，作一年生栽培。株高 20～30 cm。茎半透明，肉质，粗壮，多分枝。叶互生，上部近对生；宽椭圆形至卵状披针形，锯齿明显。花单生顶端或上部叶腋；花瓣 5 枚，平展，有距花冠；花色有白、粉红、桃红、深红、橙红等，极为丰富。花期为春、秋二季。蒴果，种子细小。

【习性与栽培】半阴性。不耐寒。注意夏季高温、雨淋的危害。繁殖用播种法，春季进行。用于花坛、盆栽。

2. 球根、宿根花卉

（1）菊花 ［*Chrysanthemum morifolium*］（见彩图 6—32）

【别名】秋菊。

【科属】菊科，菊属。

【原产地及分布】原产我国，现分布广泛。

【形态特征】多年生草本，株高 60～100 cm。全株被毛。茎直立，基部半木质化，有粗糙感。叶为单叶，互生；卵圆至长圆形，羽状浅裂或深裂，裂片缘具疏齿或圆钝锯齿；有柄。花为头状花序，顶生或腋生；外轮舌状花变化较多；花头大小、颜色及形态依品种而异。花期为 8—12 月份。瘦果。

【习性与栽培】要求阳光充足。耐寒能力强。对土壤要求不高，在肥沃、疏松、湿润的土壤中生长良好。一般通过摘心可控制高度、扩大冠幅。花蕾形成后需剥蕾，保证花朵的质量。繁殖以扦插为主，脚芽扦插在 12 月至次年 4 月份，嫩枝扦插在 4—6 月份进行。常见的园艺栽培方式：

标本菊：又称独本菊，为品种的标本。一秆一花，充分体现其品种的特性。

大立菊：用嫁接的手法在植株上接数朵菊花，组成圆盘的形式。一株数朵花为"立菊"，百朵以上为"大立菊"。

塔菊：用嫁接的手法将不同品种的菊花分层嫁接，培养成塔状的形式。杭州称为"盘菊"，北京称为"十样锦"。

悬崖菊：通过摘心把菊花培养成悬崖状下垂的形式。

用于切花、花坛、盆栽等。

（2）大花美人蕉 ［*Canna generalis*］（见彩图 6—33）

【科属】美人蕉科，美人蕉属。

【原产地及分布】原产美洲、亚洲及非洲热带，现广为栽培。

【形态特征】多年生宿根花卉，株高 80～150 cm。根茎肉质，呈块状。茎叶被白粉。叶阔椭圆形，叶基抱茎，成鞘状；全缘，羽状平行脉；有绿叶、紫叶、花叶种。花为总状花序，顶生；花径 15～20 cm；花瓣直伸；雄蕊瓣化，4 枚；色泽艳丽，花色有黄、红、橘红等。另有矮型种及花叶种，如红叶或黄绿叶。花期为 6—10 月份。

【习性与栽培】要求阳光充足，宜种植在避风向阳处。上海可露地越冬，但寒潮来临时，对优良品种应适当覆盖防寒。及时修剪残花可促进再次开花。繁殖可采用分切根茎法，春季进行。也可播种繁殖，但因种皮坚硬，需刻伤或温水浸种（25～30℃）24 h。用于花境或丛植于绿地。

（3）荷兰菊［*Aster novi-belgii*］（见彩图6—34）

【科属】菊科，紫菀属。

【原产地及分布】原产北美，现广泛栽培于北半球温带地区。

【形态特征】多年生宿根草本，株高可达100 cm。茎直立，基部木质化。叶互生，披针形，锯齿明显。花为头状花序；舌状花平展，条形花瓣，花色以紫红为主，有白、粉红、蓝等色；筒状花黄色。花期为夏、秋二季。

【习性与栽培】要求阳光充足。耐寒；不适应夏热。喜肥沃、排水良好的土壤。生长期适当的扣水有利于控制株高；摘心可扩大冠幅、增强开花、控制花期。扦插繁殖为主，也可分株、播种。用于花境或花坛。

（4）玉簪［*Hosta plantaginea*］（见彩图6—35）

【科属】百合科，玉簪属。

【原产地及分布】原产中国、日本，现欧美各国均有栽培。

【形态特征】多年生宿根草本，株高35～60 cm。地下茎粗壮，呈根状茎。叶基生，宽卵形；基部心形；弧形脉；叶柄较长，有深凹槽。花茎高出叶丛；总状花序；小花管状漏斗形，白色，有香味。花期为6—8月份。蒴果。

【习性与栽培】阴性；充足的光照有利于开花，忌阳光直射。耐寒。喜腐殖质丰富的土壤，在湿润的环境下生长良好。繁殖用分株法，春、秋两季均可进行。用于林下地被。

（5）蜀葵［*Althaea rosea*］（见彩图6—36）

【别名】一丈红。

【科属】锦葵科，蜀葵属。

【原产地及分布】原产我国四川，现全国各地均有分布。

【形态特征】多年生草本，作二年生栽培。茎直立，高约2 m，全株被毛。叶大，互生；近圆形，边缘有锯齿，掌状3～7浅裂；叶柄长，叶面皱缩；主脉7～9条，呈放射状伸出；托叶2～3枚。花为总状花序；有单瓣、重瓣之分，瓣缘有波状皱缩或齿状浅裂；花色有红、粉红、紫红、黑紫、白等。花期为5—9月份。蒴果。

【习性与栽培】要求阳光充足。耐寒。喜深厚、肥沃、湿润的土壤。主茎开花优势明显，一般不能摘心，以免影响开花质量。作多年生栽培可以在初秋修剪，留15 cm左右，第二年春季继续生长、开花。繁殖用播种法，一般秋季进行。宜作草地背景，乔灌木边丛植，花境等。

（6）大花萱草［*Hemerocallis hybrida*］（见彩图6—37）

【别名】黄花菜。

【科属】百合科，萱草属。

【原产地及分布】原产中国，中欧至东亚广泛分布。

【形态特征】多年生宿根花卉，株高 70～80 cm。根状茎纺锤形，肉质，具发达的根群。叶丛生，鸢尾状着生；线形至线状披针形；中脉明显；叶细长，拱形下垂。聚伞花序，小花漏斗形花冠，花瓣略反卷；花色有黄、橙。花仅开一天。花期晚春至初夏。

【习性与栽培】阳性，在半阴的环境下生长良好；耐寒；喜湿润、肥沃、深厚、排水良好的土壤。繁殖用分株法，春秋均可进行。用于花境或林缘地被。

(7) 大丽花 [*Dahlia Pinnata*]（见彩图 6—38）

【别名】大理花、天竺牡丹、西番莲。

【科属】菊科，大丽花属。

【原产地及分布】原产墨西哥高原地区，现世界各地均有。

【形态特征】多年生草本，株高依品种而异。具粗大纺锤状肉质块根。地上茎中空，直立，节明显。叶对生，1～3 回羽状分裂；裂片为卵形，有粗钝锯齿；花为头状花序，花型及大小因品种而异；舌状花单性，筒状花两性；花色有白、红、黄、紫等，也有双色种；花期 5—11 月份，果熟期为 9—10 月份。瘦果。

【习性与栽培】要求阳光充足。不耐寒也忌夏热，夏季高温多雨生长不良。喜排水良好、肥沃的土壤。种植前应施足基肥，花前、花后还要追肥。大丽花喜肥，生长期间最好 7～10 天追肥一次，但夏天植株处于半休眠状态，一般不施肥。喜湿润，但忌积水，浇水宜遵循"干透浇透"的原则。夏热地区可在春花后修剪，这样秋天可再次开花。分株繁殖为主，也可扦插。

1) 分株：在 3—4 月份进行，将储藏的块根取出进行分割，必须用带芽的根颈。也可在分株前先行催芽：在温床内将根丛以较密的距离排好，然后壅土、浇水，给予一定温度，待出芽后再分，使每分株至少具一芽。

2) 扦插：通常在 3—5 月份进行。3 月间将根在地箱或温室假植催芽，待苗高 6～7 cm 时，下留两片叶子，切取插穗，进行扦插。

用于花境或庭前丛栽。

(8) 百合 [*Lilium brownii*]（见彩图 6—39）

【科属】百合科，百合属。

【原产地及分布】原产亚洲东部、欧洲、北美洲等地区，中国是最主要的发源地。

【形态特征】多年生草本。鳞茎球形；鳞茎由阔卵形或披针形肉质鳞片抱合形成，为无皮鳞茎；白色或淡黄至褐色。叶互生、对生、轮生，披针形；全缘，无毛。花朵单生或簇生，喇叭形，有香味；多为白色，背面带紫褐色斑点。蒴果椭圆形，有棱，具多数种子。

【习性与栽培】阳性，宜散射光。忌干旱、酷暑，耐寒性差。土壤需消毒。繁殖用分球法，也可鳞片扦插或播种。用于花境、切花。

（9）唐菖蒲［*Gladiolus gandavensis*］（见彩图6—40）

【别名】菖兰。

【科属】鸢尾科，唐菖蒲属。

【原产地及分布】原产非洲热带和地中海沿岸，世界各国广泛栽培。

【形态特征】多年生草本，株高90～150 cm。球茎扁圆形，外皮褐色，顶端常具数芽。叶剑形，鸢尾状着生。花梗长而粗壮，自叶丛中由球茎顶端抽生；花为穗状花序，花萼与花冠同色，分别不明显；花色多。

就其开花习性而言，基本上可分为春花和夏花。其中夏花是春季栽植，夏秋开花。春花种在温暖地区是秋季栽植，翌年春季开花。

【习性与栽培】要求阳光充足。喜凉爽气候，畏酷暑，不耐寒；球茎冬季休眠，不能露地过冬（一般球茎在20～25℃生长最好）。土壤宜肥沃、排水良好，种植前最好能施足基肥。夏季高温需适当保护。繁殖用分球法，春季进行。用于切花。

（10）水仙［*Narissus tazetta*（L.）var. chinensis］（见彩图6—41）

【科属】石蒜科，水仙属。

【原产地及分布】原产中国，野生种类主要分布在东南沿海福建、浙江一带。

【形态特征】多年生草本。鳞茎球形，外面有膜质鳞片，呈褐色；颈部较长。根每年更新，老根在中央，新根在外围。叶基生，狭长而扁平，条形；先端钝；呈二列状着生。花蕾由一个膜质的苞片包住；伞形花序，小花有杯状副冠；花白色，副冠黄色。花期为12月至次年3月份。蒴果。

【习性与栽培】要求阳光充足，略耐阴。半耐寒。要求湿润、肥沃的砂质土。繁殖用分球法，秋季进行。用于室内水养或林下丛植。

（11）郁金香［*Tulipa gesneriana*］（见彩图6—42）

【科属】百合科，郁金香属。

【原产地及分布】原产地中海沿岸、中亚、土耳其至中国东北的欧亚地区，现世界各地广泛栽培。

【形态特征】多年生草本，株高20～80 cm。整株灰绿色，被白粉。鳞茎扁圆锥形，外被膜质苞片，褐色。叶基生，阔披针形，波缘。花单生；花形大，直立，有杯状、碗状、钟状等多种花型；花被6枚，分成二轮；有香味；花色丰富，有红、橙、黄、紫、白以及复色等。花期为3—5月份。蒴果。

【习性与栽培】要求阳光充足。耐寒；夏季休眠，宜凉爽。土壤要深厚、肥沃、排水良好；必须消毒。繁殖用分球法，秋季进行。用于盆栽、花坛、切花。

3. 水生花卉

（1）荷花［*Nelumbo nucifera*］（见彩图6—43）

【科属】睡莲科，莲属。

【原产地及分布】原产我国及亚洲热带的印度等地，各地广为栽培。

【形态特征】多年生水生草本植物，下具肥大根状茎（藕），叶自根茎处抽出。叶为盾状圆形，叶脉呈辐射状；叶面粗糙，具小刺；立叶具长柄，挺出水面。花单生；花蕾桃形，似笔状，开放呈莲座状；以白、粉红色居多。花期为6—9月份。花托（莲蓬）膨大，凸出于花之中央，莲子着生于花托内。

【习性与栽培】喜阳光充足，不耐荫。耐高温又耐寒。土壤以微酸性、富含有机质的肥沃黏土为宜。宜栽植于相对稳定的静水中，水深以30～120 cm为宜。种植初期水深宜20～40 cm，随生长水位逐渐提高。繁殖用分株法，4月份进行。用于水面点缀。

（2）睡莲［*Nymphaea tetragona*］（见彩图6—44）

【别名】水浮莲。

【科属】睡莲科，睡莲属。

【原产地及分布】原产我国、日本、朝鲜、印度、西伯利亚、欧洲等地，各地广为栽培。

【形态特征】多年生水生草本花卉，根茎横生泥土中。叶具长柄，圆形、心形或肾形，有的具斑点，有的有波皱；多丛生，浮于水面。花单朵顶生，浮于水面；花瓣狭长，花冠呈莲座形；花色有黄、白、红等。花期为5—11月份。每朵花开3～4天，日间开放。聚合果球形，水中成熟。种子不能离水。

【习性与栽培】要求阳光充足。耐寒性因品种而异。喜腐殖质丰富的黏土。春天发叶时水深保持30～40 cm，生长季节水位逐渐升至60～80 cm，冬季防寒可加水深至100 cm。繁殖用分株法，3—4月份进行；也可播种。用于水面点缀。

4. 地被植物

地被植物指成群栽植，覆盖地面，使黄土不裸露的低矮植物。地被植物不仅包括草本、蕨类，也包括灌木和藤本。

地被植物有以下几点作用：

①增加层次，提高绿地观赏价值。

②改善小气候、净化空气。

③保持水土、改良土壤、控制杂草。

选择地被植物应遵循以下标准进行：

①低矮或耐修剪的灌木或草本。

②多年生，最好常绿。

③生长茂密，繁殖容易，管理粗放。

④耐阴或较耐踏。

⑤具有观赏或经济价值。

地被植物的应用范围有：

①空旷区：指在阳光充足的空旷地上栽培的植物，又称为"喜光地被"。

②林缘地被：指处于半日照状态的林缘地带的栽培植物，又称为"散光地被"。

③林隙地被：指在阳光不足的林隙处生长的植物，又称为"半耐阴地被"。

④林下地被：指林下生长的植物，又称为"极耐阴地被"。

⑤岩石地被：指覆盖于岩石间的植物。

⑥护坡地被：指在坡地或水边种植的固土植物。

园林中选用的地被植物种类繁多，这里只介绍一些最常见的品种：

(1) 桃叶珊瑚［*Aucuba chinensis*］（见彩图 6—45）

【科属】山茱萸科，桃叶珊瑚属。

【原产地及分布】原产中国台湾及日本，目前国内湖北、四川、云南、广西、广东等省区均有分布。

【形态特征】常绿灌木。小枝绿色，老枝具白色皮孔。叶对生，薄革质，长椭圆形至卵状披针形；先端长而渐尖；全缘或上半部为齿牙状；叶面常有黄色斑点。花顶生，呈圆锥花序，有刚毛疏生；花瓣先端长而渐尖。核果成熟时深红色，花柱宿存。

【习性与栽培】耐阴，忌夏季阳光直射（易引起日灼）。繁殖用扦插法，梅雨季节进行。宜作林下地被。

(2) 阔叶箬竹［*Indocalamus latifolius*］（见彩图 6—46）

【科属】禾本科，箬竹属。

【原产地及分布】原产中国，主要分布于华东、华中地区及陕南汉水流域；山东南部有栽培。

【形态特征】竿细栓形，高约 75 cm，中空极少。叶鞘宿存，叶片大，大叶长达 45 cm；宽可超过 10 cm；长披针形，质薄，下面散生银色短毛；沿中脉的一侧生有一行毡毛；小横脉极明显。

【习性与栽培】阳性。繁殖用分株法。用于林下或坡地，也可点缀山石，用做绿篱或地被。

（3）紫茉莉［*Mirabilis jalapa*］（见彩图6—47）

【别名】夜晚花、胭脂花。

【科属】紫茉莉科，紫茉莉属。

【原产地及分布】原产南美洲，我国各地均有栽培。

【形态特征】多年生草本，作一年生栽培。植株高50～70 cm。茎直立，多分枝，开展；节基膨大。叶为单叶，对生，卵状心形。花萼为漏斗状，有紫、红、白等色，亦有杂色。花期长，7—10月份开花。果实卵形，黑色，具棱（似小地雷）

【习性与栽培】阳性，略耐阴，不耐寒。繁殖用播种法，有较强的自播习性。宜作疏林或林缘地被。

（4）诸葛菜［*Orychophragmus violaceus*］（见彩图6—48）

【别名】二月兰。

【科属】十字花科，诸葛菜属。

【原产地及分布】原产中国东北及华北，国内分布广泛。

【形态特征】二年生草本，高30～50 cm。无毛，有粉霜。基生叶和下部叶具叶柄，顶生叶裂片肾形或三角状卵形，基部心形，具钝齿；中、上部茎生叶卵形，抱茎。花为总状花序，顶生；小花为十字形花冠，深紫色。角果长条形，具四棱。种子黑褐色。

【习性与栽培】耐阴性极强。耐寒性强。适应性强，对土壤要求不严。繁殖用播种法。自播能力强（角果成熟后会开裂）。宜作林下地被。

（5）红花酢浆草［*Oxalis rubra*］（见彩图6—49）

【科属】酢浆草科，酢浆草属。

【原产地及分布】原产南非及巴西，我国各地有栽培。

【形态特征】多年生草本。地下部具鳞状茎。全株具白色细纤毛，茎基部稍具匍匐性。叶为掌状复叶，小叶3枚，基生，具细长总柄；小叶倒心形，全缘。花为伞形花序，着生总花梗端，稍高出叶；花色为深玫瑰红色；萼片呈覆瓦回旋状排列。花期为春季和秋季。花、叶对光有敏感性，白天和晴天开放，晚上及阴雨天闭合。

【习性与栽培】喜光，怕夏季阳光直射，一般夏季休眠。养护时，由于鳞茎的生长形式所致，会逐步爬出表土，应每年适当覆土，使鳞茎不裸露出土表。注意红蜘蛛的危害（表现为叶色泛黄——被吮吸了叶绿素），需加强观察，及时防治。繁殖多用分株法；也可播种，一般春季进行。宜作林下地被。

（6）蝴蝶花［*Iris japonica*］（见彩图6—50）

【科属】鸢尾科，鸢尾属。

【原产地及分布】原产中国、日本，国内主要分布于四川、甘肃、江苏、河南、山东等地。

【形态特征】多年生草本。根状茎细弱，入地浅，横生；黄褐色；具多数较短节间。叶剑形，2 列，较软而短。花多数，疏散的总状花序；花淡紫，近白色。花期为 4—5 月份。蒴果长椭圆形。种子圆球形。

【习性与栽培】耐阴性强。耐寒。要求土壤排水良好。耐干旱，忌水湿。繁殖多用分株法，一般春季进行。宜作林缘及林下地被。

（7）鸢尾 [*Iris tectorum Maxim.*]（见彩图 6—51）

【别名】蓝蝴蝶。

【科属】鸢尾科，鸢尾属。

【原产地及分布】原产我国中部；现各地有栽培。

【形态特征】多年生草本。根状茎短而粗壮，坚硬，浅黄色。叶剑形，薄纸质，淡绿色，二列状折叠着生。花葶与叶等长。花蓝色，单生或数朵顶生；外列花被的中央面有一行鸡冠状白色带紫纹突起。花期春季至初夏。蒴果，狭矩圆形。

【习性与栽培】耐阴。耐寒。耐干旱而不耐水湿，宜栽培于排水良好的土壤。繁殖用分株法，春、秋均可进行。宜作地被或花境。

（8）石菖蒲 [*Acorus gramineus*]（见彩图 6—52）

【别名】香菖蒲、药菖蒲。

【科属】天南星科，菖蒲属。

【原产地及分布】产于长江以南各省区及西藏，日本也有。

【形态特征】多年生常绿草本；株高 20～30 cm。全株有香气。根茎肥厚，横生；节较密，须根纤细。叶基生，线形（狭条形），有光泽；两列状密集互生；中脉不明显。花为肉穗花序；佛焰苞片为叶状，侧生。花期为 4—7 月份。浆果为倒卵形。果熟期 6—9 月份。

【习性与栽培】阴性，耐阴性强。耐寒。土壤宜湿润。萌蘖力强，繁殖多用分株法。宜作林下地被。

（9）书带草 [*Ophiopogon japonicus*]（见彩图 6—53）

【别名】沿阶草。

【科属】百合科，沿阶草属。

【原产地及分布】主产在浙江、江苏、福建、安徽、四川等省。

【形态特征】多年生常绿草本。根状茎短粗，匍匐茎细长，长有膜质鳞片；须根先端或中部膨大成纺锤形肉质块根。叶丛生，条形，长约 100 cm。花梗扁平而中间隆起，低于叶丛，稍弯垂。花为总状花序，较短，着花约 18 朵，常 1～3 朵聚生于苞片下；小花淡紫色或白色；梗弯曲下垂。花期为 8 月份。浆果球形，蓝黑色。

【习性与栽培】阴性，耐阴性强。耐寒性强。土壤要求湿润、排水良好。繁殖用分株法，早春进行。宜作林下地被或岩石园配置。

（10）麦冬［*Liriopc spicata*］（见彩图 6—54）

【科属】百合科，山麦冬属。

【原产地及分布】除东北、内蒙古、青海、新疆、西藏，各地广泛分布和栽培。

【形态特征】多年生常绿草本。须根中部常膨胀，成为纺锤形肉质块根。叶基生成密丛；线形，两面光滑，无毛，暗绿色。花葶从叶丛中抽出，长于叶或与叶等长。花顶生，总状花序；小花常 1～3 朵聚生，稍下垂；花梗粗短；花色为淡紫色或白色；子房上位。浆果球形，熟时黑色。

【习性与栽培】阴性，耐阴性强。耐寒性强。土壤要求湿润、排水良好。繁殖用分株法，早春进行。宜作林下地被或岩石园配置。

（11）虎耳草［*Saxifraga stolonifera*］（见彩图 6—55）

【科属】虎耳草科，虎耳草属。

【原产地及分布】原产我国，日本、朝鲜也有分布。

【形态特征】多年生常绿草本，高约 40 cm。全体被有茸毛。匍匐茎细长，呈丝状，紫色，蔓延地面；可长出幼苗。叶为单叶，基部丛生；具长柄，柄上密生长柔毛；叶片圆形至肾形，绿色，下面紫褐色，具白色网状脉纹；边缘具疏生尖锐齿牙。花为圆锥花序，小花白色。花期为 5—8 月份。蒴果卵圆形。

【习性与栽培】阴性，极耐阴，不耐阳光长时间照射。耐寒。要求空气湿润。繁殖用分株法，可用茎顶已生根的小苗进行。宜作林下地被。

（12）石蒜［*Lycoris radiata*］（见彩图 6—56）

【别名】蟑螂花。

【科属】石蒜科，石蒜属。

【原产地及分布】原产我国及日本，目前广泛分布于东亚各地。

【形态特征】多年生草本。地下鳞茎椭圆形至球形，外被紫色薄膜，内为白色，形似蒜头。叶基生，条形，先端钝，全缘；深绿色，带有白粉，叶面中间有浅色条纹。花葶单生。花为伞形花序，顶生；花被羽裂，向后开展卷曲，边缘呈皱波状；花被管极短；花色有鲜红等。花先叶而开，7—9 月份开花；叶于花期后出生，翌春末枯死。

【习性与栽培】半阴性，耐强光。耐寒。宜湿润土壤。繁殖用分球法，春秋均可进行。宜作林下地被或花境。

（13）葱兰［*Zephyranthes candida*］（见彩图 6—57）

【科属】石蒜科，菖蒲莲属。

【原产地及分布】原产美洲温带及热带，我国广为栽培。

【形态特征】多年生常绿草本；株丛高约 15 cm。鳞茎小，颈部细长。叶丛生，线形；略带肉质，暗绿色。花单生；花冠漏斗状，直径 3～5 cm；苞片膜质；花白色。花期为夏、秋二季。

【习性与栽培】喜阳光充足的环境，耐阴。较耐寒。要求排水良好的土壤。繁殖用分球法，春、秋均可进行。宜作林下地被或林缘边饰。

(14) 吉祥草 [*Reineckia carnea*]（见彩图 6—58）

【科属】百合科，吉祥草属。

【原产地及分布】原产我国长江流域以南及西南地区，日本也有分布。

【形态特征】多年生常绿草本；根状茎。叶丛生，直立；线状披针形；主脉明显；全缘，1/3 以上叶片狭尖明显；叶质略薄。花为穗状花序，低于叶丛；花色粉红或紫红。秋季开花。

【习性与栽培】耐阴。耐寒。宜排水良好的土壤。繁殖用分株法，春季进行。宜作林下地被。

(15) 络石 [*Trachelospermum jasminoides*]（见彩图 6—59）

【科属】夹竹桃科，络石属。

【原产地及分布】原产中国黄河流域以南各地，中部、南部园林中广泛栽培；朝鲜、日本、越南也有。

【形态特征】常绿藤本。具乳汁。嫩枝常有茸毛。叶为单叶，对生；叶椭圆形或卵状披针形；全缘，叶柄短。花腋生，聚伞花序；白色，有芳香；萼片 5 裂反卷，筒状 2 裂。5—7 月份开花。8—12 月份果熟。

【习性与栽培】喜光，也能耐阴。在阴湿、排水良好的酸性、中性土壤中生长强盛。耐干旱，怕水淹。繁殖用压条、扦插均可。用于地被或岩石攀缘绿化。

(16) 常春藤 [*Hedara nepalensis var*]（见彩图 6—60）

【科属】五加科，常春藤属。

【原产地及分布】中国南方。

【形态特征】常绿藤本。茎蔓性，具气生根。叶互生，革质；3～5 裂，深绿色。花小，单生或聚生，伞形花序；色淡绿或白色。花期为 9—11 月份。

【习性与栽培】对光照适应性强，耐阴性强。半耐寒。对土壤要求不严。繁殖用扦插法，用嫩枝扦插，生长期进行。宜作地被或盆栽。

(17) 花叶蔓长春花 [*Vinca major*]（见彩图 6—61）

【科属】夹竹桃科，长春花属。

【原产地及分布】原产欧洲地中海沿岸、印度和热带美洲，我国江苏、浙江、台湾等地有栽培。

【形态特征】多年生常绿藤本，枝条蔓性。叶对生，卵形或椭圆形；全缘，叶缘有黄色环纹。花单生叶腋；花冠高脚碟形，蓝色。春天开花。

【习性与栽培】半耐阴，散射光下生长良好。繁殖用分株或嫩枝扦插，生长期进行。宜作地被或悬挂盆栽。

5. 蕨类植物

蕨类植物种类繁多，约有 1 000 种以上。它们大多为多年生草本植物，具块茎，叶丛生（多数羽状深裂），成熟植株的叶背可以产生繁殖器官——孢子。这种能产生孢子的叶片称为生殖叶，不产生孢子的叶片称为营养叶。营养叶与生殖叶差异明显的称为两型叶，两者无明显差异的称为一型叶。

蕨类植物主要分布在热带雨林的密林深处，蔽荫、温暖、空气湿润是蕨类植物生长良好的必要条件。栽培中除正常浇水外，还应在叶面喷水，并注意提高空气湿度。蕨类植物一般用分株繁殖，在春季进行。生产栽培中最好用孢子繁殖或组织培养繁殖。

（1）贯众 [*Cyrtomium falcatum*]（见彩图 6—62）

【科属】鳞毛蕨科，贯众属。

【原产地及分布】分布于我国南方广东、广西、湖南、江西、福建和浙江等地。

【形态特征】多年生常绿草本，高 30～70 cm。根茎粗壮，被锈褐色鳞毛。叶丛生，奇数一回羽状复叶；小叶镰状披针形，表面深绿色，背面浅绿色。一字形叶；孢子囊群散生于叶背。

【习性与栽培】阴性；喜温暖；对土壤适应性广。繁殖用分株法，春季进行。宜作林缘地被。

（2）肾蕨 [*Nephorlepsis exaltata*]（见彩图 6—63）

【科属】肾蕨科，肾蕨属。

【原产地及分布】我国南部福建、台湾、广东、广西等省区有野生，各地广泛栽培。

【形态特征】多年生常绿草本，附生性。根茎较短。叶丛生，长条形，质软，呈拱形，一回羽状复叶；孢子囊着生叶背，肾形。

【习性与栽培】阴性，散射光下生长良好。要求一定的空气湿度，对土壤要求不严，以疏松、排水良好的土壤为佳。繁殖用分株法，春季进行。宜作盆栽或切叶。

6. 草坪植物

（1）结缕草 [*Zoysia japonica Steud.*]

【别名】老虎皮草、锥子草、延地青。

【科属】禾本科，结缕草属。

【原产地及分布】原产于亚洲东部，日本、朝鲜及我国北自辽东半岛、南至海南岛均有野生种发现。

【形态特征】多年生匍匐型禾草。茎叶密集，具细长坚韧的根状茎。叶线形，先端渐尖；表面有毛，近革质，扁平。花期为5—6月份。花为总状花序，花果穗呈绿色或淡紫色。在上海绿草期为260天左右，在增施一定数量有机肥的情况下，还能延长绿草期。

【习性与栽培】喜阳、不耐荫，在光照得到满足的情况下生长良好。喜肥沃、排水良好的砂壤土。在微碱性的土壤中也能正常生长。与杂草竞争力强，唯易受白车轴草的排挤。在炎夏高温季节中仍能正常生长。有一定的抗旱能力。草根在−20℃的情况下也能安全越冬。耐踩踏。病虫害较少。自我更新的能力较强，在管理得当的情况下，几十年也不会衰败，是上海地区种植史最长的优良品种。最适宜用做活动草坪。

（2）细叶结缕草［*Zoysia tenuifolia Will et Trin*］

【别名】台湾草、天鹅绒草。

【科属】禾本科，结缕草属。

【原产地及分布】原产于日本、朝鲜南部，后引入台湾，然后渐及其他省市，故有台湾草之称。

【形态特征】多年生匍匐型细叶禾草植物。丛状密集生长，具地下匍匐茎，节间短。叶片纤细、内卷，先端稍钝，鞘口有疏长毛。花为总状花序。小穗为披针形，呈紫色或绿色。

【习性与栽培】喜阳忌阴，在肥沃、排水良好之地生长良好。和结缕草相比，耐旱性略差。在上海绿期能保持260天左右。最适宜用做观赏、活动草坪。

（3）沟叶结缕草［*Zoysia matrella*（*L.*）*Merr*］

【别名】马尼拉草。

【科属】禾本科，结缕草属。

【原产地及分布】广泛分布于亚洲和澳洲的热带和亚热带地区，中国福建、广东、广西等地有野生。

【形态特征】为多年生草本植物，具横走根茎和匍匐茎，秆细弱，高12~20 cm。叶片在结缕草属中属半细叶类型，叶的宽度介于结缕草与细叶结缕草之间，叶质硬，扁平或内卷，上面具纵沟，长3~4 cm，宽1.5~2.5 mm。总状花序，短小。颖果卵形。

【习性与栽培】介于结缕草和细叶结缕草之间，对环境的适应性比细叶结缕草更强，与杂草的竞争力也优于其他草种，而且绿期长达270天左右，故20世纪90年代以来种植面积在逐年扩大。最适宜用做运动场草坪。

（4）狗牙根［*Cynodon dactylon*（*L.*）*Pers.*］

【别名】百慕大草、绊根草。

【科属】禾本科，狗牙根属。

【原产地及分布】主要分布在亚洲大陆的东部，我国主要分布于淮河以南直到珠江流域。

【形态特征】矮生型匍匐型草，生长快。匍匐茎长而交织成网状，茎节着地即每节生根。叶片扁平，线形；先端渐尖，边缘有细齿。

【习性与栽培】喜光，稍耐阴。耐瘠，耐踩踏。但不耐干旱，夏季连续日晒之下部分叶会枯黄。在夏、秋雨季生长茂盛，匍匐茎侵占力强。绿草期为 250～260 天。最适宜用做观赏、活动草坪。

（5）多年生黑麦草［*Lolium perenne L.*］

【别名】宿根黑麦草。

【科属】禾本科，黑麦草属。

【原产地及分布】原产南欧、北非及西南亚等地，在我国华东地区生长良好。

【形态特征】多年生，具短根状茎，直立丛生，在根颈处有较多的分蘖。茎高 50～100 cm。叶细长，富韧性，深绿色，有光泽，叶脉明显；幼叶折叠在芽中。花为穗状花序，稍弯曲，最长可达 30 cm，小穗扁平，无柄，互生于主轴两侧。

【习性与栽培】耐寒、抗霜，但不耐热。喜温暖、湿润气候，在肥沃、排水良好的黏壤土中生长良好。略耐湿而不适应干旱，在干旱的瘠地上生长欠佳。通常 22～27℃为它的最适气温。盛夏休眠，冬季生长缓慢。最适宜用做观赏草坪。

（6）高羊茅［*Festuca arundinacea Schreb.*］

【科属】禾本科，羊茅属。

【原产地及分布】分布在欧洲、亚洲冷凉、湿润地区以及我国西北、西南、华北、华中地区。常见于干燥的坡地及高寒草原。

【形态特征】多年生草，茎秆密集丛生，有须状根。茎直立，簇生。叶披针形，长而宽，属宽叶草类。

【习性与栽培】耐旱、耐寒、耐踩踏、耐霜，不耐高温和水湿，尤其是在夏季高温休眠时，土壤水分过多极易导致烂根死亡。适合种植在排水良好的砂质壤土中。最适宜用做观赏、活动草坪。

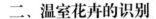
二、温室花卉的识别

1. 观花类

(1) 仙客来〔*Cyclamen persicum*〕(见彩图 6—64)

【别名】兔耳花、萝卜海棠。

【科属】报春花科,仙客来属。

【原产地及分布】原产地中海地区,现各地均有栽培。

【形态特征】多年生草本,株高 20~30 cm。肉质球茎扁圆形,紫褐色。叶丛生于球茎上方;心状卵圆形,边缘具细锯齿。花梗由块茎顶部叶丛中抽出。花单生,花瓣 5 片,向上反卷而扭曲,形如兔耳,故名"兔子花";花色有白、玫红、紫红等色,有些品种具有香气。花期为 12 月至翌年 5 月上旬。蒴果球形,成熟后五瓣开裂。种子褐色。

【习性与栽培】阳性,夏季应遮阴。喜温暖。对钾的需求量较高。生长周期为 5 年左右。通常采用播种法繁殖,一般多在 9—10 月份进行。球茎顶端稍露出土面 1/3 时移植,盆土不必压实。浇足透水后,不宜过湿,保持表土湿润。每 7~10 天施用氮肥一次,施肥时应注意不使粪水污染叶子,以免引起叶片腐烂。盆栽应用为主。

(2) 瓜叶菊〔*Cineraria cruenta*〕(见彩图 6—65)

【别名】千日莲、千叶莲。

【科属】菊科,千里光属。

【原产地及分布】原产于西班牙加那利群岛,目前世界各地广为栽培。

【形态特征】多年生草本,高 20~90 cm。茎粗壮,全株有柔毛。叶大,心状三角形,边缘多角或有波状锯齿,叶柄较长,似葫芦科瓜类的叶片,故名"瓜叶菊";花为头状花序,多数簇生成伞房状;头状花序周围是舌状花,中央是筒状花;花色绚丽多彩,有红、粉红、白、紫、蓝等色,或具各种斑点、斑纹。瘦果纺锤形,表面具纵条纹,并有白色冠毛。花期为由冬至春,最长可开至次年 5 月份。

【习性与栽培】阳性。耐寒性不强,越冬温度不低于 3℃;不耐酷暑。繁殖用播种法,秋季进行。盆花观赏。

(3) 一品红〔*Euphorbia pulcherrima*〕(见彩图 6—66)

【别名】象牙红、圣诞花。

【科属】大戟科,大戟属。

【原产地及分布】原产墨西哥及中美洲热带地区,现广为栽培。

【形态特征】常绿灌木。茎直立,光滑,含乳汁。单叶互生,卵状椭圆形或阔披针形,有角;叶脉为直出平行。杯状花序顶生,黄色;叶状苞片颜色鲜艳,为主要观赏部位,有红、粉红、白、黄等色。观赏期为 12—2 月份。

【习性与栽培】强阳性。不耐寒。需疏松、肥沃、排水良好的培养土。生长期需浇水充足（尤其是夏季），并注意通风。栽培中要注意整形，一般把嫩枝编扎成"S"形固定在盆面上，每盆可固定 5～6 枝。扦插繁殖为主；剪下的插穗要在草木灰中蘸抹，稍干后再插（以免叶液流失，影响成活）。宜作盆栽、切花。

(4) 天竺葵 [*Pelargonium hortorum*]（见彩图 6—67）

【别名】入腊红。

【科属】牻牛儿苗科，天竺葵属。

【原产地及分布】原产非洲南部。

【形态特征】多年生草本，基部木质化，全株有特殊气味。茎粗壮多汁，被细柔毛。叶片互生，圆形至肾形；掌状脉，边缘有波状钝锯齿。花为伞形花序，顶生；花梗自叶腋抽出，较长；花色有红、桃红、玫瑰红、白等。

【习性与栽培】要求阳光充足，通风良好。不耐寒，冬季室内温度维持在 5℃ 左右。夏季休眠，休眠期应减少施肥、浇水。要求肥沃、疏松、带碱性的土壤。繁殖用扦插法，除夏季外全年都可进行。宜作盆栽、花槽等

(5) 马蹄莲 [*Zantedeschia aethiopica*]（见彩图 6—68）

【别名】慈茹花、野芋、水芋。

【科属】天南星科，马蹄莲属。

【原产地及分布】原产南部非洲及埃及，现世界各地广为栽培。

【形态特征】多年生草本，株高 60～70 cm；地下具肉质块茎。叶基生，长柄粗壮，鞘状；叶片箭形，全缘，鲜绿色。花梗着生叶旁，高出叶丛；佛焰苞大，白色，开张呈马蹄形；肉穗花序黄色，圆柱形。作为切花，可全年供花。

【习性与栽培】阳性。不耐寒，冬季生长宜较高的温度和湿度；夏季休眠，需保持冷凉。喜含腐殖质的砂壤土。忌将肥水浇入叶柄内，以免腐烂。生长期间应充分浇水；枝叶繁茂时需将外部老叶摘除，以利花梗抽出。冬季光照好，开花多；光照不足，苞片的颜色会变绿。繁殖用分球法，秋季进行。用于切花、盆栽。

(6) 非洲菊 [*Gerbera jamesonii*]（见彩图 6—69）

【别名】扶郎花、灯盏花。

【科属】菊科，大丁草属。

【原产地及分布】原产南非，现世界各地广为栽培。

【形态特征】多年生草本，株高 30～45 cm。叶基生，具长柄；长倒卵形，羽状浅裂或深裂；裂片边缘具疏齿，齿尖或圆钝。花为头状花序，单生；花梗长，高出叶丛；舌状花

1~2 轮或重瓣，倒披针形，花色有红色、粉红、淡黄或橘红等；管状花较小，常与舌状花同色；花径可达 10 cm。全年开花，春、秋两季最盛。

【习性与栽培】要求阳光充足。不耐寒。土壤要求排水良好，pH 值为 6.0 左右。需经常补充必要养分。繁殖以分株法为主，也可播种。宜作切花或盆栽。

2. 观茎、叶类

（1）文竹 ［*Asparagus plumosus*］（见彩图 6—70）

【科属】百合科，天门冬属。

【原产地及分布】原产非洲南部，世界各地广为栽培。

【形态特征】多年生草本，具肉质根。分枝多，变态叶状枝纤细如羽毛状，小枝平展。叶状枝为主要观赏部位。

【习性与栽培】喜半阴环境，忌阳光直射。喜温暖，越冬温度在 8℃以上。忌土壤干燥，但必须排水良好。阳光直射、施肥过浓或施未腐熟的肥料、根系得病，是导致黄叶的主要原因。繁殖用播种法，春季进行；也可分株繁殖。宜盆栽或作切叶材料。

（2）吊兰 ［*Chlorophytum elatum*］（见彩图 6—71）

【科属】百合科，吊兰属。

【原产地及分布】原产非洲南部，现世界各地广为栽培。

【形态特征】多年生草本，具有簇生的肥大肉质根；根状茎短。叶丛生，条形至条状披针形。叶丛中抽生花茎，拱形弯曲；花后呈走茎状，茎端形成小株，具气生根。花小，白色。花期在春、夏间，养于室内者冬季也可开花。

【习性与栽培】阴性至中性；叶片生长对光线较敏感，常因光照过强或过弱而出现叶片发黄现象。喜湿润。半耐寒，冬季应放在室内。繁殖用分株法，春季进行；也可切取带气生根的小株栽植。用于盆栽或悬挂观赏。

（3）变叶木 ［*Codiaeum variegatum*］（见彩图 6—72）

【科属】大戟科，变叶木属。

【原产地及分布】原产马来西亚及南洋群岛，现广为栽培。

【形态特征】常绿灌木，株高可达 2 m。叶为单叶，互生，具柄，厚革质；叶片形状和颜色变化很大，由线形至椭圆形，全缘或分裂，扁平、波状或扭曲；常具黄色、红色等颜色的斑纹。花小，聚生为总状花序，腋生。以观叶为主。

【习性与栽培】阳性。不耐寒。喜肥沃、排水良好的土壤。春夏季宜充分浇水。生长期需施腐熟液肥。繁殖用扦插法，4—5 月份在温室内进行。盆栽应用为主。

（4）花叶绿萝 ［*Scindapsus aureus*］（见彩图 6—73）

【别名】黄金葛。

【科属】天南星科，藤芋属。

【原产地及分布】原产南太平洋群岛，现世界各地广为栽培。

【形态特征】多年生草本，茎长 1.8 m 以上。枝条上具气生根。叶为单叶，互生，心形；幼叶较小，成熟叶逐渐变大；革质，富有光泽，叶面具黄色斑纹。

【习性与栽培】半阴性，散射光下生长良好。喜温暖，要求疏松、排水良好的栽培介质。生长期需充分供水，冬季可略减少浇水。繁殖用扦插或压条法。悬挂盆栽为主。

（5）彩叶草［*Coleus blume*］（见彩图 6—74）

【科属】唇形科，彩叶草属。

【原产地及分布】原产亚洲南部，世界各国广泛栽培。

【形态特征】多年生草本；株高可达 80 cm，栽培苗一般控制在 30 cm 以下。茎方。叶对生，卵形，有锯齿，叶色丰富。花小，总状花序，浅蓝或浅紫色。

【习性与栽培】阳性，不耐寒；宜排水良好的土壤，以摘心控制高度。繁殖用播种法，春季进行。多用于盆栽或花坛布置。

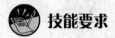 **技能要求**

花 卉 识 别

一、操作准备

1. 准备 30 种花卉，其中一二年生花卉 10 种，球根、宿根花卉 5 种，地被植物 7 种，温室观花花卉 4 种，温室观叶花卉 4 种。

2. 准备 30 个数字标签，在每种植物上挂上一个数字标签；准备 10～20 个台子。

3. 从上述 30 种花卉种任选 20 种，摆放在台子上（每个台子最多 2 盆）。

4. 纸、笔。

二、操作步骤

1. 书写标签号和其对应的植物种类的名称。

2. 书写其主要观赏的部位和该器官的特点。

3. 书写其主要的繁殖方法和用途。

三、注意事项

1. 根据季节不同，选择的种类可以不同，但必须是书中介绍的种类。

2. 花卉盆栽为主，个别性状明显的可用局部器官；观花、观果的植物必须带有其观赏的部位。

第2节 花卉的繁殖

 学习单元1 繁殖的概述

 学习目标

➤了解花卉繁殖的目的和意义
➤掌握有性繁殖和无性繁殖的优缺点

 **知识要求**

一、花卉繁殖的概念

花卉繁殖，就是用各种方式增加花卉植物的个体数量，以延续其种族和满足市场需求，也是保存种质资源的重要手段，并为花卉选种、育种提供条件。不同种（或品种）的花卉应使用不同的繁殖方法，以提高繁殖系数，并使花卉生长健壮，同时完整地保留亲本的优良性状。花卉繁殖可分为有性繁殖（种子繁殖）和无性繁殖（营养繁殖）两种。

二、花卉繁殖的方法

1. 有性繁殖

（1）定义：有性繁殖又称种子繁殖，通过有性过程得到种子，用种子繁殖新个体。这种繁殖方式获得的新个体兼有父母本的性状。一部分异花授粉的花卉通过有性繁殖常常得到一些天然杂交种，从中可以选出一些新品种。

（2）优点：繁殖量大，方法简便；所得苗株根系完整，生长健壮，适应性强，寿命长；种子易于携带、流通、保存和交换。

（3）缺点：幼苗前期生长速度慢；从种子到开花或达到一定大小所需的时间过长，后代容易产生变异。

2. 无性繁殖

（1）定义：无性繁殖又称为营养繁殖，利用植物的营养器官（如根、茎、叶等）的再生功能，使其成为一个新的植株。这种繁殖方式获得的新个体保持了原品种的优良性状。常用的无性繁殖方法有扦插、分株、压条、嫁接等。

（2）优点：能保持母本的特性；使一些不结实或种子较少的观赏植物得以保存下来；采用无性繁殖的方法可以缩短植物的幼年期，提早开化、结果。

（3）缺点：繁殖系数小；所得苗株根系不完整或不发达；适应性不强，寿命较短；长期进行营养繁殖常致生长势下降。

 学习单元 2　播种繁殖

 学习目标

➤掌握露地花卉与温室花卉的播种季节、播种方法、播后管理技术
➤能够根据植物种类和种子大小实施最佳的播种繁殖

 知识要求

一、播种前种子的处理

为了促进种子发芽，播种前对一些发芽缓慢的种子可进行适当的处理。种子处理的方法很多，本书只介绍最常用的两种：

1. 浸种

浸种有利于催芽。可在播种前用冷水或温水浸种，一般浸 2～24 h。例如，仙客来用冷水或温水浸种均可，美人蕉则用温水浸种。

2. 拌种

一些细小的种子，播种不易均匀，播种前可用草木灰、细土拌种，以利播匀，如四季海棠、千日红等。

二、播种的时间

播种时间主要取决于温度，一般 20℃左右为发芽最适温度。

1. 露地花卉播种期

上海地区露地花卉一般采用春播和秋播两种播种方式。

一年生花卉生长期需较高温度，为不耐寒花卉，一般采用春播，通常在春季 4—5 月份进行。

二年生花卉有一定的耐寒力，为半耐寒或不耐寒花卉，一般采用秋播，通常在秋季 9—10 月份进行。

多年生花卉（如宿根花卉、球根花卉）中耐寒力较强的种类可秋播，但以种子成熟后立即播种为佳。这样播后至当年冬季植株生长健壮，越冬力强，对来年开花有好处。耐寒力较弱的种类宜春播或种子成熟后即播。

2. 温室花卉播种期

温室花卉播种通常在温室中进行，受季节、气候条件的影响较小，因此播种期没有严格的季节性限制，只要环境条件适合，又满足所播种花卉的习性即可。一般温室花卉播种须避开夏季炎热期。

三、播种的方法及管理

1. 露地播种的方法及管理

（1）整地作床。苗床需选择地势高、干燥、平坦、背风、向阳的地方。土壤要求疏松、肥沃，既利于排水，又有一定的蓄水能力。

作床前土壤应深翻 30 cm，打碎土块，除去土中的残根、瓦砾等杂物，再耙平畦面，然后筑畦。

畦的走向多为南北向。苗床土层一般宽 1.2 m 左右，高 20 cm，步道宽 30~40 cm。

（2）播种。根据花卉的种类及种子的大小，可采取点播、条播、撒播等方式播种。如果播于盆中，则称为盆播。

1）撒播：将种子均匀撒播于土面。撒播出苗量大，占面积小，土地利用程度比较高。但出苗后常显得幼苗过挤，如不及时间苗，常会烂秧或造成徒长；病虫害也易发生而蔓延。为了使撒播均匀，通常在种子内拌入 3~5 倍细沙或细土。撒播适用于大量而粗放的种类、细小种子，盆播亦多采用。

2）条播：将种子成条播种。条播管理方便，通风透光良好，幼苗生长健壮，出苗量不及撒播法。条播适用于一般种类。

3）点播：按照一定的行距和株距进行开穴播种，一般每穴种 2~4 粒。此法播种的幼苗生长最为健壮，但出苗量少。点播适用于大粒种子。

（3）覆土及覆盖。播种的深度也依种子大小、土质、气候等情况的不同而异。一般情况下，大粒种子应深播，小粒种子应浅播。正常的播种深度相当于种子直径的 1～2 倍。在良好的栽培管理条件下，一般以覆土薄为好。细小的种子常直接播于土壤表面，播后覆盖用细筛筛过的细土。

为使种子与土壤密切结合，便于其从土壤中吸收水分而发芽，应在播种之后对土面加以镇压。一般多用平板压紧，也可用木质滚筒滚压。镇压后，露地苗床可覆盖稻草或芦帘、塑料薄膜等。

播种完毕一般都要浇水，特别是浸种处理过的种子要立即浇水。浇水方法一般为用细孔喷壶喷洒，或用自动喷雾。

（4）播后管理。播种后，应注意保持土壤的湿润状态，当土壤有干燥现象时应立即用细孔喷壶喷水，不可使床土有过干或过湿现象。播种初期可稍湿润一些，以供种子吸水，以后水分不可过多。在大雨期间应覆盖玻璃、塑料膜等物，以免雨水冲击土面。

种子发芽后须马上除去覆盖物，并使幼苗逐步见光，经过一段时间的锻炼后，才能完全暴露在阳光下。同时，逐渐减少水分供应，促使幼苗根系向下生长。

真叶出现后，苗过密处应进行间拔，促使苗株健壮。当真叶生出 4～5 片时要进行移栽，放宽株距和行距，使幼苗得以舒展。

2. 温室播种的方法及管理

（1）准备播种盆及用土。播种盆可选用直径 30 cm、深 10 cm、底部有 5～6 个排水孔的浅盆（塌盆）。播种土用的是培养土，通常可用腐叶土、河沙、园土混配，搭配比例依据种子的大小、植物的种类略有不同。

（2）播种。用碎盆片把盆底排水孔盖上，填入碎盆片或粗沙砾，为盆深的 1/3；其上填入粗粒培养土，厚约 1/3；最上层为播种用土，厚约 1/3。盆土填入后，用木条将土面压实、刮平，使土面距盆沿约 1 cm。

一般温室花卉种粒较小，多用撒播法。为使播种均匀，可在种子中拌入细沙，然后将种子均匀地撒播在盆土表面。覆土宜薄，小粒种子以不见种子为度。大粒种子多进行点播，覆土深度为种子直径的 1～2 倍，然后压紧。

播种后多用渗透吸水法供给水分，具体操作方法是：将浅盆下部浸入较大的水盆或水池中，使水面略低于盆土表面，水从盆孔徐徐进入，润湿盆土。待盆土表面 1/3 或 1/2 润湿后，将盆取出，放于庇荫处，盖以玻璃保湿。

（3）播种后管理。浸过水的土壤湿度较大，3～5 天内可不必浇水。以后根据土壤干燥程度朝夕喷水，夜间取掉玻璃，白天盖上。种子萌发后不必再盖玻璃，要给予通风、光照等锻炼。幼苗拥挤时，需要移植。移植一般都在幼苗具 1～2 枚真叶时进行，因而宜慎重进行，细心操作。移植盆土的准备与播种相同。对幼苗稍喷水后，用细尖筷子移植秧苗至新准备的盆中，株距约 1~2 cm。移植完毕后，用喷雾器喷水，或以渗透吸水法供给水分，方法与播种时相同。移植后还要对幼苗进行精心养护，以保成活。

 **技能要求**

塌 盆 播 种

一、操作准备

1. 准备塌盆若干个，园土、碎盆若干，细孔筛 1 个，储水容器 1 个。
2. 大、中、小不同规格的种子若干包。
3. 写有点播、撒播、条播字样的抽签纸各一。

二、操作步骤

1. 由学生抽取写有点播、撒播、条播字样的抽签纸一张。
2. 根据字条的信息选择需要的种子。
3. 根据盆播的步骤操作：
(1) 取一个塌盆，为塌盆垫盆。
(2) 装盆（用筛子筛土，将粗土、中土、细土按顺序和 1∶1∶1 的比例分别装盆）。
(3) 按抽签条要求实施播种。
(4) 浇水。

 学习单元3 分生繁殖

 学习目标

➤ 了解分生繁殖的概念和特点
➤ 掌握分株繁殖和分球繁殖对象的区别及各自的特点
➤ 能够根据植物的形态实施分生繁殖

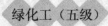

 **知识要求**

一、分生繁殖的概念及特点

分生繁殖指人为地将植物体分生出来的幼植物体（如珠芽）或者植物营养器官的一部分（如走茎）与母株分离或分割，另行栽植而形成独立生活的新植株的繁殖方法。一般在分株时，幼苗已具有完整的根、茎、叶各个部分，因而比较容易成活。

二、分生繁殖的方法及要求

1. 分株法

分株法是宿根花卉的主要繁殖法。宿根花卉能从母体上发生一些不同类型的营养器官（如根蘖、茎蘖、走茎、匍匐茎、根状茎），分株法就是分隔母株上所发生的这些小植株，然后将它们栽植而成为一个独立的新植株。

（1）萌蘖。萌蘖可从地下茎或根上发生。从根颈部或地下茎所长出的萌蘖称为"茎蘖"（如菊花、紫菀、玉簪）；从根上发生的萌蘖称为根蘖。

（2）走茎。走茎为细长的地上茎，有节且节间较长，在节上发生幼株，通常根叶丛生。把这种根叶丛生的幼株采摘下来进行繁殖，极易成活，如吊兰、虎耳草。

（3）根茎。有些植物具有细长的根茎，节上生根生芽，用它繁殖，也可形成幼株。如鸢尾、萱草等。

分株时间根据花卉种类而定，一般在春、秋两季进行。春季开花的花卉一般秋季分株；秋季开花的花卉一般春季分株。分株时可先掘起株丛，抖去泥土，然后依根系自然纹路分开，可用手掰开或用刀切开。分株不宜过小，每株至少应带 2 个芽，以使新植株在分栽后能迅速生长。

2. 分球法

分球法是球根花卉的主要繁殖方法。球根有自然增殖的性能，一个老球会产生数个大球和子球。利用母株所形成的新球茎、鳞茎、块茎、块根及根茎，可进行分球栽植。

（1）鳞茎类花卉。茎短缩为圆盘状，其上着生多数肉质肥大的鳞叶，整个呈球状，外被干膜质鳞叶，称有皮鳞茎（如水仙、葱兰等）。有的鳞茎外不包被干膜质鳞叶，称无皮鳞茎（如百合等）。它们的小球是由母球鳞叶间的侧芽发育而成的，可分离出去另行栽植。

（2）球茎类花卉。地下茎肥大，呈实心球状或扁球状，有明显的环状节，节上着生膜质的鳞叶和侧芽（如小苍兰等）。母球经栽植、生长、开花、结实到母球枯死、新球生成的过程，称为球根演替。球茎花卉一般一年演替一次，一个母球可分生几个开花球和一些子球，可用以繁殖（如唐菖蒲）。

（3）块茎类花卉。茎变态肥大而成，呈球状或不规则的块状，实心，表面具有螺旋状排列的芽眼。一些块茎花卉的块茎能分生小块茎，可用以繁殖（如马蹄莲）；而另一些块茎不能分生小块茎，多以播种方法繁殖（如仙客来）。

（4）根茎类花卉。地下茎肥大，呈粗而长的根状，横向生长，先端为顶芽，根茎具节，近先端节处抽生侧芽和不定根，可分割根茎繁殖（如荷花、美人蕉）。

（5）块根类花卉。地下根变态呈块状，块根上没有芽，在分生繁殖时必须带部分具芽的根颈部（块根与茎交接部位）分别栽植，萌芽生长形成新株（如大丽花）。

分球繁殖的季节主要是春季和秋季。一般球根掘起后应将大小球分开，置于通风处，使其经过休眠期后再种植。植球前需先深翻土地（一般要求达 25 cm 以上），施基肥，肥料上覆一层薄土，然后植球。植球的距离依植物种类及球的大小而定，砂质土宜深些，黏质土宜浅些。植球时应注意芽的着生位置，使芽眼向上，有利于出土。

 **技能要求**

肾蕨（或吊兰）的分株

一、操作准备

1. 准备盆栽肾蕨（或吊兰）。
2. 准备 3 寸盆或 5 寸盆若干，园土、碎盆若干。

二、操作步骤

1. 为盆栽肾蕨（或吊兰）去盆。
2. 实施分株。
3. 在盆中栽植。

水仙（或红花酢浆草）的分球

一、操作准备

1. 准备水仙球（或红花酢浆草球）。
2. 准备 3 寸盆或 5 寸盆若干，园土、碎盆若干。

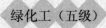

二、操作步骤

1. 为水仙球或红花酢浆草球实施分球。
2. 在盆中栽植。

学习单元4　扦插繁殖

学习目标

➤ 了解扦插繁殖的概念及特点
➤ 掌握枝插、叶插、根插的技术要点和养护要求
➤ 能够根据植物实施扦插

知识要求

一、扦插繁殖的概念及特点

扦插繁殖指取植物营养体的一部分插入土中或砂中，使其生根发芽，长成新个体的繁殖方法。扦插繁殖具有保持品种特性、促进植株提早开花、技术设备简单易行、繁殖系数高等特点，因此广泛应用于不易结实、品种易变异的观赏植物的繁殖中。

二、扦插的种类和方法

扦插繁殖种类很多，按扦插器官的不同可分为枝插、叶插、根插等。

1. 枝插（茎插）法

枝插法是以茎作为扦插材料的一种扦插方法。

（1）枝插。剪取一年生或半年生，生长充实的枝条作为插穗。插穗长度常为5～15 cm，根据种类不同而不同，插穗上具2～4节，其切断处宜接近节部，并削成斜面。切口需十分平滑，以利愈合生根。

（2）芽叶插。插穗只一芽一叶。取2 cm长、枝上有较成熟的芽（带叶片）的枝条作插穗，芽的对面略削去皮层。将插穗的枝条平插入土里，芽梢隐没于土中，叶片露出土面。

（3）带踵插。指插穗的基部仅附有上年生枝条的极小部分，以利生根。

2. 叶插法

叶插法是应用全叶或部分叶作为插穗的一种扦插法。作为插叶的叶片必须具有生根发芽的能力，常为具有肥厚的叶肉及粗大的叶脉而发育充实的叶片。根据其生长习性及操作可分为：

（1）全叶插：将叶片切除叶柄后平置于扦插基质上，或叶片基部浅埋入基质中，叶片直立或倾斜都可以。

（2）片叶插：将壮实的叶片切成 7～10 cm 的小段，略干燥后将下端插入基质中，平插或直插都可以。

3. 根插法

以根段作为插穗的扦插方法。将易发生不定根、不定芽的根，剪成 5～15 cm 长，上口平剪，下口斜剪，直插于土中，覆盖并保持湿润。

三、扦插的养护

1. 影响扦插成活的因素

（1）内在因素。扦插的成活与否与插穗本身有密切的关系。一般来说，选用充实的插穗比较容易成活，徒长枝、纤弱枝成活都比较困难。

休眠枝的采取，需在落叶之后，选取成熟、节间短而芽肥大、无病虫害的枝条，剪后先整理清洁。插穗长度根据种类不同而不同，基部切口一般削成斜面（斜面角度不可太大）。一般硬枝扦插取一二年生的成熟枝条，取中段为好，嫩枝扦插取当年生的嫩梢。

（2）外在因素

1）温度：不同种类的花卉要求不同的扦插温度，多数花卉的软材扦插宜在 20～25℃之间进行，热带植物可在 25～30℃ 以上扦插。温带植物一般在 20℃ 左右进行扦插。

2）水分：扦插后要切实注意保持插床湿润，但也不可使之过湿，否则易引起腐烂。软材扦插时更应维持空气中较高的相对湿度，最好能保持相对湿度在 80％～90％ 左右。通常在叶面洒水增加空气湿度。

3）光：软材扦插一般都带有叶片，以便植株在日光下进行光合作用，促进生根。强烈日照对插穗成活不利，因此在扦插初期应给予适度遮阴；当根系大量生出后，可逐渐给予充足的光照。

4）基质：扦插基质要求既通气良好又易保持湿润而且排水良好的材料，如园土、混合土（园土内混些砻糠灰、黄沙）、黄沙、腐殖土等。

2. 扦插后的养护管理

扦插繁殖的管理主要是浇水。由于插穗没有根（即吸收器官），前期要充分遮阴，减少插穗的养分消耗。每日叶面要喷水多次，以保持插穗的生命力。随时间的推移水量逐渐减少，增加早、晚通风透光的时间。生根后改喷水为浇水，保证日照时间。

除草、治虫要及时进行。生根成活后应施肥一次。待株间相接时移植。

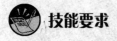 **技能要求**

一串红（或菊花）的扦插

一、操作准备

1. 准备植物材料：一串红（或菊花）。
2. 准备其他材料：园土、5寸盆、垫盆砖、剪刀、芽接刀等。
3. 准备纸、笔。

二、操作步骤

1. 取植物材料，根据植物种类选择使用枝插或芽叶插，并取植物材料。
2. 根据扦插要求装盆。
3. 实施扦插。
4. 在纸上写出扦插后养护管理的关键要求。

虎尾兰叶插

一、操作准备

1. 准备植物材料：虎尾兰。
2. 准备其他材料：园土、5寸盆、垫盆砖、剪刀、芽接刀等。
3. 准备纸、笔。

二、操作步骤

1. 取植物材料，根据叶插的要求剪取植物材料。
2. 根据扦插要求装盆。
3. 实施扦插。
4. 在纸上写出扦插后养护管理的关键要求。

第 3 节　花卉的栽培

 学习单元 1　露地花卉的一般栽培

 **学习目标**

➤了解露地花卉栽培各步骤的目的和作用

➤掌握各步骤的技术关键

➤能够露地种植花卉

 知识要求

一、整地作畦

1. 整地的作用

在播种或种植前首先要做的是整地。整地质量与花卉的生长发育情况有密切的关系。整地可以改进土壤物理性质，促进空气流通，提高土壤保水性能，促进土壤风化和土壤微生物的活动，并能将病菌、害虫暴露于空气中杀灭，有预防病虫害之效。良好的土壤有利于种子萌发、根系生长，为植物的生长创造条件。

2. 整地作畦的要求

整地的深度视花卉种类及土壤状况而定。一二年生花卉生长期短，根系入土不深，宜浅耕（20～30 cm）；宿根花卉定植后常连续数年不移，地下部分又肥大，所以要深翻（30～40 cm）。整地深度又因土质而异，砂土宜浅而黏土宜深。

作畦通常有高畦与低畦两种方式。高畦适用于南方多雨湿润地区，畦面高出地面，便于排水，畦面两侧为排水沟。低畦适用于北方干旱少雨地区，畦面两侧高出，以便保留雨水，用于灌溉。上海地区常筑高畦。畦向除冬季防寒时为东西向外，其他时候可为南北向。

3. 整地作畦的步骤

作畦应选择晴天土壤干湿适度时进行。过干时，土块不易击碎；过湿则破坏团粒结构，形成硬块。

筑畦应在翻耕整地的基础上进行。先除去土地上的草根、杂物，再敲碎土块，整细耙平，最后拉出畦沟，筑出畦面。畦宽一般为 1.2 m，畦高 30 cm。整个畦面要求平整，以免积水；同时希望中部稍高，两头稍低，以利排水。畦侧也要敲实、压紧。

二、间苗

1. 间苗的作用

间苗（又称疏苗、间拔）是将过密之苗予以疏拔，以扩大幼苗间的距离，改善拥挤情况，使幼苗间空气流通，日照充足，幼苗生长健康。如果幼苗过于拥挤，不仅生长柔弱，且易引发病虫害。间苗还有去劣的作用——留强健之苗，而拔去生长柔弱或徒长之苗，拔除混杂其间的其他品种苗。间苗的同时宜进行一次除草。

2. 间苗的时间

通常在播种苗子叶发生后，幼苗出现拥挤时马上进行，不宜过迟。过迟则幼苗徒长，生长瘦弱。间苗应分几次进行，不要一次间得过稀。

三、移植

露地花卉中除了一些不耐移植的种类直接播于栽培地外，大多数花卉均先在苗床育苗，经一次或二次移植，最后定植于花坛或花圃畦中。

1. 移植的作用

（1）移植后幼苗的株间距离增大，扩大了幼苗的营养面积，使日照充足、空气流通，幼苗生长健壮。

（2）移植时切断了主根，促使侧根发生，有利于植物吸收养分和水分。

（3）移植有抑制徒长的效果，可使植株不至于过大。

2. 移植的时间

露地移植宜在无霜期内进行，以无风的阴天为好。夏季炎热时以在傍晚移为好，还必须注意遮阴、浇水。

3. 移植的步骤

移植包括起苗和栽植两个步骤。

（1）起苗：起苗前苗床上要先浇水，避免土硬使苗株根部受伤。尽量随栽随挖。

（2）栽植：栽植时先挖穴，使根须均匀分布于穴内，然后封土压紧，使根须与土粒紧密接触。栽后要立即浇水，水量要足。太阳强烈时还要遮阴。

4. 移植的株行距

移植的株行距视花卉的性状、用途、气候以及土壤的肥瘠而定。苗大的栽植距离需大，苗小的栽植距离要小。目前虽苗小，但能迅速长大的距离要大；目前虽大但已成形者，株距与苗的大小宜相称。留种采籽的母株株距要大；切花用的可较小。单株观赏的株距要大，成片观赏的株距要小。肥沃土壤植株生长迅速、发育好，株距要大；瘠薄土壤株距宜小。

四、浇水和施肥

1. 浇水

浇水以浇清水为佳，污浊泥浆不好，含盐质过多的水也不适合。还要特别注意水的pH值，避免碱性太重。

浇水一般在上午进行。夏季可在早晨或傍晚浇水，不宜在中午温度过高时浇水，以免植株受暑；冬季天气过冷时，宜在中午天暖时进行。

浇水量依土壤种类、植物性质及天气变化而异。砂土宜多浇，黏土宜少浇；阴天宜少浇；初栽植物要少浇，生长期时比结果时宜多浇。正确掌握植物的需水量而给予适当的灌水是一件不简单的事情，必须通过长期的实践和观察，才能摸到它的规律。每次浇水应充分浇透，不能仅将土面湿润就停止，否则水分会因蒸发而迅速干燥，达不到浇水的目的。

浇水的方法很多，小面积的用喷壶、铅筒、木桶、水杓等，大面积的用水车、抽水机、皮带管、人工降雨等。

2. 施肥

花卉栽培使用的肥料分为有机肥料与无机肥料两大类。有机肥肥效迟，肥劲长，养分完全，而且有改良土壤团粒结构的功效，宜作基肥。无机肥肥效快，宜作追肥。

花卉栽培常用厩肥、堆肥、河泥、骨粉、砻糠灰、过磷酸钙等作基肥。基肥常在整地时翻入土中，或采用穴施、沟施。追肥通常结合浇水进行。给花卉施肥的原则为薄肥勤施，小苗期更应如此。叶子浓绿、厚而皱缩者说明有过肥现象，应停止施肥；叶色发黄、质薄者，说明肥料不足，宜补施追肥。生长期宜常施肥，约十天一次。临近开花阶段，宜不施氮肥或仅施磷、钾肥。近年来花卉栽培常使用过磷酸钙、硫酸钾等作根外肥料，有显著效果。

五、中耕除草

1. 中耕

中耕能疏松表土，减少水分的蒸发，增加土温，促进土壤内的空气流通，促进土壤中养分的分解，为花卉根系的生长和养分的吸收创造良好的条件。

通常在中耕的同时可以除去杂草，但除草不能代替中耕。在雨后或灌溉之后，没有杂草的情况下也要进行中耕。

在幼苗期间及移植后不久，大部分土面暴露于空气中，除土面极易干燥外，还易生杂草，在此期间，中耕应尽早而且及时进行。幼苗逐渐长大后，根系已扩大于株间，此时应停止中耕，否则容易导致根系被切断，使生长受阻。

中耕的深度在幼苗期间应浅，以后随苗株生长逐渐加深，在成长后由浅耕到完全停止中耕。株行中间处中耕宜深，近植株之处宜浅。

2. 除草

杂草与栽培植物争夺养分、光照，影响栽培植物的通风，使病虫害易于繁殖和孳生，必须及时清除。

杂草有一二年生和多年生之分。一二年生杂草，要在杂草发生之初、开花结籽之前尽早进行。一方面是因为此时杂草根系较浅，入土不深，易于拔除；另一方面是为了避免影响来年。多年生杂草一般具有发达的地下组织，仅拔除地上部分不能将其完全清除，必须挖掘其全部的地下组织。

除草有人工除草和化学除草两种方法。一二年生和小面积的多年生杂草可采用人工除草，在土壤湿度适中时进行，用手拔、刀挑、锄头除去都可以。大面积的多年生杂草可结合整地翻耕去除，也可使用化学除草。

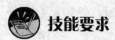 **技能要求**

露地花卉的栽植

一、操作准备

土壤或黄沙约 1 m³，盆花 50 盆，种花刀。

二、操作步骤

1. 整地

用土壤或黄沙整地，整地尺寸约为 2 m（长度）×1 m（宽度）×0.3 m（深度）的长方体。

2. 种植

选择大小均匀的盆花若干，种植在已整好的区域中。要求花卉的叶与叶之间留有约 2 cm 空隙，花卉高度基本一致，土表不能裸露盆花自带的土壤。

 学习单元2 温室花卉的一般栽培

 学习目标

➤了解组成培养土的各元素的特性

➤掌握各养护步骤的技术关键

➤能够根据植物习性配置培养土，能够为植物上盆、换盆

 知识要求

一、培养土

培养土是以园土等为材料，经过人工配置，满足植物生长发育所需的物理性状和化学性状的一种栽培介质。盆土容积有限，花卉的根系局限于花盆中，所以培养土必须含有丰富的养料，物理性质良好，并且含有丰富的腐殖质。

1. 培养土的组成及特性

一般情况下，培养土由园土、山泥、腐叶土、厩肥土、砻糠灰、砖渣等按一定的比例配置而成。

（1）园土：指普通土壤，最好能经过堆积。一般露天常栽种用的、有团粒结构的熟土都可用。

（2）山泥：山泥是从山上挖运的土壤，因其颜色不同，可分为黑山泥和黄山泥。黑山泥是山区树木自然堆积而成的腐叶土，富含腐殖质；黄山泥含腐殖质较少。山泥均呈

酸性。

（3）腐叶土：由落叶、枯草等堆积、发酵、腐熟而成。腐叶土具有丰富的腐殖质和良好的物理性能，有利保肥、排水，土质疏松，偏酸性。

（4）厩肥土：厩肥土用牛粪、马粪和鸽粪等经过堆积、发酵、腐熟而成。用时以筛子筛过，放在晒场暴晒，随敲碎随翻拌。厩肥土富含养分及腐殖质。

（5）砻糠灰：砻糠灰是稻壳或稻草燃烧后的灰。砻糠灰起疏松土壤的作用，有利排水，富含钾，偏碱性。

（6）黄沙：黄沙有利于通气排水。粗砂较细沙好。用前需用清水冲洗，除去盐质后使用。

（7）砖渣：砖渣利于排水，并可稍保湿润，多半用在盆栽植物的下半层，特别用于必须排水良好的植物种类（如兰花等）的栽培。

2. 培养土基本配置和处理

培养土应根据植物的习性在使用时临时配成。不同植物种类的需求不同，所用的培养土材料不同，配比也不同。

（1）松土：园土2份，砻糠灰1份。作扦插用。

（2）轻肥土：园土1份，厩肥土1份，腐叶土2份。宜栽培根部发育较弱的植物及用于细小种子播种。

（3）重肥土：园土2份，腐叶土1份，厩肥1份。适用于一般花卉栽培。

（4）黏肥土：园土2份，厩肥1份。适用于栽培棕榈、珠兰、文殊兰等具有粗大的根和根茎的植物。

喜酸植物的培养土可直接使用山泥，用于栽培山茶、杜鹃等喜酸植物。

以上土壤按比例配制好以后一般还掺和等量的砻糠灰，以利于排水及种子出苗。

二、盆花的种植

1. 上盆

上盆指将幼苗或露地种植的苗株种入花盆内。一般播种苗具有4片真叶或扦插苗生根后，就要移入盆内。

（1）选盆：盆的大小应与花苗相称，不可过早用大盆。初上盆时视生长快慢选用直径为3寸或4寸的花盆。花盆用陶制花盆较好，釉盆只能作临时装饰用。

（2）垫盆、装盆：用微凹的瓦片盖住盆底的排水孔，再垫些碎盆片，以利排水；然后将配制好的培养土用筛子筛过；将粗土块置于碎盆片上面，约为花盆的三分之一；再放上中等细土，约三分之一等待使用。

（3）种植：将苗置于盆中央，让根系舒展；一手扶正，一手加土，使花苗立于盆的正中。加土时要边加土边用手指压实，使土与盆口保持 3～4 cm 距离，以利浇水。注意不要把花卉的根颈部埋入土中。

2. 换盆

换盆指将盆栽的植株重新上盆，通常由小盆换到大盆。

花卉日渐长大或需要更换新的培养土时，就要进行换盆。判定应当进行换盆的依据有：

（1）花苗生长量增加，原来的花盆太小，已不适合花苗的生长。

（2）原来的土壤营养缺少或物理性质变差，要更换需要的土壤。

（3）根部患病或生虫。

（4）需要分株繁殖。

换盆时要先选盆。新盆要与苗相称，不可过大；换盆的方法与上盆相同。如发现苗有烂根，换盆前要修剪整理好。有时只换土不换盆。

三、盆花的养护

1. 浇水

温室花卉根据温室温度、花盆大小、生长习性及发育期不同而需要不同的水分。

浇水在温室花卉栽培中是一项很重要而细致的工作，直接关系到花卉生长的健壮与开花的繁茂与否。判断是否要浇水，可依据下列几个方面进行：

（1）用手轻弹花盆，发出浊音者说明土壤潮湿，不需灌水；发出脆音者说明土壤干燥、需灌水。

（2）土壤呈灰色时说明干燥，需要灌水；土壤呈黑色时说明湿润，不要灌水。

（3）用手可提起土团时说明干燥，需要喷水。

（4）用手捏盆土，土呈片状或团状，说明泥土湿润，不需浇水；手捏之土碎裂，说明干燥，需浇水。

浇水量依花卉种类及生长时间不同而不同，另外也因季节、天气、土壤性质有别。生长期按需浇水；夏季天热浇水量需大，冬季寒冷浇水量要少；晴天浇水量大，阴天浇水量小；砂土可多浇水，黏土、壤土可少浇水。

浇水的时间常因季节而不同。夏季宜在清晨进行，冬季宜在上午 9—10 点进行。

温室花卉是在加温或保温情况下生长的，气温的增高对植物的蒸腾作用有直接影响，所以温室花卉除了浇水补充土壤中的水分以外，还需通过喷水调节空气湿度，以改变整个盆栽花卉的水分状况。一般在室内生火加温时，需水量多，大多一日喷水数次，以增加湿度。另外在扦插、幼苗管理时常用喷水供给水分；而在加温促成栽培时，也须一日喷水数次，促使开花。除对植物进行浇水外，为了提高室内湿度，也常在温室内通道上洒水。

2. 施肥

盆栽的温室花卉一般在冬季进棚前施一次肥，进棚后可不必施肥（以免发枝旺盛，越冬有困难），到春发之前再开始施肥。但一些在春季开花的秋播盆花，冬天仍须按时施肥。施肥一般以薄肥多施为原则。

温室常用的有机肥有饼肥、堆肥、动物粪肥等，无机肥有硫酸铵、过磷酸钙、硫酸钾和人工制备的完全肥料等。

3. 出棚前的锻炼

温室的条件明显不同于露地条件，植物树叶比较柔嫩，因此，在变换环境（出棚）时，首先应该经过锻炼，以免其因为不能抵抗外界条件的急剧变动而萎缩。锻炼要逐渐进行，有的要几星期，有的五六天即可。植物锻炼的方法如下：

（1）加强室内通风：在温室花卉变换环境之前，逐渐多开启门窗，或者变换放置地点，使植物多经风吹，枝干逐渐坚硬，增强抵抗能力。

（2）降低室内温度：在温室花卉变换环境之前，先要降低室内温度。如果很多花卉放置在一起，要先将受锻炼者移入较冷的温室培养，使之逐渐强壮，增强对外界的抵抗能力。

（3）增加光照：本来在室内受阳光照射少而常遮阴的要在出温室前先增加光照时间，使之趋向老熟强硬，提高对外界的抵抗能力。

（4）干燥：温室温床内湿度较高，在出温室前要减少浇水量，使枝干老熟，以增加抵抗力。

（5）少施氮肥：氮肥促进植物生长，使之肥嫩。在温室花卉移出温室之前，最好少施或不施氮肥，以增强植株对外界的抵抗力。

4. 夏季养护

夏季温室内温度过高，通风不良，不适于栽培植物生长，因此除热带植物外，其他种类都需陆续搬出温室。出棚之前要做好以上谈到的一些准备工作，并逐步进行，先搬较耐寒的品种。上海地区一般在5—6月份将花卉搬出温室。

有些植物搬出温室后可以进行露地培养，而有些热带观叶植物冬季怕冷，夏季怕直射阳光，因而出温室后需在荫棚下面培养。荫棚多设在温室的北面或东面。很多温室花卉冬季既不耐寒，夏季又不耐高温，上海夏季一般高温也在37～40℃之间，这将给某些温室花卉以致命的打击，如不严加防范，7—8月份高温时，有些温室花卉不仅不开花，生长不良，还会出现死亡，甚至断种。因此，夏季的养护对某些不耐热的花卉来说，与冬季养护有着同等重要的意义。温室花卉夏季的生长温度最好保持在 35℃以内，38℃就有致死危险。夏季养护中宜采用的降温办法是：

（1）搭荫棚通风蔽荫，必要时可采用两层遮阴的办法。

（2）荫棚内搭南高北低的花架，上置玻璃窗，喷水降温。

（3）场地周围通风或设喷水池，以降低温度。

（4）置大树荫下降温。

（5）设风扇通风降温或用冷气设备降温。

除了温度之外，湿度也不宜过高，否则会导致腐烂。夏季过去，秋季初霜来临之前，还应该把植物从露地搬入室内。耐寒力弱者先入温室，耐寒力强的后入温室。入温室初期要保持室内通风。

 **技能要求**

培养土的配制

一、操作准备

1. 准备园土、腐叶土、厩肥土、砻糠灰若干。

2. 准备 5 寸盆、垫盆砖。

3. 准备抽签纸，分别写上轻肥土、重肥土、黏肥土等字样。

二、操作步骤

1. 抽签。

2. 按抽签纸的要求配置营养土。

3. 装盆。

 学习单元 3 草坪的一般养护工作

 **学习目标**

➢了解草坪的功能，按常用功能划分种类

➤熟悉草坪养护的工作内容和要求

➤能够为草坪科学地除草、修剪、切边、浇水

 **知识要求**

一、草坪的功能

草坪是园林绿化、环境保护、平衡生态结构的重要组成部分，在城市绿化中主要供人们休闲、集会、运动。草坪可用于街头分车带和道路两侧，也可种于公园和广场。校园绿化中草坪的比例极为可观，众多居民住宅区中也广为应用，发挥着增添绿色、吸收噪声、减少尘埃、净化空气等功能。

根据草坪的用途可以将其分为以下几大类：

1. 休息活动草坪

休息活动草坪又称休憩草坪，指可以供人入内休息、活动的草坪。这类草坪范围最广、面积最多。其品种的选择一般要求耐踩踏、再生能力强、与杂草有一定的竞争能力、适应重剪或低剪、管理用工投入少。如结缕草、沟叶结缕草、假俭草、百慕大草等，都是常用草种。

2. 疏林草坪

疏林草坪指该区域稀疏种植了一定量的乔木的草坪。由于树冠遮阴的影响，疏林草坪的光线很难达到阳性植物的二氧化碳补偿点，需要考虑选择稍为耐阴的草种。常用的有草地早熟禾、紫羊茅、苇状羊茅等草种。

3. 观赏草坪

这类草坪以观赏为主要目的，因此要求叶细，绿草观赏期长，生长发育一致，整齐美观，夏耐炎热，冬耐严寒。目前国外多采用冷季型和暖季型草种混播。1999年上海在人民广场和国际会议中心搞了百慕大草与黑麦草混生组合，效果是令人满意的。

4. 运动场草坪

运动场草坪需要能耐坚硬鞋底的践踏和强度刈割的草种，此外还需要有健壮发达的根系和迅速再生的能力。暖季型的结缕草和假俭草比较理想，冷季型的苇状羊茅比较理想。

5. 固土护坡草坪

固土护坡草坪是种植在湖、塘、河岸的斜坡，防止水土流失的草坪，常用的草种有沟叶结缕草、细叶结缕草和假俭草等。

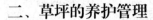

二、草坪的养护管理

1. 除杂草

在同一个生态位置有两种以上植物同时存在就要发生争夺空间和资源的情况，强者最终会把该生态位占领。控制杂草，就是要用科学技术帮助草坪草牢牢占据生态位。草坪如果密度不够，或土中有多年生杂草的根茎，就会生长杂草。如任其自然发展，杂草就会跟草坪草争光、争水、争肥，最终以自己强大的优势把草坪草排挤出领地。但是杂草有一个共同的弱点，就是条件不良时会在土中沉睡。我们可以利用这一点控制杂草的萌发，即"以密控草"。在草坪草长得非常茂密的情况下，土中的杂草种子见不到阳光，就不会萌发；即使少量的种子萌发，萌芽之后将胚乳营养耗尽还得不到阳光的补给，也会死亡。用此法控制以种子繁殖的杂草是非常有效的。对一些以营养体繁殖的多年生杂草可以用药剂喷杀。用药剂控制多年生杂草不是一蹴而就的，而是需要一个过程，这个过程的长短由杂草地下根茎的大小决定。控制多年生杂草的要点是使其每一次萌发的地上部分不能正常生长并积累营养供应地下部分生长，致使地下部分逐步萎缩而"饥饿"致死。所以，地下部分小、不发达的杂草，药剂使用的次数少，防治的周期短；反之，地下部分大、发达的杂草，药剂使用的次数多，防治的周期就长。有些顽固的多年生杂草需要2～3年才能根除。

2. 修剪

草坪修剪的目的在于保持草坪整齐、美丽、具有吸引力的外观，以及充分发挥草坪的坪用功能。修剪给草坪草以适度刺激，抑制其向上生长，促进匍匐枝和枝条密度的提高。修剪还有利于阳光进入草坪基层，使草坪草健康生长。因此，修剪草坪是草坪养护管理的重要内容。

（1）修剪高度。草坪的修剪高度也称留茬高度，指草坪修剪后立即测得的地上枝条的垂直高度。各类草坪草忍受修剪的能力是不同的，因此，草坪草的适宜留茬高度应依草坪草的生理、形态学特征和使用目的来确定，以不影响草坪正常生长发育和功能发挥为原则。一般草坪草的留茬高度为3～4 cm。一般情况下，当草坪草长到6 cm时就应该修剪。

（2）修剪的次数、时间。就一般而言，草坪修剪3月份开始，10月份结束，通常在晴朗的天气进行。修剪频率取决于多种因素，如草坪类型、草坪品质、天气、土壤肥力、草坪草在一年中的生长状况和时间等。草坪草的高度是确定修剪与否的最好指标。草坪修剪应在草坪草高达额定留茬高度的1～2倍时修剪为佳，按草坪修剪的1/3原则进行。冷季型草常有两个生长旺季——秋季和春季，这两个季节需要经常修剪。特别是在春季抽薹开花之时，及时将幼穗剪去，可以延缓衰老。冷季型草在严冬和盛夏基本上停止生长，可以免去剪轧。暖季型草的生长旺季是5—10月份，这一时期内可以多修剪。特别是在雨季

(气温和水分促进草的生长），如果修剪不及时，基部叶片很容易因光照不足而枯黄。比如矮生百慕大，草节紧密，如果轧剪不及时，匍匐茎、根茎及枯黄叶片形成一层厚厚的枯草层，将影响到基部分蘖芽的生存，导致自身衰败。类似的还有细叶结缕草和沟叶结缕草等节间密集的草种。①

（3）修剪方式。最通常的修剪方式是按草坪的形状条状平行运行或圆周运行，但大块草坪以及足球场的草坪可采用间隔条状轧剪的方式。间隔条状轧剪即根据轧草机一次剪轧的宽度，轧一条空一条，几天以后再轧剪前次未轧的草坪，剪过的就不剪轧，形成一个双色条状图案。这种修剪方式能减少运动磨损的程度。

3. 切边

为了保持草坪与树坛、花坛、树木之间边界清晰，在草坪养护中需要做一项特殊的工作——切边。切边形成的草坪边界一方面使绿地景观更美观，一方面便于养护中为树木施肥。切边要求边界清晰整齐、流畅美观。按照上海市"绿化养护等级标准"，切边后的断面是一个底边为15 cm、高为15 cm的倒等腰三角形。树坛、花坛最好除一次杂草切边一次。切边后要及时将切下的草清除。

4. 喷灌

草坪草和其他植物一样，在整个生长过程中都离不开水。一般当草坪草失去光泽，叶尖卷曲时，表示草坪水分不足，需要马上补水。若不及时浇灌，草坪草将变黄，在极端的情况下还会因为缺水而死亡。

草坪浇水主要以地面灌溉和喷灌为主。地面灌溉常采用大水漫灌和胶管洒灌等方式。这两种方法常因地形的限制而产生漏水、跑水和不均匀灌水等多项弊病，对水的浪费也比较严重。在草坪管理中，最常采用的是喷灌。喷灌不受地形限制，还具有灌水均匀、节省水源、便于管理、减少土壤板结、增加空气湿度等优点，因此是草坪灌溉的理想方式。

不同的季节、不同种类的草坪对水分的需求不同，浇水量也有不同。在上海，春、夏、秋三季气温高，植物代谢能力强，冬季气温低，植物代谢能力低，浇水次数春、夏、秋三季较冬季多。暖季型草在冬季处于休眠期，基本不浇水。在春、夏、秋三季中，夏季除了正常补水外还需要抗旱，所以浇水次数宜较春、秋两季更多。但是冷季型草坪夏季是休眠期，如果此时再给予大量补水，往往会造成湿害而出现烂根死亡。所以，冷季型草坪夏季浇水次数应当比春、秋两季少，需严格控制。另外，冷季型草比暖季型草含水量高，所以对处于生长季节的草坪，冷季型草坪的浇水量应大于暖季型草坪。

不同的土壤保水性差异较大，浇水次数也随之变化。砂土保水性差，浇水次数宜多；

---

① 暖季型草坪在晚秋（休眠之前）一定要把可能形成的枯草层轧去，以免影响翌年的萌发。

264

黏土保水性强，浇水次数宜少。

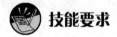 **技能要求**

草 坪 修 剪

一、操作准备

1. 生长期草坪。
2. 草坪剪刀。

二、操作步骤

1. 划定修剪区域，每人负责 5 m² 的草坪修剪。
2. 修剪。

思 考 题

1. 依据花卉的生长习性一般把花卉分为几类？多年生花卉每一类在形态上有什么不同？

2. 写出书本介绍到的每个花卉的观赏部位和观赏时期。

3. 写出花卉繁殖中无性繁殖和有性繁殖的优缺点，其中无性繁殖中分生繁殖与扦插繁殖应写出主要区别。

4. 草坪养护的工作内容有哪些？哪些养护工作针对不同类型草种（冷季型草、暖季型草）有差别，差别在哪里？

附录

园林绿化相关法规与标准规范

一、园林绿化法规

1. 《关于植树节的决议》（1979 年 2 月 23 日全国人民代表大会常务委员会通过）

2. 《关于开展全民义务植树运动的决议》（1981 年 12 月 13 日第五届全国人民代表大会第四次会议通过）

3. 《国务院关于开展全民义务植树运动的实施办法》（1982 年 2 月 27 日国务院常务会议通过）

4. 《中华人民共和国环境保护法》（1989 年 12 月 26 日第七届全国人民代表大会常务委员会第十一次会议通过）

5. 《城市绿化条例》（国务院令第 100 号，1992 年 5 月 20 日国务院第 104 次常务会议通过）

6. 《中华人民共和国植物新品种保护条例》（国务院令第 213 号，1997 年 3 月 20 日发布，1997 年 10 月 1 日起施行）

7. 《中华人民共和国野生植物保护条例》（国务院令第 204 号，1996 年 9 月 30 日发布，1997 年 1 月 1 日起施行）

8. 《关于进一步推进全民义务植树运动、加快国土绿化进程的意见》（全国绿化委员会 2002 年 3 月 12 日发布）

9. 《国家园林城市标准》（2010 年 8 月 9 日住房和城乡建设部印发）

10. 《城市绿线管理办法》（原建设部令第 112 号，2002 年 11 月 1 日实施）

11. 《城市绿地系统规划编制纲要（试行）》（建城〔2002〕240 号文，原建设部 2002 年 10 月 16 日印发）

12. 《关于加强城市绿地系统建设提高城市防灾避险能力的意见》（建城〔2008〕171 号文件，住房和城乡建设部 2008 年 9 月 16 日印发）

二、园林绿化相关法规

1. 《中华人民共和国水土保持法实施条例》（国务院令第 120 号，1993 年 8 月 1 日发

布、实施）

2.《中华人民共和国水污染防治法》（2008 年 2 月 28 日第十届全国人民代表大会常务委员会第三十二次会议修订通过，2008 年 6 月 1 日起施行）

3.《中华人民共和国水法》（2002 年 8 月 29 日第九届全国人民代表大会常务委员会第二十九次会议修订通过，2002 年 10 月 1 日起施行）

4.《中华人民共和国草原法》（2002 年 12 月 28 日第九届全国人民代表大会常务委员会第三十一次会议修订通过，2003 年 3 月 1 日起施行）

5.《中华人民共和国促进科技成果转化法》（中华人民共和国主席令第 68 号，1996 年 5 月 15 日发布，1996 年 10 月 1 日起施行）

6.《中华人民共和国防洪法》（1997 年 8 月 29 日第八届全国人民代表大会常务委员会第二十七次会议通过，1998 年 1 月 1 日起施行）

7.《基本农田保护条例》（1998 年 12 月 24 日国务院第 12 次常务会议通过，1999 年 1 月 1 日起施行）

8.《国家科学技术奖励条例》（国务院令第 396 号，2003 年 12 月 20 日发布，即日施行）

9.《农药管理条例》（国务院令第 326 号，2001 年 11 月 29 日发布，即日施行）

10.《国外引种检疫审批管理办法》（农业部 [1993] 农（农）字第 18 号，1993 年 11 月 10 日发布施行）

11.《中华人民共和国环境噪声污染防治法》（1996 年 10 月 29 日第八届全国人民代表大会常务委员会第二十二次会议通过，1997 年 3 月 1 日起施行）

12.《中华人民共和国自然保护区条例》（国务院令第 167 号，1994 年 10 月 9 日发布，1994 年 12 月 1 日起施行）

13.《中华人民共和国种子法》（2004 年 8 月 28 日第十届全国人民代表大会常务委员会第十一次会议通过，公布之日施行）

14.《关于农业科研、教育单位生产和经营农作物种子、兽用疫苗的若干规定》（农业部 1992 年 6 月 20 日发布施行）

15.《农业科技开发工作管理办法》（农业部 1992 年 6 月 20 日发布，1992 年 8 月 1 日起施行）

16.《中华人民共和国农业技术推广法》（1993 年 7 月 2 日第八届全国人民代表大会常务委员会第二次会议通过，公布之日起施行）

三、绿化标准规范

1.《城市绿地设计规范》(GB 50420—2007)

2.《城镇污水处理厂污泥处置、园林绿化用泥质》(CJ 248—2007)

3.《绿化栽培介质》(DB 31/T 288—2003)

4.《葡萄设施栽培技术规范》(DB 31/T 308—2004)

5.《梨树栽培技术规范》(DB 31/T 309—2004)

6.《桃树栽培技术规范》(DB 31/T 310—2004)

7.《柑橘栽培技术规范》(DB 31/T 375—2007)

8.《绿化林业信息获取及分类编码标准》(DG/TJ08—2043—2008)

9.《公园设计规范》(CJJ 48—1992)

10.《城市道路绿化规划与设计规范》(CJJ 75—97)

11.《城市古树名木保护管理办法》(建城〔2000〕192 号)

12.《城市绿地分类标准》(CJJ/T 85—2002)

13.《风景园林图例图示标准》(CJJ 67—95)

14.《园林基本术语标准》(CJJ/T 91—2002)

15.《全国古树名木普查建档技术规定》

四、绿化相关标准规范

1.《室内空气质量标准》(GB/T 18883—2002)

2.《环境空气质量标准》(GB 3095—1996)

3.《大气污染物综合排放标准》(GB 16297—2008)

4.《城市区域环境噪声标准》(GB 3096—2008)

5.《建筑设计防火规范》(GB 50016—2010)

6.《饮用水水源保护区划分技术规范》(HJ/T 338—2007)

参 考 文 献

1. 《城市绿地分类标准》（CJJ/T 85—2002）

2. 《城市园林绿化评价标准》（GB/T 50563—2010）

3. 傅徽楠主编. 绿化工（初级）. 上海：上海人民美术出版社，2004

4. 郭维明，毛龙生主编. 观赏园艺概论. 北京：中国农业出版社，2007

5. 王浩，谷康，严军，汪辉. 园林规划设计. 南京：东南大学出版社，2009

6. 陈志华. 外国造园艺术. 郑州：河南科学技术出版社，2001

7. 叶剑秋主编. 花卉园艺工. 北京：中国劳动社会保障出版社，2007

8. 周维权. 中国古典园林史（第三版）. 北京：清华大学出版社，2008

9. 金银根主编. 植物学. 北京：科学出版社，2006

10. 曹慧娟主编. 植物学（第二版）. 北京：中国林业出版社，1992

11. 潘瑞炽主编. 植物生理学（第五版）. 北京：高等教育出版社，2004

12. 刘克锋，韩劲，刘建斌编著. 土壤肥料学. 北京：气象出版社，2001

13. 刘士哲主编. 现代实用无土栽培技术. 北京：中国农业出版社，2001

14. 河北农业大学主编. 土壤学. 北京：农业出版社，1991

15. 北京林业大学主编. 土壤学. 北京：中国林业出版社，1994

16. 崔晓阳，方怀龙编著. 城市绿地土壤及其管理. 北京：中国林业出版社，2001

17. 北京市园林学校主编. 土壤肥料学. 北京：中国林业出版社，2001

18. 沈明芳主编. 花卉园艺工（初级）第 2 版. 北京：中国劳动社会保障出版社，
2007

19. 丁梦然，夏希纳. 园林花卉病虫害防治彩色图谱. 北京：中国农业出版社，2002

20. 上海市园林学校. 园林植物保护学（虫害部分）. 北京：中国林业出版社，1990

21. 上海市园林学校. 园林植物保护学（病害部分）. 北京：中国林业出版社，1990

22. 管致和等. 昆虫学通论（上、下册）. 北京：中国农业出版社，1990

23. 赵善欢等. 植物化学保护（第二版）. 北京：中国农业出版社，1990

24. 丁锦华等. 农业昆虫学. 南京：江苏科学技术出版社，1995

25. 许志刚. 普通植物病理学（第 2 版）. 北京：中国农业出版社，1997

26. 杨子琦，曹华国. 园林植物病虫害防治图鉴. 北京：中国林业出版社，2002

27. 夏宝池等. 中国园林植物保护. 南京：江苏科学技术出版社，1992

28. 陆家云. 植物病害诊断（第二版）. 北京：中国农业出版社，1997

29. 王炎. 上海林业病虫. 上海：上海科学技术出版社，2007

30. 李传道，周仲铭等. 森林病理学通论. 北京：中国林业出版社，1985

31. 陈有民主编. 园林树木学. 北京：中国林业出版社，1990

32. 熊济华主编. 观赏树木学. 北京：中国农业出版社，1998

33. 张天麟编著. 园林树木 1200 种. 北京：中国建筑工业出版社，2005

34. 魏岩主编. 园林植物栽培与养护. 北京：中国科学技术出版社，2003

35. 陈俊愉，刘师汉. 园林花卉. 北京：上海科学技术出版社，1980

36. 黄复瑞，刘祖祺主编. 现代草坪建植与管理技术. 北京：中国农业出版社，1999